图 5-2　指向 Google 网站的链接与常规文本的颜
色和样式不一样

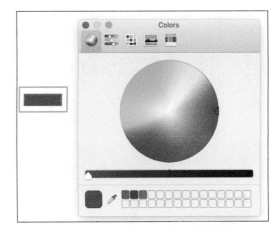

图 7-10　我们的代码生成了这样的蓝色正方形

图 9-18　由 Chrome 实现的颜色选择器

前

HTML Ipsum Presents

Pellentesque habitant morbi tristique senectus et netus et malesuada fames ac turpis egestas. Vestibulum tortor quam, feugiat vitae, ultricies eget, tempor sit amet, ante. Donec eu libero sit amet quam egestas semper. *Aenean ultricies mi vitae est.* Mauris placerat eleifend leo. Quisque sit amet est et sapien ullamcorper pharetra. Vestibulum erat wisi, condimentum sed, commodo vitae, ornare sit amet, wisi. Aenean fermentum, elit eget tincidunt condimentum, eros ipsum rutrum orci, sagittis tempus lacus enim ac dui. Donec non enim in turpis pulvinar facilisis. Ut felis.

Header Level 2

1. Lorem ipsum dolor sit amet, consectetuer adipiscing elit.
2. Aliquam tincidunt mauris eu risus.

Lorem ipsum dolor sit amet, consectetur adipiscing elit. Vivamus magna. Cras in mi at felis aliquet congue. Ut a est eget ligula molestie gravida. Curabitur massa. Donec eleifend, libero at sagittis mollis, tellus est malesuada tellus, at luctus turpis elit sit amet quam. Vivamus pretium ornare est.

Header Level 3

- Lorem ipsum dolor sit amet, consectetuer adipiscing elit.
- Aliquam tincidunt mauris eu risus.

```
#header h1 a {
    display: block;
    width: 300px;
    height: 80px;
}
```

后

HTML Ipsum Presents

Pellentesque habitant morbi tristique senectus et netus et malesuada fames ac turpis egestas. Vestibulum tortor quam, feugiat vitae, ultricies eget, tempor sit amet, ante. Donec eu libero sit amet quam egestas semper. *Aenean ultricies mi vitae est.* Mauris placerat eleifend leo. Quisque sit amet est et sapien ullamcorper pharetra. Vestibulum erat wisi, condimentum sed, commodo vitae, ornare sit amet, wisi. Aenean fermentum, elit eget tincidunt condimentum, eros ipsum rutrum orci, sagittis tempus lacus enim ac dui. Donec non enim in turpis pulvinar facilisis. Ut felis.

Header Level 2

1. Lorem ipsum dolor sit amet, consectetuer adipiscing elit.
2. Aliquam tincidunt mauris eu risus.

Lorem ipsum dolor sit amet, consectetur adipiscing elit. Vivamus magna. Cras in mi at felis aliquet congue. Ut a est eget ligula molestie gravida. Curabitur massa. Donec eleifend, libero at sagittis mollis, tellus est malesuada tellus, at luctus turpis elit sit amet quam. Vivamus pretium ornare est.

Header Level 3

- Lorem ipsum dolor sit amet, consectetuer adipiscing elit.
- Aliquam tincidunt mauris eu risus.

```
#header h1 a {
    display: block;
    width: 300px;
    height: 80px;
}
```

图 11-5　将上述 CSS 应用于网页的前后效果对比

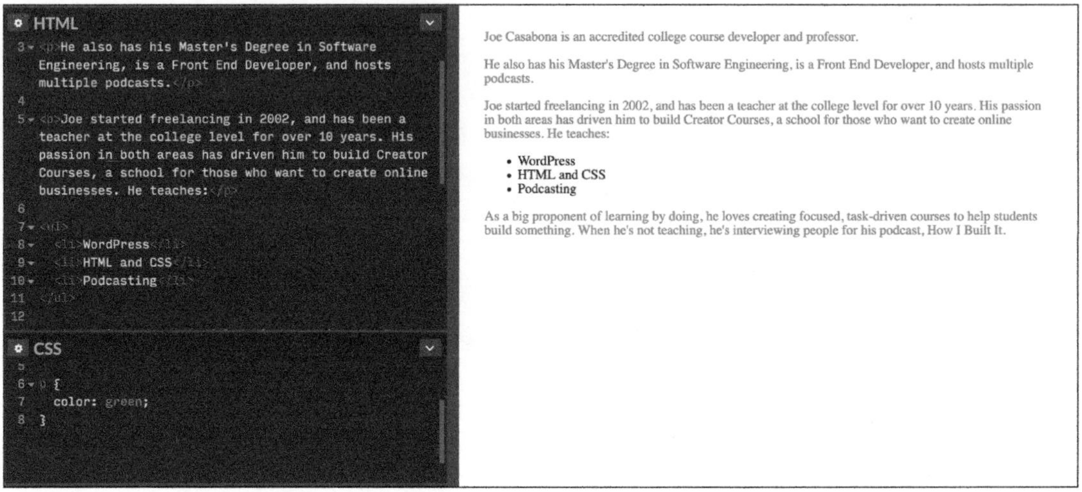

图 12-1　这个页面上所有的段落都采用了绿色文字样式

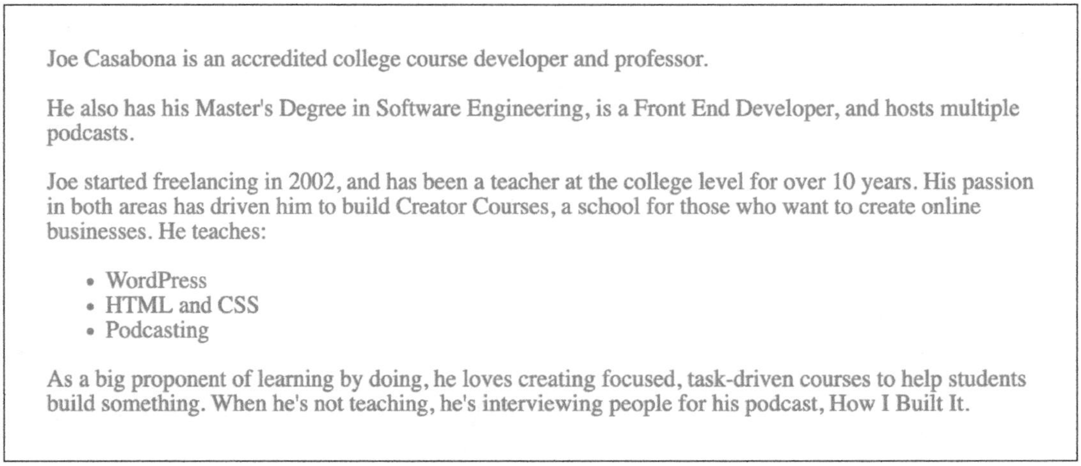

图 12-2　现在，所有的段落和列表（包括有序列表和无序列表）都使用绿色文字

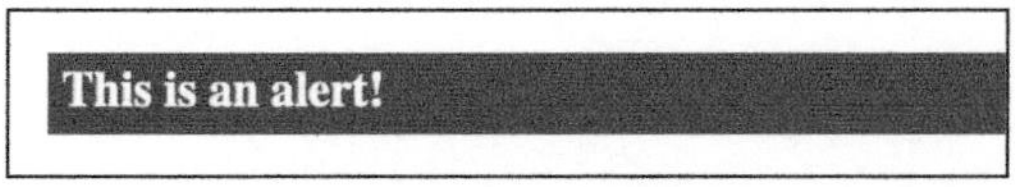

图 12-4　这是一个应用于段落的简单的 alert 类

图 12-5　拥有蓝色背景的 alert 元素

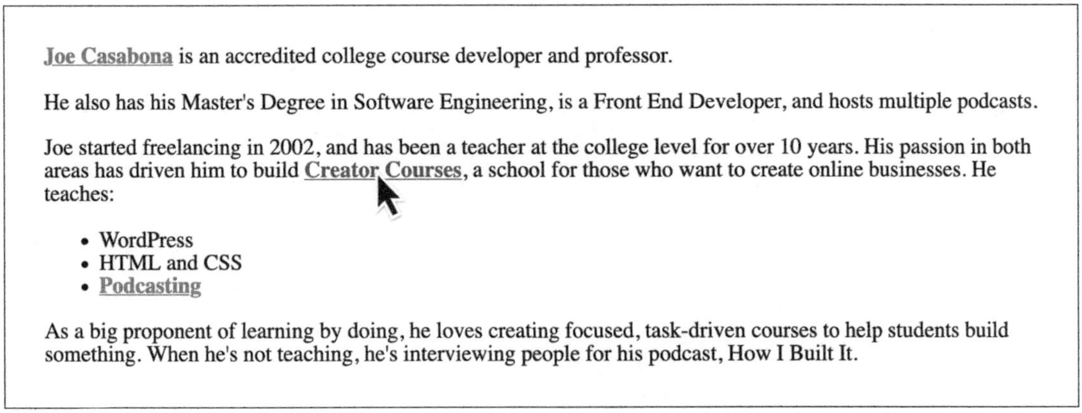

Joe Casabona is an accredited college course developer and professor.

He also has his Master's Degree in Software Engineering, is a Front End Developer, and hosts multiple podcasts.

Joe started freelancing in 2002, and has been a teacher at the college level for over 10 years. His passion in both areas has driven him to build **Creator Courses**, a school for those who want to create online businesses. He teaches:

- WordPress
- HTML and CSS
- Podcasting

As a big proponent of learning by doing, he loves creating focused, task-driven courses to help students build something. When he's not teaching, he's interviewing people for his podcast, How I Built It.

图 12-9　这个用户访问过页面上的第一个链接（现在显示为灰色）。他现在将鼠标指针悬停在 "Creator Courses" 链接上，即让其获得焦点。他还没有访问过 "Podcasting" 链接，因此该链接显示为绿色

- WordPress
- HTML and CSS
- Podcasting

图 12-10　使用 nth-child 可以创建具有交替背景色的列表

by Sir Arthur Conan Doyle

图 13-16　byline 类的样式从标准的黑色实线变成了蓝色波浪线

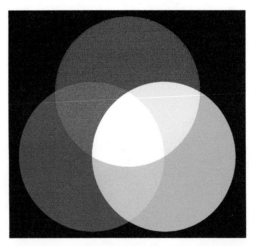

图 14-1　红色、绿色和蓝色相组合的维恩图

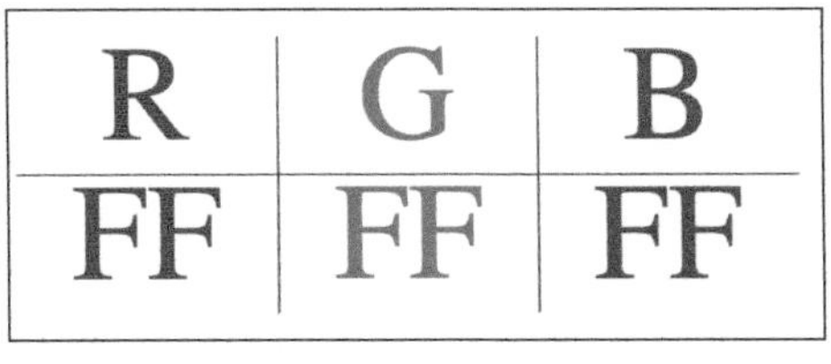

R	G	B
FF	FF	FF

图 14-2　红色、绿色和蓝色各为一列

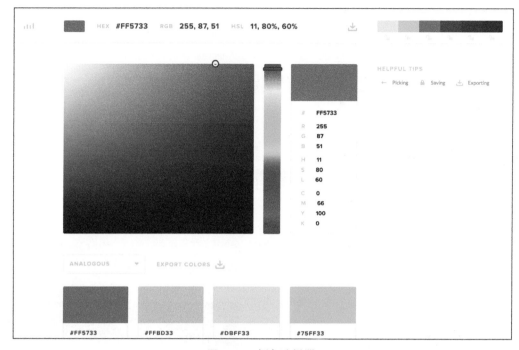

图 14-4　颜色选择器

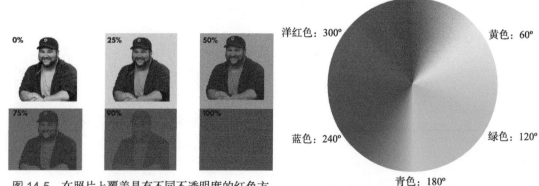

图 14-5　在照片上覆盖具有不同不透明度的红色方块的情形

图 14-7　用于确定 HSL 中的 H（色相）的色轮

图 14-8　一个简单的从红色到橙色的线性渐变

图 14-9　一个简单的从红色到橙色的径向渐变

图 14-11　径向渐变的效果

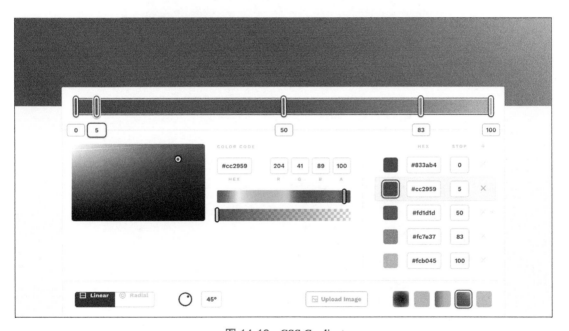

图 14-12　CSS Gradient

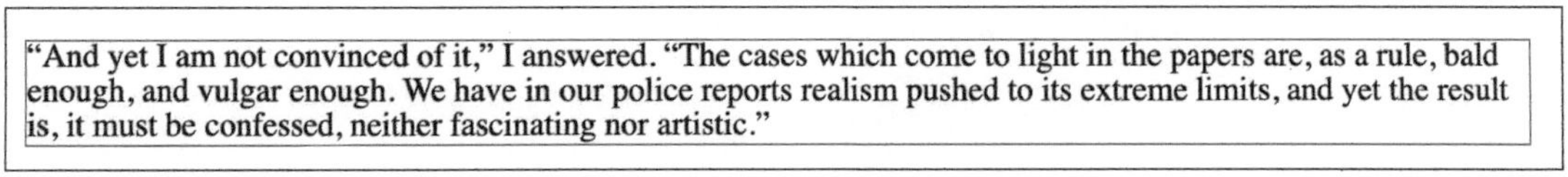

"And yet I am not convinced of it," I answered. "The cases which come to light in the papers are, as a rule, bald enough, and vulgar enough. We have in our police reports realism pushed to its extreme limits, and yet the result is, it must be confessed, neither fascinating nor artistic."

图 14-14　段落周围的红色边框

A Case of Identity

by Sir Arthur Conan Doyle

"My dear fellow," said Sherlock Holmes as we sat on either side of the fire in his lodgings at Baker Street, "life is infinitely stranger than anything which the mind of man could invent. We would not dare to conceive the things which are really mere commonplaces of existence. If we could fly out of that window hand in hand, hover over this great city, gently remove the roofs, and peep in at the queer things which are going on, the strange coincidences, the plannings, the cross-purposes, the wonderful chains of events, working through generations, and leading to the most outré results, it would make all fiction with its conventionalities and foreseen conclusions most stale and unprofitable."

"And yet I am not convinced of it," I answered. "The cases which come to light in the papers are, as a rule, bald enough, and vulgar enough. We have in our police reports realism pushed to its extreme limits, and yet the result is, it must be confessed, neither fascinating nor artistic."

"A certain selection and discretion must be used in producing a realistic effect," remarked Holmes. "This is wanting in the police report, where more stress is laid, perhaps, upon the platitudes of the magistrate than upon the details, which to an observer contain the vital essence of the whole matter. Depend upon it, there is nothing so unnatural as the commonplace."

图 17-1　浏览器窗口宽度小于 600px 时的页面

A Case of Identity

by Sir Arthur Conan Doyle

"My dear fellow," said Sherlock Holmes as we sat on either side of the fire in his lodgings at Baker Street, "life is infinitely stranger than anything which the mind of man could invent. We would not dare to conceive the things which are really mere commonplaces of existence. If we could fly out of that window hand in hand, hover over this great city, gently remove the roofs, and peep in at the queer things which are going on, the strange coincidences, the plannings, the cross-purposes, the wonderful chains of events, working through generations, and leading to the most outré results, it would make all fiction with its conventionalities and foreseen conclusions most stale and unprofitable."

"And yet I am not convinced of it," I answered. "The cases which come to light in the papers are, as a rule, bald enough, and vulgar enough. We have in our police reports realism pushed to its extreme limits, and yet the result is, it must be confessed, neither fascinating nor artistic."

"A certain selection and discretion must be used in producing a realistic effect," remarked Holmes. "This is wanting in the police report, where more stress is laid, perhaps, upon the platitudes of the magistrate than upon the details, which to an observer contain the vital essence of the whole matter. Depend upon it, there is nothing so unnatural as the commonplace."

图 17-2　浏览器窗口宽度大于等于 600px 时的页面

图 18-5　switch 动画的两种状态　　　　图 18-6　红色正方形变成蓝色圆形

Look at Me!

图 19-1 这个链接使用的是由 CSS 变量指定的颜色

Visit Google

Learn More

图 19-2 修改变量的作用域也改变了样式

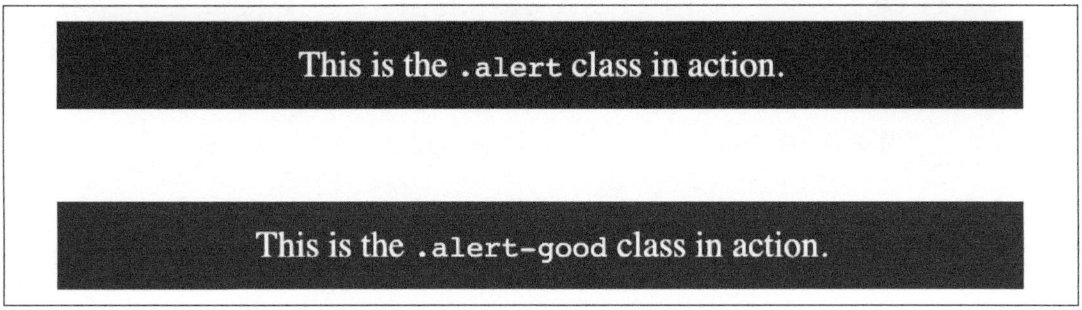

This is the .alert class in action.

This is the .alert-good class in action.

图 20-9 .alert 和 .alert-good 的实际效果

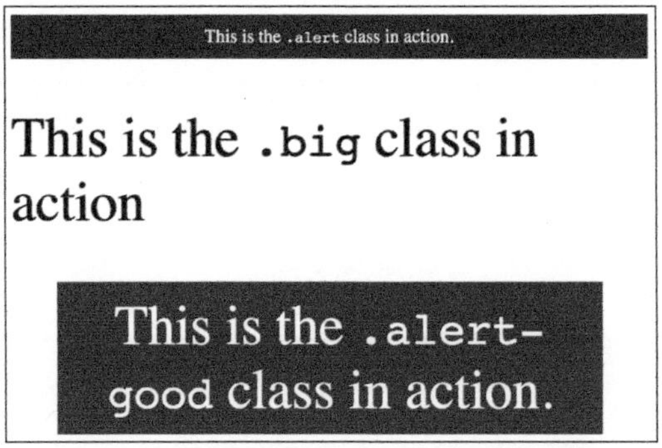

This is the .alert class in action.

This is the .big class in action

This is the .alert-good class in action.

图 20-10 .alert-good 同时扩展了 .alert 和 .big

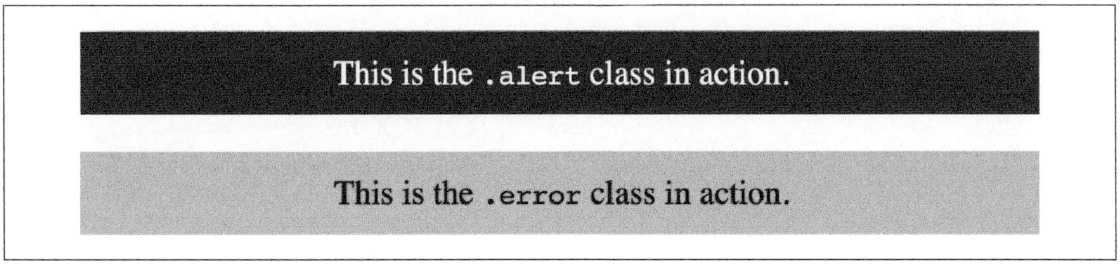

This is the .alert class in action.

This is the .error class in action.

图 20-11 基于 %notify 占位符类生成的 .alert 和 .error

图 24-1　色盲程度不同的人（从非色盲到全色盲）眼中的同一幅图像

Here is some text against a color background　　Here is some text against a color background

图 24-2　对于一般人来说，黑色背景上的绿色文本是可读的。但是对于绿色盲人士来说，这种文本看起来是深紫色的，难以阅读

Now though Sunday, get 25% off!

图 24-4　拥有基本样式的警告框。它还包含了表现其含义的 role="alert" 属性

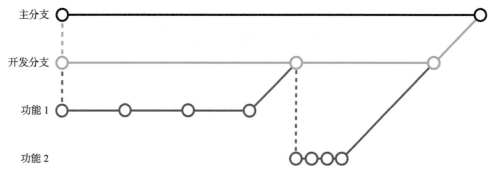

图 25-6　主分支、开发分支和功能分支的示意图。每个圆圈代表一次代码提交，每条虚线代表开一个分支，而相交的实线则代表一次合并

TURING 图灵程序设计丛书

HTML5 与 CSS3
基础教程

（第 9 版）

[美] 乔·卡萨博纳（Joe Casabona）◎ 著　　望以文 ◎ 译

人民邮电出版社

北　京

图书在版编目（CIP）数据

HTML5与CSS3基础教程：第9版 ／（美）乔·卡萨博
纳（Joe Casabona）著；望以文译. -- 2版. -- 北京：
人民邮电出版社，2021.10（2024.2 重印）
（图灵程序设计丛书）
ISBN 978-7-115-57320-9

Ⅰ．①H… Ⅱ．①乔… ②望… Ⅲ．①超文本标记语言
－程序设计－教材②网页制作工具－教材 Ⅳ.
①TP312.8②TP393.092.2

中国版本图书馆CIP数据核字(2021)第184364号

内 容 提 要

本书是讲解 HTML 和 CSS 入门知识的经典畅销书的最新版，全面、系统地讲解了 HTML5 和 CSS3
基础知识以及实际运用技术，通过大量实例深入浅出地分析网页制作的方方面面。书中不仅介绍了文本、
链接、媒体、表格、列表、表单等网页元素，而且介绍了如何为网页设计布局，添加动态效果等；另外，
还涉及上线、测试、优化和无障碍性等内容。通过学习本书，初级水平的读者即可创建网站，而中高级
水平的开发人员也可以快速了解 HTML5 新元素、CSS3 的奇幻效果、响应式 Web 设计以及各种最佳实践。

本书适合 Web 开发人员、编程初学者阅读。

◆ 著　　　　[美] 乔·卡萨博纳（Joe Casabona）
　　译　　　　望以文
　　责任编辑　刘美英
　　责任印制　周昇亮

◆ 人民邮电出版社出版发行　　北京市丰台区成寿寺路 11 号
　　邮编 100164　　电子邮件 315@ptpress.com.cn
　　网址 https://www.ptpress.com.cn
　　固安县铭成印刷有限公司印刷

◆ 开本：800×1000　1/16　　　　彩插：4
　　印张：16.75　　　　　　　　　2021年 10 月第 2 版
　　字数：374千字　　　　　　　2024年 2 月河北第 4 次印刷
　　著作权合同登记号　图字：01-2021-1421号

定价：109.80元
读者服务热线：(010)84084456-6009　印装质量热线：(010)81055316
反盗版热线：(010)81055315
广告经营许可证：京东市监广登字 20170147 号

版 权 声 明

献　词

　　谨以此书献给我的妻子，艾琳。你的爱与支持不仅让我写出了这本书，还让我拥有了梦寐以求的生活。

　　献给我的女儿，特蕾莎，你让我每天都笑容满面；还有我的儿子路易斯，小家伙，欢迎你来到这个世界。

　　我爱你们。

致　谢

写一本书，尤其是写一本好书，需要花费很多时间，也需要一群得力之人的帮助。如果没有这么多优秀的人提供帮助，这本书就不会完成。在此我要特别感谢：

- ❏ Laura Norman，是她让我重新投入写作，感谢她一路上的支持与指导；
- ❏ Victor Gavenda，他开发出了 VQS[①]这种图书编排形式，对其有着深入的理解，也感谢他帮我提升文字表达水平；
- ❏ Faraz Kelhini，技术编辑，他的反馈和建议让本书的可读性有了很大的提升；
- ❏ Scout Festa，出色的文字编辑；
- ❏ Tracey Croom 和整个 Pearson 设计团队，他们赋予了本书亮眼的设计；
- ❏ Shawn Hesketh，既是朋友，也是教会我录制高质量视频的老师；

- ❏ Brian Richards，他帮我完成了本书中的一些高级主题；
- ❏ 我的朋友和家人，他们在整个写作过程中给予了我很多支持与鼓励；
- ❏ 每一个为本书使用的屏幕截图、图像及其他资源做出贡献的人；
- ❏ 本地星巴克的服务员 TT，每次他看到我来便把我常点的餐饮准备好；
- ❏ 各位读者，非常荣幸能为你们的学习之旅做出贡献；
- ❏ 最后，还要感谢 Elizabeth Castro 创建了本书所属的系列教程，并感谢 Bruce Hyslop 将"薪火"传递给了我[②]。

---

① VQS 为 "Visual QuickStart Guide" 的简称，是包含本书在内的一系列图书的统称。——译者注
② 本书为《HTML5 与 CSS3 基础教程》的第 9 版，Elizabeth Castro 为第 1 版至第 8 版的作者，Bruce Hyslop 为第 7 版和第 8 版的联合作者。——译者注

引　言

时光回到 2000 年，那时候我刚开始做网站，这件事儿比现在要容易得多，只需要使用 HTML、CSS 和图片就能做出一个完整的网站。那时浏览器和设备的种类也比现在的少。不过，随着互联网的不断发展，计算机变得越来越智能和强大，Web 用户和 Web 开发人员的需求都发生了变化。这让一些事情变得更加简单了，却让学习 Web 开发本身变得更加复杂。

如今，完全不使用 JavaScript 的网站已经很少见。除了 JavaScript，还有大量构建工具、库以及开发理念需要学习，这都让学习做网站这件事情难度陡增。

不过，值得庆幸的是，从本质上讲，网站的核心依然是简单的 HTML 和 CSS。

引言内容

- ❑ 本书内容
- ❑ 读者对象
- ❑ 内容结构
- ❑ 勘误表

本书内容

Web 的基础是纯 HTML 和 CSS，你可以仅使用这两项技术做出一个网站。这就是你将从本书学到的内容。具体来说，你将学习如何编写含义明确、结构良好的 HTML，以及如何编写正确、可维护的 CSS 让网站变得美观。此外，你还将学习如何将网站上线。

网站的本质是任何人在任何地方都可以访问和查看的通用文件。这就是**无障碍性**（accessibility）的概念，即让所有用户都可以访问网站，无论用户的能力如何或使用什么样的设备。

要制作网页，使用你的计算机上已有的东西就足够了——文本编辑器、可以存放文件的地方，以及浏览器。本书会教你如何将上述几样东西结合到一起。

技术现状

除了学习如何编写 HTML、CSS 并将网站上线，你还将快速掌握当今构建专业网站所需的技术与方法。你将学习 Web 设计的一些重要方面，比如性能（让网站更快地加载，避免给用户造成负担）。你将学习如何使网站具有无障碍性，即让任何人都可以正常使用网站，包括依赖屏幕阅读器的视障人士。

本书还将介绍 CSS 预处理器、JavaScript 库、版本控制等现代工具。在你将来继续学习这些内容之前，提前了解它们总是有好处的。讲到这里，便有必要回答下面这个问题：本书面向什么样的读者？

读者对象

简而言之，本书面向的是每一个想学习 HTML 和 CSS 的人。阅读本书不需要读者提前掌握任何知识。

这意味着，如果你出于兴趣想自己做一个网站，那么本书很适合你；如果你正想学习（或教授）一门初级课程，那么本书也很适合你；如果你想成为专业的 Web 开发人员，那么本书同样很适合你。毕竟，这样的书正是我当初入门的方式。你将学习将网站上线所需要的所有工具。最后，我还会为你指明进阶方向。

不过，如果你想学习一些高级技术，如 HTML Canvas、JavaScript 及高级构建工具（如 Node.js），那么本书不适合你。此外，如果你通读 HTML 和 CSS 的官方文档，还能发现本书未涵盖的一些内容。

内容结构

本书后面的章节是以前面的章节为基础进行讲解的。这意味着你将首先了解 HTML 和 CSS 的定义、用途，然后学习如何组织网

站的文件和目录，再一步步往前递进。

本书所讲的 HTML 和 CSS 从最基础的标记和代码开始，再逐步转向更复杂的技术。如果你之前没有学过 HTML 和 CSS，那么最好按顺序阅读各章。

本书与 Visual QuickStart Guide 系列的其他图书一样，介绍每个主题的时候，都先给出解释说明，再讲解操作步骤。同时，每章均以一段介绍性文本开头，然后是讲解该章主题下一系列功能特性的小节。

这些小节的开头通常是对功能的解释说明，接着是指导你如何实现该功能的一个或多个任务。每个任务都附带相关示例代码和图示。

你可以将本书作为参考书，因为每章相对独立。想复习表单或者盒模型的知识，只需要翻看相关章节即可。尽管本书没办法面面俱到，但涵盖了所有重要内容，也为其他内容提供了参考。

本书结尾介绍了一些更为宏观的概念，从而让你可以轻松地将整个网站组合在一起。

尽管书中包含了构成整个网站的所有基本要素，但我们不会从头开始构建一个网站。不过，书中仍然给出了一些包含完整网页的示例以及初始化模板文件。

代码

本书有三种显示代码的方式。

穿插在常规文本中的代码使用了特殊字体（这种形式通常出现在分步任务里面），如 `</head>`、`.nav-main {`。

代码块则显示为独立的段落，位于两段常规文本之间，或以带有单独编号（如代码 00-1）的示例代码块呈现。

代码 00-1　示例代码块

```
p.introduction {
    color: red;
    font-family: Monaco, monospace;
    font-size: 16px;
}
```

在这两种格式里，都可能有一小部分代码以红色突出显示，这些是需要你注意的地方，例如：

```
<a href="#contact">Jump to Contact
→ Form</a>
```

大部分代码会出现在分步任务之中。它们明确指出需要输入的内容，并展示这样做的结果。请坚持学下去，没有什么方法比边做边学更好。

在实际的代码文件中，我会加入一些注释，以帮助你理解相关内容。这些注释使用了特殊标记，以避免它们直接显示在浏览器页面中。

HTML 注释如下所示：

```
<!-- This is an HTML comment -->
```

CSS 注释如下所示：

```
/* This is a CSS comment */
```

很多代码可以从 peachpit.com 下载[1]。本书配套网站除了有这些代码，还有一些指向其他重要资源的链接。

额外说明

本书还有另外两种特殊的内容类型：提示和侧边栏。

提示　提示都是这种格式的，通常包含有用的注解、链接以及其他值得了解的信息。

> **这是侧边栏**
>
> 侧边栏[2]包含的信息比"提示"要多，通常是并不适合放入正文的内容，旨在分享一些实操经验。
>
> 侧边栏可以对分步任务提供补充，增强你正在学习的技能。

勘误表

尽管我已尽量在成书过程中消除错误，但在纸质书中错误在所难免。本书的勘误表见 www.peachpit.com/title/9780136702566[3]。请点击"Updates"（更新）标签页，向我们报告错误或者查看勘误。

无论你把这本书当作教程还是参考书，希望你喜欢它并从中受益。

---

① 也可访问图灵社区本书主页下载随书资源。——编者注
② 注意，侧边栏不一定位于正文的侧边，本文的侧边栏跟正文混排，只是格式区别于正文。后文会讲到，侧边栏也叫旁注。——编者注
③ 本书中文版勘误请访问图灵社区本书主页提交或查看。——编者注

目　　录

什么是 HTML 和 CSS

自 1991 年诞生以来，万维网已经走过了很长一段路。在此期间，我们见证了很多重大的发展变化——从平淡的静态页面，到漂亮的网站，再到可以在世界任何地方（包括我们口袋里的设备）访问、拥有复杂交互的基于 Web 的应用。

尽管在这段时间里万维网发生了天翻地覆的变化，但其核心依然是两项重要的技术：HTML 和 CSS。那么，HTML 和 CSS 是什么呢？为什么你需要了解它们呢？

本章内容

☐ 什么是 HTML
☐ 什么是 CSS
☐ HTML 和 CSS 是如何一起工作的
☐ 小结

1.1 什么是 HTML

HTML 是**超文本标记语言**（hypertext markup language）的简称。HTML 主要负责处理两件事情：描述网页是什么样的，以及定义这些页面的语义。

那么，什么是**标记语言**（markup language）呢？实际上，网站是由很多不同的部分构成的。各种各样的数据——文本、图像、音频、视频以及可下载的媒体——都是网站的组成部分。这些文件——网站的每个组成部分——都存放在服务器上，供用户访问。

你可以这样想：从服务器访问网站就像订外卖一样。你从喜欢的餐厅订餐（通过互联网发送请求），厨房工作人员（服务器）选择你订购的餐食，然后送货员（再次通过互联网）将食物（网站的文件）送到你家门口（你的计算机）。

所有这些数据都以人可以理解的方式呈现在浏览器（如 Chrome、Firefox、Safari、Edge 等）之中。

由于人和计算机读取数据的方式并不相同，因此需要用某种方法来告诉计算机如何以结构化的方式呈现数据（即渲染），从而让人可以理解。

服务器发送给你的除了原始数据文件，还带有一个或多个用 HTML 编写的文件。延续上面外卖的类比，你可以将 HTML 文件想象成便当盒（如果你不喜欢日本料理，那就想象成其他餐盒）。它充当容器，从而井井有条地存放各种类型的数据，并以一定的排列方式呈现。

这就是**标记**（markup）的由来。HTML 文件就是由一些特殊代码标记的文本文件，正是这些特殊代码告诉浏览器如何在屏幕上显示从服务器接收的数据。HTML 标记是嵌在文本里的一系列文本标签，用于告诉计算机（主要是指浏览器）网站的外观是怎样的。

因此，**语义**（semantics）非常重要，因为它为这些标签（也称元素）赋予含义。例如，有一个 <h1>（表示一级标题）HTML 元素（如图 1-1 所示），它告诉浏览器和搜索引擎其所包含的文本是一个标题——不是一般的标题，而是最重要的标题。然后，浏览器便知道要以粗体显示它——当然，你还可以使用 CSS（层叠样式表，稍后会介绍）告诉浏览器以其他样式显示它。

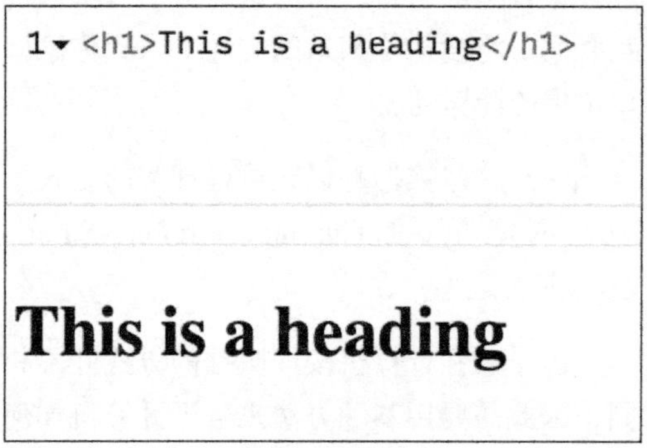

```
1 ▾ <h1>This is a heading</h1>
```

This is a heading

图 1-1　HTML 里的一个标题标签

虽然你可以将一堆纯文本放入文件中并在浏览器中打开它，但这些文本是没有结构和含义的。这样的文本将全部一起呈现，没有视觉层次，只是一团文字。

我们从图 1-2 所示的一个简单的 Word 文档开始。你可以看到几个不同大小的标题、几个有所分隔的段落以及一些格式为粗体或斜体的文本。

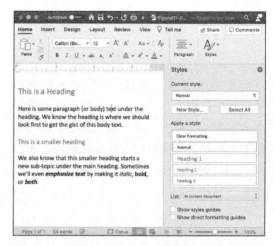

图 1-2　一个 Microsoft Word 文档

这种视觉上的层级结构能让读者快速地理解如何处理这些文本——哪些地方代表一个新的区块，文本的重点在哪里，等等。在 Word 中，你可以使用“样式”窗格执行此类操作；在网页里，则是通过将 HTML 标签添加到 HTML 文件中来实现的。

1.1.1　创建简单的 HTML 层级结构

(1) 打开 Windows 上的记事本，或者 Mac 上的 TextEdit。

(2) 输入 <h1>Bigger headings are more important</h1>。

(3) 输入 <h2>This is smaller</h2>。

(4) 输入 <h3>This is smaller still </h3>。

(5) 输入 <p>This is body copy, and is most common.</p>。

(6) 将文件保存为 hierarchy.html。

(7) 双击该文件，在浏览器中打开它。

你的浏览器将展示四段文字，且它们从上到下依次减小（如图 1-3 所示）。

Bigger headings are more important

This is smaller

This is smaller still

This is body copy, and is most common.

图 1-3　一个简单的 HTML 层级结构

1.1.2　当前版本：HTML5

撰写本书之际，HTML 的当前版本是 HTML5。这一版本引入了很多新元素，并简化了很多标记。

你可能是刚刚进入 HTML 的奇妙世界，直接使用 HTML5 便意味着拥有了大量出色的功能，并且这些功能得到了很好的支持。同时，要知道，HTML5 是向后兼容的，它的大多数功能对新旧浏览器都是有效的。

好在浏览器对 HTML 的版本甚至标记中的错误都相当包容，因此你不必担心由于代码错误导致页面完全错乱。

1.2　什么是 CSS

如果说 HTML 提供了网页的结构，那么 CSS 便提供了样式。从名字可以看出，这种说法完全正确。CSS 是**层叠样式表**（cascading style sheet）的简称，用于描述网页的外观——规定颜色、字体、间距等。简而言之，你可以把网站的外观做成任何你想要的样子。

HTML 使用标记，而 CSS 则使用**规则集**（ruleset）。规则集是像如下所示的代码：

```
h1 {
    color: black;
    font-size: 30px;
}
```

CSS Zen Garden 是展示 CSS 工作原理的一个很棒的网站。你可以访问 CSS Zen Garden 网站，在保持 HTML 标记不变的情况下，仅通过更改 CSS 来改变页面的外观。就像在 Microsoft Word 中对文档应用不同的主题和布局，更改网页的 CSS，可以让页面在内容结构不变的情况下看起来有所不同（如图 1-4 所示）。

虽然浏览器自身通常提供了一些默认样式，但是我们可以很容易地使用自己的样式来覆盖它们，也就是使用被称作**样式表**（style sheet）的 CSS 文件。

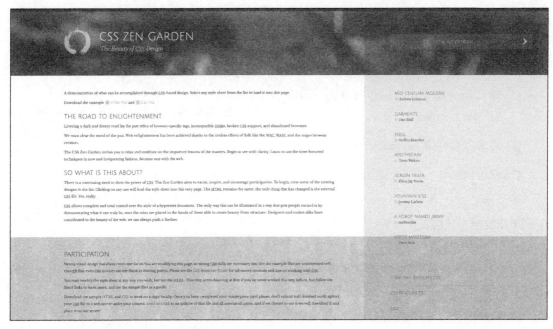

图 1-4　CSS Zen Garden

当前版本：CSS3

CSS 的当前版本是 CSS3。随着浏览器和计算机变得越来越强大，CSS 也在不断发展。

使用 CSS3，可以拥有动画功能、更多视觉效果以及对布局功能（如列和网格）更好的支持。

同 HTML 相比，CSS3 对浏览器支持情况的依赖程度更高。对于 HTML，如果浏览器遇到不支持的标签，就会将其当作纯文本来处理，因此其呈现仍然是正常的。但是，旧的浏览器可能不支持 CSS3 中较新的功能，这时页面的外观和功能就会受到较大影响。后文将会讲到这些内容。

1.3　HTML 和 CSS 是如何一起工作的

尽管 HTML 和 CSS 对网站来说功能定位不同，但它们在学习材料里面往往是合在一起讲解的（就像本书这样）。

这是因为它们是制作现代网站所必需的两种核心语言。尽管从技术角度看，仅有 HTML 就可以构成网页，但没有 CSS 的话，得到的只是一个非常平淡的网站，看起来就像 Word 文档一样（如图 1-5 所示）。

如今，借助 HTML5 和 CSS3 的强大功能，我们已经可以为网站打造一些特别的用户体验了，而从前要靠 JavaScript 这样真正的编程语言才能做到（如图 1-6 所示）。

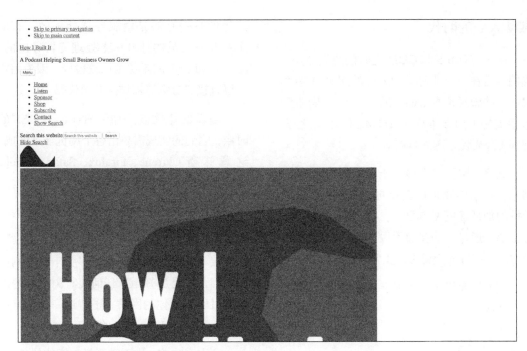

图 1-5　没有 CSS，只有 HTML

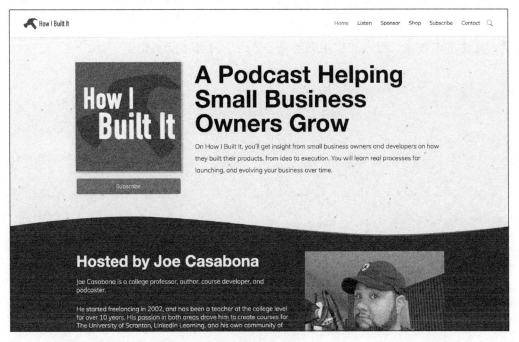

图 1-6　仍然是图 1-5 的 HTML 页面，但这次应用了 CSS

激动人心的时代

由于 HTML5 和 CSS3 之间的协同作用，我们生活在一个非常激动人心的网站构建时代。一些曾经需要 hack[①]的东西现在得到了原生支持（如文本列），HTML 的语义化程度和无障碍性也越来越高。

这意味着更多残障人士可以访问和使用网站，搜索引擎可以获得更多有用的信息，网站的加载速度变得更快，我们不再需要像过去那样通过一些变通手段或额外处理来让网站的某些方面变得可以正常工作。

其中的大部分改变源于 Web 浏览器的发展和进步。

1.4　小结

经常将 HTML 和 CSS 放在一起讨论的另一个原因是，它们都是由用户的浏览器处理的。其他 Web 技术、程序和应用则不是这样的——有的是由服务器处理的，有的是在开发人员的计算机上处理完再导出的。HTML 和 CSS 的定位则比较独特，因为用户可以直接通过浏览器访问其源代码。

当新的特性被添加到 HTML 和 CSS 的时候，它们的实现需要由各个浏览器来完成。这意味着 Chrome、Firefox、Safari 和 Edge 可能不会同时支持这些新功能。

因此，在不同的浏览器里，你创建的网站看起来可能会有一些不同。

接下来的章节将讨论更多关于网站测试的内容，但是要知道，任何装有浏览器的设备都可以查看你的网站。了解这一点将有助于你理解 HTML 和 CSS 的真正威力。

这也意味着，你不需要任何额外的工具、设备或费用就可以开始制作网站。只要有计算机，随时都可以开始。

让我们开始吧。

---

① 在计算机领域，hack 指的是用非常规手段搞定（但非解决）某个问题。——译者注

第 2 章

在计算机上创建网站

HTML 和 CSS 是由浏览器解释的,这一点的好处在于,你基本上可以在**任何**有浏览器的地方创建 HTML 和 CSS。尽管本书讲解的内容主要是在 Mac 或 Windows 计算机上进行操作的,但这些内容也完全可以在 Chromebook、iPad 甚至手机上完成。

这也意味着,假设你拥有一台带有浏览器的设备,那么你不需要再付出额外的成本就可以开始制作网站。第 21 章将讲到,将网站上线还需要两样东西:服务器(也称托管服务)和访问该服务器的地址(即域名)。不过,现在你既不需要服务器和域名,也不需要任何付费软件,便可以开始创建 HTML 和 CSS。学习本章内容用到的所有东西都是免费的。

在计算机上创建网站,需要三样东西:

❑ 文本编辑器;
❑ 文件夹结构;
❑ Web 浏览器。

本章内容

❑ 使用文本编辑器
❑ 使用高级工具
❑ 网站目录结构与文件扩展名
❑ 使用 CodePen 进行快速测试
❑ 小结

2.1 使用文本编辑器

文本编辑器指的是计算机上用来编写纯文本(即没有任何格式的文本)的应用程序。在 Windows 上,记事本可以扮演这个角色,而 macOS 则附带了 TextEdit(如图 2-1 所示)。注意:TextEdit 允许添加简单格式,所以如果使用 TextEdit,务必以纯文本格式保存文件,并让文件名以 .html 为扩展名,而不要以默认的 RTF 格式(.rtf)保存文件。

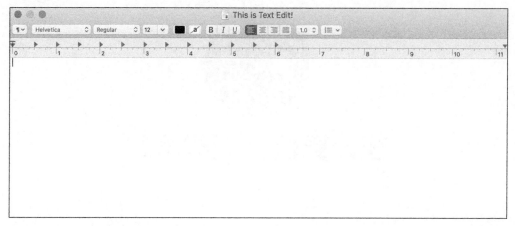

图 2-1　macOS 上的 TextEdit

创建一个新网页

(1) 在 Windows 上打开记事本，或在 macOS 上打开 TextEdit。在以下步骤中，每输入一个标签就换一行，让每个标签单独一行。

(2) 输入 `<html>`。

(3) 输入 `<head>`。

(4) 输入 `</head>`。

(5) 输入 `<body>`。

(6) 输入 `</body>`。

(7) 输入 `</html>`。

(8) 将文件保存为 index.html。

2.2　使用高级工具

还有很多专门用于编写代码和标记的高级工具。它们通常具有以下特性：

- **语法高亮**（syntax highlighting），让代码更易于阅读；

- **自动补全**（autocompletion），让你更快地编写代码；

- **实时编译**（real-time compiling）；

- **错误检查**（error checking）；

- **版本控制**（version control）。

一些强大的文本编辑器便属于这样的高级工具，如仅适用于 Windows 的 Notepad++，以及跨平台的 Atom 和 Visual Studio Code（简称 VS Code）。

集成开发环境（integrated development environment，IDE）也属于这样的高级工具，它们内置了整套工具。适用于 Mac 的 Coda 是其中比较流行的一款，此外还有一些跨平台的 IDE，如 PHPStorm。这些 IDE 通常用于 PHP、Python 等语言的编程。

我建议使用 VS Code（如图 2-2 所示）。它是免费的，制作精良，运行稳定，而且用户界面可定制。对 VS Code 的界面进行定制，可以让阅读 HTML 和 CSS 变得更容易。它还可以对 HTML 标签和 CSS 语句进行高亮显示，后文将介绍这些内容。

图 2-2　VS Code 对 HTML 标记进行高亮显示

2.3　网站目录结构与文件扩展名

有了理想的代码编辑器以后，下面讨论构建网站所需的实际文件以及存放它们的文件夹（也称目录，用于表示文件存储的结构）。

由于你是直接在计算机上进行开发的，因此，如果你将所有文件都放到桌面上，并由此开展接下来的工作，从技术上讲并没有问题。**但强烈建议你不要这样做**。你应该建立一个适当的目录结构。

最初的示例项目只会用到一两个文件，但是随着网站变得越来越复杂，需要的文件（及文件类型）会越来越多。拥有良好的文件结构会让你的网站井井有条。这样做有助

于你以及任何可能维护代码的其他人轻松地找到要找的内容。

2.3.1　命名约定

在计算机上创建目录结构之前，我们先来谈谈文件和目录的命名约定。HTML 文件和 CSS 文件使用的扩展名不同，前者使用 .html，后者使用 .css。

所有文件名都应使用小写字母，并使用连字符（-）代替空格。因此，"My Cool File"的文件名应为 my-cool-file.html。

目录使用相同的命名约定：全部为小写字母；如果要使用多个单词，使用连字符将其分开。

提示　文件扩展名是用来告诉计算机如何处理文件的。通常，计算机会根据扩展名来决定使用哪个应用程序打开该文件，或根据扩展名来确定文件应该包含哪些信息。

2.3.2　建立目录结构

(1) Windows 用户请打开"我的文档"文件夹，macOS 用户则请打开 home 文件夹或用户文件夹中的"文档"文件夹。

(2) 右键单击文件夹窗口，然后选择"新建文件夹"。这将成为网站目录结构中最顶层的文件夹，即网站的根文件夹。

(3) 将该文件夹命名为 website。当然，也可以用任何你想要的名称来为其命名。

(4) 双击这个新建的文件夹将其打开。

(5) 创建一个名为 images 的新文件夹。

(6) 找到在上一个任务中创建的 index.html 文件，并将其移动到刚刚创建的网站文件夹里。

提示 本书使用 Chrome 浏览器来测试我们创建的网页，不过，使用 Safari、Edge、Firefox 以及任何现代浏览器的最新版本都可以。

2.3.3 访问网页文件

要打开 HTML 文件，可以在计算机上双击该文件的图标，然后它就会在浏览器中打开。将网站上线，让互联网上的其他人可以访问网站是另外一回事，关于这些内容我们将在第 21 章讨论。不过，有些重要信息你现在就应该知道。

要在网上访问一个文件，需要知道它的路径，也就是它在文件系统层级结构中的位置。文件路径使用的格式形如 /directory/filename。通常，当我们使用浏览器访问网站的时候，我们并未指定要访问的文件的名称。我们访问的可能是域名（如 peachpit.com）或该域名下特定的子文件夹（如 peachpit.com/store/）。域名是网站的"地址"，你可以将其类比为房屋的邮寄地址。

就像家庭地址一样，要获取网上的特定文件，就必须知道访问该文件的路径。路径是由文件的**统一资源定位符**（uniform resource locator，URL）提供的。网页的 URL 包含域名和网页文件的路径（如图 2-3 所示）。

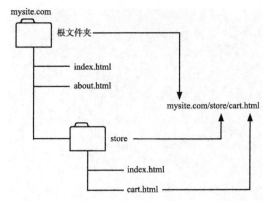

图 2-3　网页的 URL 反映了它在网站目录结构中的位置

如果你不知道要访问的页面的确切 URL，但是知道其网站的域名，要怎么办呢？在这种情况下，大多数 Web 服务器将选择一个默认文件进行显示。该默认文件通常为 index.html，位于我们正在访问的网站的根目录下。因此，你网站主页的文件名就应该是 index.html。

2.3.4　模拟 Web 服务器

早期便养成良好的文件组织习惯还有一个理由，就是 Web 服务器（即文件最终存放的地方）是以特定方式组织的，网站的文件位于一个公用文件夹中，该文件夹通常被命名为 public_html、public、html 或 root。

如果你想更好地理解 Web 服务器的工作方式（暂时还不要求掌握），可以下载一种应用程序，在你的计算机上创建一个小型服务器。Windows 用户可以选择 WAMP（Windows + Apache + MySQL + PHP）软件包，macOS 用户可以选择 MAMP（Mac + Apache + MySQL + PHP）软件包。不用担心，无论你使用哪种软件包，四个组件都是包含在一个安装文件中的。

上述这些知识现在还不需要掌握，不过提前了解也是有好处的。

2.4　使用 CodePen 进行快速测试

还有一种快速测试代码的方法，无须设置 Web 服务器，但需要你可以连上互联网。

CodePen 就是一种提供此类服务的流行应用。通过 CodePen，你可以在同一个窗口里编写和测试代码。图 2-4 展示了它的工作方式。

在页面上方的面板中分别输入 HTML 和 CSS 代码，页面下方就会实时显示结果。因此，如果你想快速查看所编写内容的效果，而不是编写完代码后再打开或刷新浏览器，那么 CodePen 确实是个不错的选择。这种方法对于快速制作原型很有用。

2.5　小结

有了文本编辑器、本地网站目录，也掌握了快速进行代码测试的方法之后，便可以开始编写 HTML 了。

从下一章开始，我们将深入探讨 HTML 的工作原理。让我们开始吧。

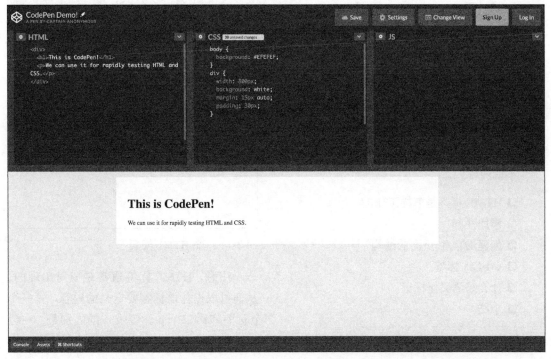

图 2-4　CodePen 代码编辑界面

第 3 章

HTML 语法

如第 1 章所述，HTML 是定义每个网页的语言。不过，这到底是什么意思呢？在讲到 HTML 的时候，会用到哪些术语呢？

HTML 是一组文本**标签**（tag）。这些标签将被插入到构建网页的 HTML 文件的内容之中，它们定义了浏览器中显示的内容的类型。

在本章，你将学习有关 HTML 的所有基础知识，从需要了解的术语，到如何编写标签，再到 HTML 文档的一般性结构。

本章内容

- ❑ HTML 标签是怎样工作的
- ❑ 添加注释
- ❑ 创建 HTML 页面的结构
- ❑ `<meta>` 标签
- ❑ 什么是语义化标记
- ❑ 小结

3.1 HTML 标签是怎样工作的

先来看看最常见的一种 HTML 标签 `<p>`（如图 3-1 所示）。`<p>` 是标准 HTML 标签。它以左尖括号（`<`）开头，接着是字母 p（标签名称），再以右尖括号（`>`）结尾。上述这些一起构成了一个 HTML 标签。

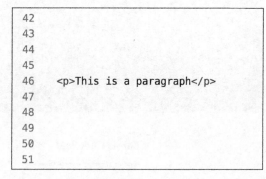

```
42
43
44
45
46    <p>This is a paragraph</p>
47
48
49
50
51
```

图 3-1　一个 HTML 元素

注意，HTML 标签通常是成对出现的，从而可以框住该标签要定义的内容。第一个 p 标签和第二个 p 标签唯一的区别是，在包围第二个 p 标签的左尖括号后面多了一个正斜杠（/）。这表示这是一个结束标签，整条语句构成了一个 HTML 元素：开始标签、内容和结束标签。

尖括号之间的 p 告诉浏览器这个内容是什么。在这个例子中，"p"代表"paragraph"（段落），这样浏览器便知道要将标签里面的内容显示为一个文本块。

上述代码可以读作："先是一个段落开始标签，然后是文本，然后是一个段落结束标签。"对于不同的标签，浏览器显示文本内容的方式也会不一样。

提示 很多人使用"小于号"和"大于号"分别指代标签的左尖括号和右尖括号（尽管从技术上说它们并不是等价的）。所以，左尖括号和右尖括号可以简单地统称作**不等符号**（inequality symbol）。

3.1.1 修改 HTML 标签并在浏览器中查看结果

(1) 打开文本编辑器，输入 `<p>This is text</p>`（如图 3-2 所示）。

```
1
2
3    <p>This is text</p>
4
5
```

图 3-2 使用 HTML 标签将文本定义为段落

(2) 将文件另存为 tag.html。

(3) 双击该文件，在浏览器中将其打开（如图 3-3 所示）。

This is text

图 3-3 图 3-2 中的文本在浏览器中显示的样子

(4) 返回编辑器，将 `<p>` 替换为 `<h1>`。

(5) 用 `</h1>` 替换 `</p>`（如图 3-4 所示）。

```
1
2
3    <h1>This is text</h1>
4
5
```

图 3-4 同样的文本，但使用 `<h1>` 标签替换 `<p>` 标签

(6) 保存文件。

(7) 在浏览器中刷新页面，可以看到文本的大小和样式有何变化（如图 3-5 所示）。

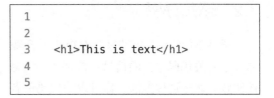

This is text

图 3-5 这段文本现在显示为一个一级标题的样子

3.1.2 属性

在 HTML 标签中还存在另一种很关键的文本——**属性**（attibute）。属性是为标签所应用的文本提供额外信息的。我们再来看一个段落标签，不过这次带有一个属性：

`<p lang="en">This is a paragraph.</p>`

属性应该位于开始标签的字符后面。属

性分为两个部分：名称（此处为 lang）和值（此处为 en）。这个属性告诉浏览器："这个段落的语言是英文"。

关于属性，还有两个要点：

❑ 一个元素可以有任意数量的属性；
❑ 某些元素（如图像标签 <img>、链接标签 <a>）一定要带有一些规定的属性。

3.2　添加注释

通过添加注释的方法来为 HTML 代码添加一些有关代码本身的信息，被视作一种最佳实践。通过这种方法，你可以为代码的各个部分做标记，也可以解释一段代码的用途。这些注释对于日后修改代码会非常有用，尤其是他人修改你的代码的时候。

浏览器显示网页的时候，注释是不会显示的。这对于开发非常有帮助，因为你可以"注释掉"一段代码以查看暂时屏蔽它在浏览器里的效果，而无须真正将其从代码文件中删除。

在 HTML 中添加注释

(1) 在 HTML 文件中，找到要开始注释的位置，然后输入 <!--。

(2) 执行下列操作之一：

❑ 如果要添加注释，就输入注释内容，最后以 --> 结束；
❑ 如果要"注释掉"一段代码，就将光标放到这段代码结尾，再输入 -->。

代码清单 3-1 展示了一个注释代码的示例。图 3-6 展示了将其渲染出来的页面。

代码清单 3-1　这段代码中有两条注释标记了页面里一块代码的开始位置和结束位置，还有一条注释标记被注释掉的段落元素

```
<!doctype html>
<html class="no-js" lang="">
    <head>
        <link href="style.css" rel="stylesheet" type="text/css" />
        <title>Joe Casabona - Done for You Podcasts and Courses</title>
    </head>
    <body>
        <main>
            <h1>Hi! I'm Joe Casabona.</h1>
<!-- 网站描述开始 -->
<div>
    <p>I create online courses at
        <a href="https://creatorcourses.com/">Creator Courses</a>
 and for
        <a href="https://www.linkedin.com/learning/instructors/joe-casabona">LinkedIn
        → Learning</a>
, host a podcast called
<em><a href="https://howibuilt.it/">How I Built It</a>, </em>
and have been making websites for 20 years.</p>
</div>
<!--
<p>这些内容不会显示，因为被注释掉了。</p>
-->
<!-- 网站描述结束 -->
        </main>
    </body>
```

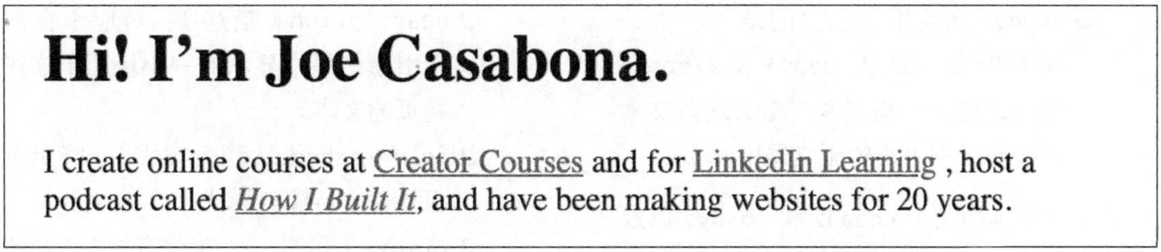

Hi! I'm Joe Casabona.

I create online courses at Creator Courses and for LinkedIn Learning , host a podcast called *How I Built It*, and have been making websites for 20 years.

图 3-6　代码清单 3-1 在浏览器里渲染出来的样子：注释内容对用户来说是隐藏的

提示　尽管浏览器呈现页面的时候不会显示注释代码，但这些注释内容也不会被彻底隐藏！任何用户都可以查看页面的源代码（你将在第 22 章了解如何查看源代码），然后看到全部注释。因此，请勿在注释文本里面写任何令人尴尬或令人反感的内容。

3.3　创建 HTML 页面的结构

了解了 HTML 标签的工作原理之后，还需要了解整个页面的结构。可以将标准 HTML 页面的基本组件提取到一份样板文件之中。这份样板文件就可以用作每一个新 HTML 文档的基础模板（如图 3-7 所示）。

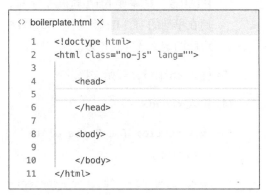

```
<> boilerplate.html ×
 1    <!doctype html>
 2    <html class="no-js" lang="">
 3
 4        <head>
 5
 6        </head>
 7
 8        <body>
 9
10        </body>
11    </html>
```

图 3-7　HTML 样板文件的标记

以下组件应该存在于每一个 HTML 页面之中。

- □　必须出现在第一行的 DOCTYPE 声明（告诉浏览器我们使用的 HTML 是什么版本）。
- □　`<html>` 开始标签。页面上其他所有标签都要放置在 `html` 开始标签和结束标签之间。
- □　`head` 开始标签和结束标签。
- □　`body` 开始标签和结束标签。
- □　始终位于文档结尾处的 `</html>` 结束标签。在此标签之后，不应该再出现任何内容。

提示　较早的 HTML 版本要求"DOCTYPE"这几个字母都需要大写，但是 HTML5 对此并不区分大小写。

`<html>`、`<head>` 和 `<body>` 标签

在 DOCTYPE 以外，有三个不同的标签定义了网页的整体结构。

- □　`<html>` 标签标记的是整个文档的开始和结束。除 DOCTYPE 外，其他所有标签都应该位于这组标签之间。
- □　`<head>` 元素里面的内容都是关于此页面的信息。在大多数情况下，这些信息不会直接显示在浏览器窗口中。

□ <body> 元素里面包含的是页面上的
  所有内容。如果 <body> 和 </body>
  标签之间有一些文本，那么这些文本
  就会显示在用户的浏览器中。

上面讲到的关于 <head> 和 <body> 以及
显示内容的规则也有一些例外情形。<head>
下 的 一 个 很 好 的 例 子 是 <title> 元素。
<title> </title> 标签位于 <head> 里面，
但它们定义的是将在浏览器标签页中显示的
文本（如图 3-8 所示）。

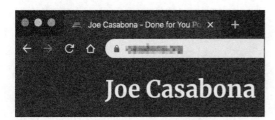

图 3-8　浏览器中显示的 <title> 元素

3.4　<meta> 标签

<meta> 标签与 <title> 标签类似，都
属于文档的 <head> 标签。不过，与 <title>
标签不同的是，<meta> 标签里的信息不会展
示给用户。

<meta> 标签用于为搜索引擎这样的程序
提供一些信息。它最常见的两个属性是 name
和 content，这两个属性构成了一个个**键值
对**（name-value pair）。例如，要提供网页的
描述，可以写作：

```
<meta name="description" content="A
→basic HTML boilerplate file.">
```

常见的 name 属性的值包括以下几种。

□ author（作者）：指定文档作者的姓名。

□ description（描述）：对应于在搜
  索引擎结果中显示的一小块用于描述
  网页的文本。
□ color-scheme（颜色模式）：指定页
  面是否支持深色模式。
□ viewport（视区）：提供有关文档初始
  大小的信息。这一项仅针对移动设备。
□ robots（机器人）：指定文档是否应
  该包括在搜索引擎的搜索结果里面。

提示　<meta> 标签不需要结束标签，也不
需要在结尾处包含正斜杠（ / ）。

提示　<meta> 标签的 name/content 组合是
最常见的，但是还有其他一些属性，可用于
更高级的定义和功能，参见 MDN Web Docs。

创建 HTML 基础模板

(1) 在文本编辑器里新建一个文件。

(2) 输入 <!DOCTYPE html>。

　　这 是 网 页 的 DOCTYPE 声 明。使 用
　　HTML5，只需要 html 这几个字母，
　　而在早期的 HTML 版本中，DOCTYPE
　　声明的定义要冗长得多。

(3) 输入 <html>，开始文档。

(4) 输入 <head>。

(5) 输入 <title>HTML Boilerplate
　　</title>。

(6) 输入<meta name="author" content=
　　"*your name*">。

　　记得用你自己的名字替换上述代码
　　中的 "*your name*"。

(7) 输入 `</head>`。

(8) 输入 `<body>`。

(9) 输入 `</body>`。

(10) 输入 `</html>`，结束文档。

(11) 将文件保存为 boilerplate.html，存放在你的网站文件夹里。

3.5 什么是语义化标记

前面提到，标签会告诉浏览器它所包含的内容的类型。不过，为什么这一点很重要呢？

实际上，通过选用恰当的标签，不仅可以向用户描述我们的内容，还会向浏览器、搜索引擎以及其他任何基于计算机的处理系统描述我们的内容。这就让上述每个对象都能按照适合自己的方式来解读信息。这可能意味着以某种颜色显示某些内容，或者在特定的搜索结果中突出显示某些内容。

例如对网站的导航使用了适当的语义化标签，Google 就会直接在搜索结果中将导航显示出来（如图 3-9 所示）。

总之，语义化的标记意味着网页的无障碍性提高了。对于国际访客来说，它更容易翻译；对于使用辅助技术（如屏幕阅读器）的用户来说，他们能更好地理解网页的内容。

3.6 小结

HTML 标签是 Web 的基础。它们创建了网页内容的结构并指定内容的含义。这能让访问你的网页的所有人、所有设备更好地理解它。

现在，你已经基本了解了 HTML 的工作方式和原理，下面我们以此为基础开展一项最常见的任务：定义内容的格式。

图 3-9 在搜索结果中显示网站的导航

第 4 章

基本的 HTML 元素

HTML 元素种类繁多。从技术角度看，这些元素的格式都应该通过 CSS 进行定义。不过，某些 HTML 元素带有语义，这样的语义也就定义了文本应该如何在屏幕上显示。

本章将介绍几种最基本的元素，以及如何将它们组合起来以创建格式正确、可读性强且有意义的网页。

本章内容

- ❑ HTML 文本的格式化
- ❑ 段落与标题
- ❑ 列表
- ❑ 引用块级文本
- ❑ 行内文本的格式化
- ❑ 对代码进行标记
- ❑ 小结

4.1 HTML 文本的格式化

如果你曾使用 Microsoft Word 或 Google 文档来编辑文本，就应该知道，只需按几个按钮，就可以完成格式设置。选择文本，然后从菜单中选择一种样式，就会对该文本应用这种格式。比如可以在标题和段落之间增加一些间距，可以为无序列表添加圆点，可以更改文本的颜色，等等。

不过，HTML 并非如此。如果只是在 HTML 文档中写入文本，它不会拥有任何格式。所有文本内容都会显示在一起，换行将会被忽略，某些字符也不会正确显示。

尽管浏览器会使用默认样式表来格式化所有 HTML 元素，但我们仍然需要使用 HTML 标签来描述页面上的所有内容。如果没有 HTML 标签，浏览器就无法知道页面上文字的类型。

我们从最常见的元素（即标题和段落）开始吧。

4.2 段落与标题

第 3 章介绍了段落。段落是由一个或多个句子组成的阐述某个想法的一个文本块。

创建段落

(1) 打开 boilerplate.html 文件，并将其另存为 chapter4.html。

(2) 在 \<body\> 开始标签后新起一行输入 \<p\>。

(3) 输入 This is a paragraph!。

(4) 输入 \</p\>。

(5) 在新的一行输入 \<p\>This is another paragraph.\</p\>。

(6) 在新的一行输入 \<p\>This is a third paragraph.\</p\>。

(7) 保存文件，然后在浏览器中打开它。

效果如图 4-1 所示。

This is a paragraph!

This is another paragraph.

This is a third paragraph.

图 4-1 被格式化为段落的三个文本块

标题略有不同。HTML 有六个级别的标题，其中一级标题（\<h1\>）的重要性最高，而六级标题（\<h6\>）的重要性最低（如图 4-2 所示）。

标题的主要作用是在页面上创建视觉上的层次结构。通常我们用段落组织成小节，而标题则放在这些小节的顶部。

标题也为文字增加了意义，这对搜索引擎来说很重要。

从语义上讲，一个页面应该只有一个一级标题。整个页面从上到下应该确保标题拥有正确的层次结构顺序。

标题的级数越小，代表的范畴就越大。因此，\<h2\> 标签应该代表页面上比较大的范围。

4.3　列表

在段落和标题之后，文本里面下一个最常见的元素就是列表。如果你回顾一下自己最近使用过的 Word 文档或 Google 文档，可能会发现项目符号列表出现了好几次。

```
⚙ HTML                        ⌄
1 ⌄ <h1>This is a Heading 1</h1>
2
3 ⌄ <h2>This is a Heading 2</h2>
4
5 ⌄ <h3>This is a Heading 3</h3>
6
7 ⌄ <h4>This is a Heading 4</h4>
8
9 ⌄ <h5>This is a Heading 5</h5>
10
11 ⌄ <h6>This is a Heading 6</h6>
```

This is a Heading 1

This is a Heading 2

This is a Heading 3

This is a Heading 4

This is a Heading 5

This is a Heading 6

图 4-2　HTML 可用的六个级别的标题，从 \<h1\> 到 \<h6\>

我们可以使用 HTML 创建两种列表：有序列表和无序列表。

默认情况下，有序列表以数字为前缀，无序列表以项目符号（•）为前缀。

如果要用有序列表，就使用 <ol> 标签；如果要用无序列表，就使用 <ul> 标签。在列表的开始标签和结束标签之间，列表的每个项目都包在 <li> 标签里。

创建无序列表

(1) 在 HTML 文件中输入 <ul>，开始列表。

(2) 输入 <li>Apples</li>，创建列表三个项目中的第一个。

(3) 输入 <li>Bananas</li>。

(4) 输入 <li>Cherries</li>。

(5) 输入 </ul>，结束列表。

效果如图 4-3 所示。

- Apples
- Bananas
- Cherries

图 4-3 我们创建的无序列表在浏览器中显示的样子

提示 你可以使用任何形式来表示项目符号，甚至使用自己的图片来代替。我们讲到 CSS 时将介绍替换的方法。不过，从视觉上讲，有序列表还是应该用数字来表示。

提示 很容易注意到列表项目是有一定缩进的。将 HTML 元素嵌入其他元素内部时，通常会加一些缩进，从而提高可读性。

4.4 引用块级文本

在印刷界，引用大量文本时，会对这段文本进行缩进，并改变其字体样式，从而与周围其他内容区隔开。HTML 里有 <blockquote> 这一块级元素以实现相似的操作。其名称包含 "block"（块）这个单词，倒是方便理解和记忆。默认情况下，<blockquote> 元素的内容会形成一定的缩进，不过，你也可以使用 CSS 对此样式进行修改。

如果要提供引用的来源，可以使用 cite 属性，其值为来源的 URL。还可以使用 <cite> 元素以文本形式给出来源的标题（如代码清单 4-1 和图 4-4 所示）。浏览器通常以斜体显示该元素的内容，但你也可以用 CSS 对该样式进行修改。如果你还希望提供指向来源的链接，可以结合使用 <cite> 元素与 <a> 元素。

代码清单 4-1 这个示例里有一个带 cite 属性的 <blockquote> 元素，还有一个 <cite> 元素

```
<p><cite>The Importance of Being Earnest
→ </cite> is only one of many sources of
→ witty sayings by Oscar Wilde. To take
→ one example:</p>

<blockquote cite="https://en.wikiquote.org
→ /wiki/Oscar_Wilde">
<p>I never travel without my diary. One
→ should always have something sensational
→ to read in the train.</p>
</blockquote>
```

> *The Importance of Being Earnest* is only one of many sources of witty sayings by Oscar Wilde. To take one example:
>
> > I never travel without my diary. One should always have something sensational to read in the train.

图 4-4　代码清单 4-1 在浏览器里渲染出来的样子

将段落设为引用文本

(1) 输入 `<blockquote>`。

(2) 输入 `<p>`。

(3) 输入引用的内容。

(4) 输入 `</p>`。

(5) 输入 `<cite>`。

(6) 输入引用的来源。

(7) 输入 `</cite>`。

(8) 输入 `</blockquote>`。

4.5　行内文本的格式化

最后要介绍的基本元素是一些行内元素——在其他元素内部使用的元素。

段落、标题和列表都是"块级"元素。它们都是自包含的区块，都从新的一行开始，并占据所在容器的整个宽度。行内元素则不会从新的一行开始，其宽度就是内容本身的宽度。`<strong>` 标签就是行内元素的一个例子。

在下面的步骤里，你将首先创建一个简短的段落（块级元素），然后更改其中某些文本（行内元素）的格式。

使用 `<strong>` 标签将文本加粗

(1) 输入 `<p>We use the strong tag to`。

(2) 输入 `<strong>draw attention</strong>`。

(3) 输入 `to text by bolding it.</p>`。

效果如图 4-5 所示。

> We use the strong tag to **draw attention** to text by bolding it.

图 4-5　示例代码中段落的显示效果

注意，`<strong>` 标签位于 `<p>` 标签内部，位于包围它的文本行内。默认情况下，浏览器会将 `<strong>` 文本加粗显示。使用 `<strong>` 标签还有另一个作用：它告诉浏览器和搜索引擎该文本比常规文本更重要一些。

提示　如果要让一小块文本引起注意，但不希望它在语义上更重要，可以改用 `<b>` 标签。在 HTML5 中，b 表示 "bring attention to"（引起注意），而从前 b 表示的是 "boldface"（粗体）。值得注意的是，不应依靠 `<strong>` 和 `<b>` 这两个元素中的任何一个来确保文本以粗体显示。加粗应该用 CSS 来完成。

有很多设置行内文本格式的标签。下面列举了最常见的一些（效果如图 4-6 所示）。

❑ `<em>` 用于强调。其内文本默认显示为斜体。如果想标记一小块文本但不想在语义上表示"强调"，可以使用 `<i>` 标签。

❑ `<u>` 用于为文本加下划线。它显示为下方带有一条线的文本。

❑ `<s>` 用于表示某些内容是错误的，需要划掉。它显示为中间穿过一条线的文本。你可能会在较早的代码中遇到 `<strike>`，但现在已由 `<s>` 代替它。

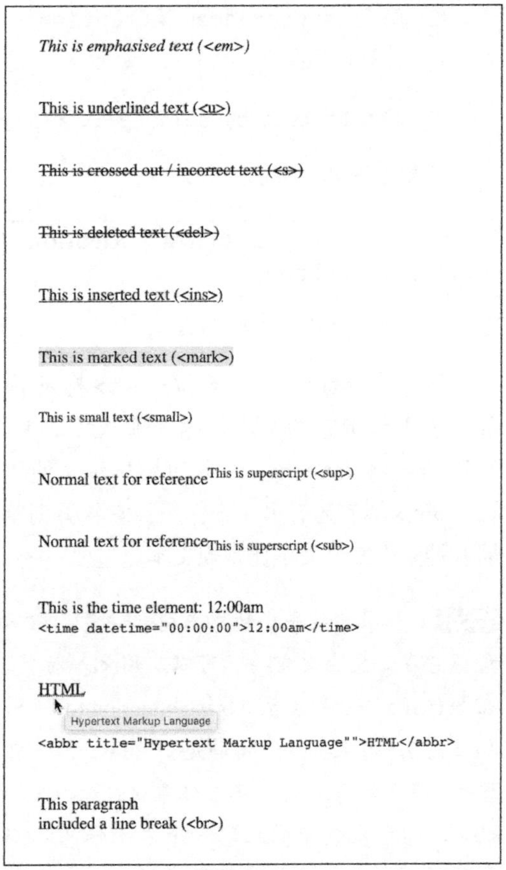

```
This is emphasised text (<em>)

This is underlined text (<u>)

This is crossed out / incorrect text (<s>)

This is deleted text (<del>)

This is inserted text (<ins>)

This is marked text (<mark>)

This is small text (<small>)

Normal text for reference^This is superscript (<sup>)

Normal text for reference_This is superscript (<sub>)

This is the time element: 12:00am
<time datetime="00:00:00">12:00am</time>


HTML
   Hypertext Markup Language
<abbr title="Hypertext Markup Language"">HTML</abbr>


This paragraph
included a line break (<br>)
```

图 4-6　本节列出的所有格式标记在 Chrome 中的默认样式

- <del> 的默认样式与 <s> 一样，但它们的含义略有不同。<del> 标记的是已从原始文档中删除的内容。
- <ins> 的默认样式是带有下划线，它指示的是已插入文档中的内容。
- <mark> 用于突出显示文本。它将为文本添加黄色背景，就像在文本上用荧光笔划了一样。
- <small> 会让文本的字号小于默认大小，它用于注释、旁注、脚注等。
- <sup> 是上标，它会让文本变小一号

并抬高到基线之上，通常用于指数以及引用编号。

- <sub> 是下标。像 <sup> 一样，它会减小文本的大小，不过位置是在普通文本的基线以下。
- <time> 表示时间，通常与 datetime 属性结合使用，从而将人类可读的时间转换为机器可读的格式。有效的 datetime 值的列表参见 MDN Web Docs。
- <abbr> 代表缩写，通常用虚线下划线表示。可以为它添加 title 属性，以包含缩写的完整名称，当鼠标指针悬停在缩写上时，会显示出完整的名称。
-
 会创建换行符。当你想以特定长度显示不同行（如诗歌、邮寄地址的不同行）的时候，此功能将很有用。

提示　以上只是 HTML 中可用于格式化行内文本的标签的一些例子。完整的列表参见 MDN Web Docs。

4.6　对代码进行标记

有两个 HTML 标签是专门用于标记代码的：

- <code> 用于表示一小段程序代码，代码以等宽字体显示；
- <pre> 代表预格式化的文本，也以等宽字体显示。预格式化意味着任何文本（包括空格）的显示都与输入时完全相同。

提示 在 <code> 元素中使用 < 和 > 时，应使用 HTML 实体：< 对应 <，> 对应 >[①]。关于 HTML 实体，参见 MDN Web Docs。

如果想显示多行代码，请将 <code> 元素放在 <pre> 元素里面。只有一种情况是可以单独使用 <code> 元素的，就是将它作为行内元素的时候（见代码清单 4-2 和图 4-7）。

代码清单 4-2　这里有一个 <code> 元素作为行内元素的例子，还有一个在 <pre> 元素内包含几行代码的例子

```
<p>If you need to display multiple lines of code, place the <code> &lt;code&gt; </code>element
→ inside a <code> &lt;pre&gt;</code> element. </p>

<p>In completely unrelated news, here's a bit of the code for a table that you'll encounter
→ again in Chapter 8:</p>

<pre><code>
&lt;table border="1"&gt;
    &lt;thead&gt;
        &lt;th colspan="4"&gt;Aaron Judge&lt;/th&gt;
        &lt;th&gt;RF&lt;/th&gt;
    &lt;/thead&gt;
    &lt;tbody&gt;
        &lt;tr role="header"&gt;
            &lt;td&gt;Year&lt;/td&gt;
</code></pre>
```

If you need to display multiple lines of code, place the <code> element inside a <pre> element.

In completely unrelated news, here's a bit of the code for a table that you'll encounter again in Chapter 8:

```
<table border="1">
    <thead>
        <th colspan="4">Aaron Judge</th>
        <th>RF</th>
    </thead>
    <tbody>
        <tr role="header">
         <td>Year</td>
```

图 4-7　代码清单 4-2 在 Chrome 中呈现的样子

---

① "lt" 是 less than（小于）的缩写，"gt" 是 greater than（大于）的缩写。——译者注

使用其他语言

如果你使用的语言是从右到左书写的（right-to-left，RTL），如阿拉伯语、希伯来语，那么有两个元素很有用：`<bdi>` 和 `<bdo>`。

`<bdi>` 是双向隔离（bidirectional isolate）元素。该元素里面的文本内容将与其周围的其他文本隔离开来，从而不会出现渲染问题。如果你的主要文本是从左到右书写的（left-to-right，LTR），但你想引用一段从右到左手写的文本，这个元素就会很有帮助。

如果要覆盖当前文本的书写方向（通常由浏览器定义），则可以使用 `<bdo>`（bidirectional text override）元素及 `dir` 属性[①]。`dir` 属性的值可以是 `rtl` 或 `ltr`。

如果整个页面的文字方向都是 RTL，则可以在 `<html>` 元素中添加 `dir="rtl"` 属性。

W3C 网站上对此有详尽的解释。

4.7 小结

至此，你已经掌握了基础知识，包括如何格式化文本，如何创建漂亮的视觉层次结构。这些将使你的网站更易于阅读。接下来，我们谈谈 Web 的构成基础——超链接。

---

① "dir" 是 direction（方向）的缩写，此处指的是文字书写方向。——译者注

第 5 章

链　　接

超链接（hyperlink）是让 Web 从一开始就拥有一定交互性的元素。

超链接（简称链接）让我们能将网页彼此连接起来以形成网站，也让我们能将访问者引向其他网站的页面。链接对网站的组织和 SEO（搜索引擎优化）都有着重要作用。那么，链接是如何工作的呢？链接可以指向哪些内容呢？

本章内容

- □ 链接标记
- □ URL 的结构
- □ 内部链接与外部链接
- □ 相对链接与绝对链接
- □ 其他链接类型
- □ 链接目标
- □ 小结

5.1　链接标记

链接用于将一个网页连接到另一个网页。链接也可以让用户跳转到网页的某个部分，还可以让用户下载文件。为了在视觉上将它们与网页其他内容区分开，我们通常为文本链接添加醒目的外观，例如变换颜色（对于未访问过的链接通常使用蓝色），添加特殊格式，或者同时使用这两种方法。

在 HTML 中，使用 \<a\>（即 anchor，"锚"的意思）标签表示链接。\<a\> 标签是一种常见的包含较多属性的 HTML 元素。

由于我们的链接会将用户带到另一个网站的页面，因此我们需要使用 href 属性。"href" 指的是**超文本引用**（hypertext reference）。href 属性的值便是目标（链接到的页面）的 URL（统一资源定位符）。\<a\> 元素的内容一般是一些标签性质的文本，通常是链接到的页面名称。该标签便是用户所看到的链接。

提示 对于 <a> 标签来说，href 属性并不是必需的，但是，如果要让链接发挥它应有的作用，该属性则必不可少。

下面我们来看看如何建立一个指向 Google 网站的链接。

创建超链接

(1) 在 HTML 文件中，输入 <a，开始锚元素。

(2) 输入 href="https://google.com">，指定链接的目标。

(3) 输入 Visit Google，这是供用户点击的标签。

(4) 输入 </a>，完成链接（如图 5-1 所示）。

(5) 保存文件，并在浏览器中查看效果（如图 5-2 所示）。

Visit Google

图 5-2 指向 Google 网站的链接与常规文本的颜色和样式不一样（另见彩插）

提示 链接的标签不一定是文本。我们将在第 7 章中看到，还可以将图像用作可点击的链接。

尽管链接的标记看起来并不复杂，但是创建链接还是有一些小的要点。创建链接的关键点是理解 URL 的结构。

5.2 URL 的结构

现在，有必要仔细探讨一下 URL。图 5-3 展示了一个普通 URL 的组成部分。

```
<a href="https://google.com">Visit Google</a>
```

图 5-1 指向 Google 网站的链接的标记

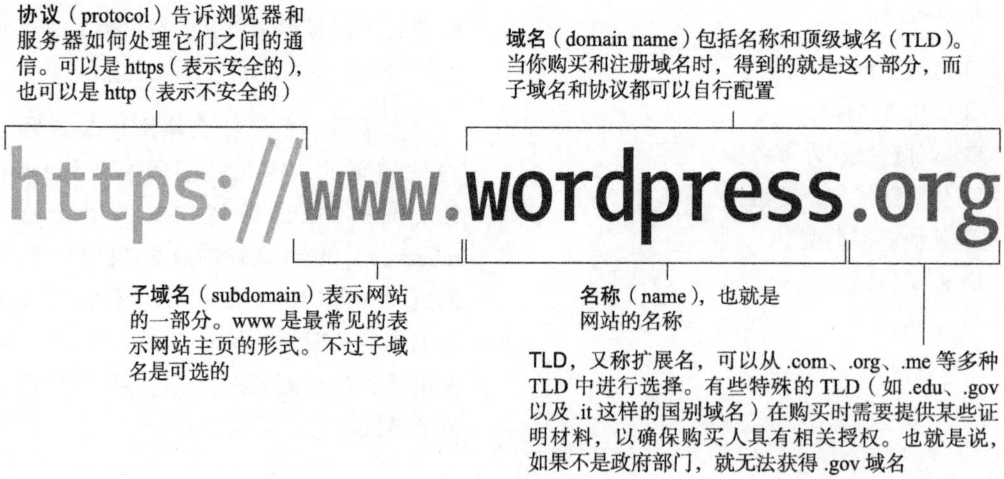

协议（protocol）告诉浏览器和服务器如何处理它们之间的通信。可以是 https（表示安全的），也可以是 http（表示不安全的）

域名（domain name）包括名称和顶级域名（TLD）。当你购买和注册域名时，得到的就是这个部分，而子域名和协议都可以自行配置

https://www.wordpress.org

子域名（subdomain）表示网站的一部分。www 是最常见的表示网站主页的形式。不过子域名是可选的

名称（name），也就是网站的名称

TLD，又称扩展名，可以从 .com、.org、.me 等多种 TLD 中进行选择。有些特殊的 TLD（如 .edu、.gov 以及 .it 这样的国别域名）在购买时需要提供某些证明材料，以确保购买人具有相关授权。也就是说，如果不是政府部门，就无法获得 .gov 域名

图 5-3 https://www.wordpress.org 这个 URL 的组成部分

提示 URL 是统一资源标识符（uniform resource identifier，URI）中最常见的一种。URI 的作用是告诉浏览器如何处理它所链接到的资源。

URL 由以下几部分组成。

- **协议**（protocol），一般是 http 和 https 中的一种。
- **子域名**（subdomain），这一项是可选的。
- **网站名**。
- **顶级域名**（top-level domain，TLD），这一项也可称作**扩展名**（extension）。

如果要链接到网站内的某个文件，还需要提供以下两项：

- 文件所在路径（目录的层级结构）；
- 文件名。

访问一个网站，至少需要提供 URL 的三个部分：协议、名称和 TLD。只有需要访问网站的特定部分的时候，才需要指定子域名、路径和文件名。

链接最终将用户带往何处，取决于所使用的 URL 的类型以及包含哪些组成部分。

下面我们来看看指向网站内部页面的链接与指向外部网站页面的链接之间的区别。

5.3 内部链接与外部链接

这两个概念的含义是很明确的：内部链接是指向同一网站（即同一域名）内部页面的链接，外部链接是指向其他网站页面的链接。

尽管子域名看起来是网站的一部分，但它们仍然应该被当作外部的。

就标记而言，内部链接和外部链接使用完全相同的结构，只不过外部链接本身需要使用绝对路径（稍后会讲到）。也就是说，外部链接需要包含整个 URL，包括协议在内。如果 URL 中的某一项不存在或不完整，该链接就是无效的。

如果使用内部链接，就不需要考虑这些事情，因为网站的协议和域名都是隐含的，不需要再编写整个 URL。这便是绝对链接和相对链接的差别。

5.4 相对链接和绝对链接

在第 2 章中，你已经了解了文件的目录结构、网站的组织方式（如图 5-4 所示），以及文件的目录结构是如何成为 URL 的一部分的。当我们讨论相对链接和绝对链接的时候，主要关心 URL 包含多少组成部分以及需要引用的目录结构是怎样的。

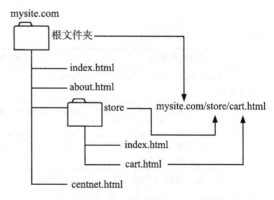

图 5-4　我们在第 2 章创建的目录结构

绝对链接需要包含整个 URL。链接到外部网站的时候，一定要使用绝对链接，但是对于网站内部的文件，通常使用相对链接。

提示 有时候，即便是你自己网站内部的文件，也适合使用绝对链接。动态生成的内容（即脚本自动生成的内容）通常适用于这种情况。

假设你要链接到 mysite.com 网站上的 cart.html 文件。你需要知道该文件在该网站目录结构中的位置，才能准确地链接到该文件。如果 cart.html 位于顶级文件夹 /store/ 中（顶级文件夹即根目录下的文件夹），那么该文件的绝对链接就是 https://mysite.com/store/cart.html。

而相对链接则不包含完整的 URL。链接标记的结构只需要基于所链接文件相对于当前文件的位置。因此，相对链接通常用于同一网站内部页面的链接，这些网页文件共享同一个公共目录。

我们可以创建不同类型的相对链接，如表 5-1 所示。

- 同一文件夹：要链接的文件与当前文件位于同一文件夹中。相对链接就是文件名（如 file.html）。
- 子文件夹：要链接的文件所在文件夹是当前文件所在文件夹的子文件夹。相对链接以正斜杠（/）开头，然后是要链接的文件所在文件夹的名称，再然后是另一个正斜杠和文件名（如 /folder-name/file.html）。
- 父文件夹：要链接的文件位于当前文件上一级文件夹内。相对链接以两个句点和一个正斜杠（../）开头，然后是文件名（如 ../file.html）。
  上述模式可以根据文件夹的数据进行重复。因此，如果要链接的文件所在文件夹比当前文件夹高三个层级，则相对链接将是 ../../../file.html。类似地，可以有孙子、曾孙、玄孙等文件夹级别。

回到我们的示例网站，如果要从主页（位于根目录中，即 mysite.com/index.html）链接到 cart.html，可以使用相对链接。由于 cart.html 位于子文件夹 /store/ 中，因此相对路径为 /store/cart.html。

表 5-1　相对链接的类型

相对链接类型	相对路径	示　　　例
同一文件夹：两个文件位于同一个文件夹内	file.html	从主页到 about.html
子文件夹：要链接的文件位于下一级文件夹内	/folder-name/file.html	从主页到 /store/cart.html
孙文件夹：要链接的文件位于下一级文件夹的下一级文件夹内	/child-folder/folder-name/file.html	从主页到 /store/orders/001.html
父文件夹：要链接的文件位于上一级文件夹内	../file.html	从 /store/ 到主页：../index.html
祖父文件夹：要链接的文件位于上一级文件夹的上一级文件夹内	../../file.html	从 /store/orders 到主页：../../index.html

创建相对链接

(1) 在计算机上的网站文件夹中创建一个名为 images 的新文件夹。

(2) 前往 Unsplash 网站，任意下载一张图片。将其保存到刚刚创建的 images 文件夹中，并将图片文件命名为 unsplash.jpg。

(3) 在网站文件夹中，复制一份 boilerplate.html，并重命名为 5.html。

(4) 使用文本编辑器打开 5.html。

(5) 在 `<body>` 开始标签后面输入 `<a href="`。

(6) 输入 `images/unsplash.jpg">`。

(7) 输入 `Check out this image!`。

(8) 输入 `</a>`。

(9) 保存文件，然后在浏览器中打开它。

(10) 单击链接，浏览器中将会显示图片。

5.5 其他链接类型

除了内部链接和外部链接，还可以在网页中添加其他类型的链接。你可以链接到页面中的特定部分，也可以链接到其他应用程序（如电子邮件）。

5.5.1 链接到页面的特定部分

这种方法可以用于突出显示特定内容，将用户吸引到相关区域。要创建这种链接，需要完成两项工作。

❑ 通过指定 id 属性，为需要链接的内容区域分配唯一的名称。假设我们要在页面上添加一个链接，将用户带到页面中的联系表单，而联系表单位于 "Contact Me" 标题下，我们便可以为该标题分配一个 id 属性（如 "contact"），这时该标题的标记为 `<h3 id="contact">Contact Me!</h3>`。

❑ 在一个 a 标签中指向该 id：`<a href="#contact">Jump to Contact Form</a>`。

通常将 id 属性放在标题标签里面（就像我们在示例中将 id 属性放在 "Contact Me" 标题中），因为标题标签通常表示一个区块的开始。不过，id 属性本身是可以应用于任何 HTML 元素的标准属性。

在我们创建的链接中，使用井号（#）加 id 属性的值（如 #contact）来指示这个要链接的区域。井号将告诉浏览器："这是本页面内的一个位置"。

5.5.2 创建指向页面上特定位置的链接

(1) 在 HTML 文件中，在 body 开始标签和结束标签之间输入或复制、粘贴几个文本段落（确保每个段落都包在 `<p>` 标签中）。如果可以的话，请在最后一个段落中放上你的个人简介。

(2) 在最后一个 `<p>` 标签的前面输入 `<h3>About Me</h3>`，从而在最后一个段落之前创建这样一个标题。

下面向该标题添加一个 id 属性，从而可以链接到它。

(3) 将插入点放在标题元素的开始标签中，然后输入 id="aboutme"。

整行代码应如：<h3 id="aboutme"。

(4) 返回到文档顶部，在 <body> 开始标签后面紧接着输入 <a href="。

(5) 输入 #aboutme">，让链接指向刚刚创建的锚点。

(6) 输入 Skip to "About Me"，创建显示给用户看的链接标签。

(7) 输入 </a> 结束链接元素。

(8) 保存文件，然后在浏览器中打开该文件，测试链接的效果。

在很多现实案例中，你会看到浏览器平滑地滚动到链接的区域。如果要实现这种效果，需要添加一些 CSS。

5.5.3　链接的并非网页

链接不仅可以将你从一个网页带到另一个网页，还可以使用其他类型的 URI，从而可以让浏览器打开特定的应用程序。这种 URI 类型越来越多了，电子邮件链接是最常见的，此外还有电话号码（tel:）、文件服务器（ftp:）等。

使用电子邮件链接，可以在用户的设备上打开电子邮件应用程序。链接内填写了电子邮件地址（以及其他可选信息）。要创建一个电子邮件链接，请遵循以下格式：

```
<a href="mailto:joe@casabona.org">
→Email Joe</a>
```

注意，这里没有 URL，只有前缀 mailto: 和电子邮件地址。

提示　使用 mailto: 链接很有可能会收到大量垃圾邮件。要在网页上添加电子邮件联系方式，一种更加安全且用户友好的方法是使用表单（我们将在第 9 章介绍表单）。

5.6　链接目标

在本章结束之前，我们还要讨论一个应该掌握的属性——target（目标）。

你可能有过这种经历，当打开某些网站链接的时候，浏览器是在新的标签页或新的窗口打开该链接指向的网页的。这样做的原因很可能是网站的制作者希望用户在完成操作后关闭新标签页，并返回其网站。

想要实现这种效果，可以使用 target 属性和 _blank 属性值。例如，要在新标签页中打开 casabona.org，可以使用下面这样的链接：

```
<a href="https://casabona.org"
→target="_blank"> 在新标签页中
→ 打开链接的内容 </a>
```

其他链接目标

在 HTML 中还有其他一些链接目标，尽管它们不如 _blank 常见。

- ❑ _self 表示在同一窗口中打开链接（这是默认情况）。
- ❑ _parent：如果当前页面是在新窗口中打开的，则使用该属性值表示在原窗口中打开链接。
- ❑ _top 表示在整体窗口中打开所链接的页面（用于 <iframe> 元素中）。

- □ `<iframe>` 是一种将页面内容嵌入另一页面之中的方法。如今该元素的使用频率比过去低得多。现在，你最有可能在嵌入 YouTube 视频的时候遇到它们，第 7 章将讲到这一点。
- □ `framename` 表示在特定的 `<iframe>` 里打开页面。

创建在新窗口打开的链接

(1) 在 HTML 文件中输入 `<a href="https://google.com"`。

(2) 输入 `target="_blank">`。

(3) 输入 `Visit Google</a>`。

(4) 保存文件。

(5) 在浏览器中打开该文件，然后单击链接，就会在新窗口中打开 Google 网站。

一般认为，在同一窗口中打开链接是一种最佳实践，不过，有时我们有正当的理由将用户引导至新窗口。如果你决定在新窗口中打开链接，至少要让用户知道这一点。你可以在链接标签上添加简单的文本（如"新窗口"）或图标来指示这一点，如图 5-5 所示。

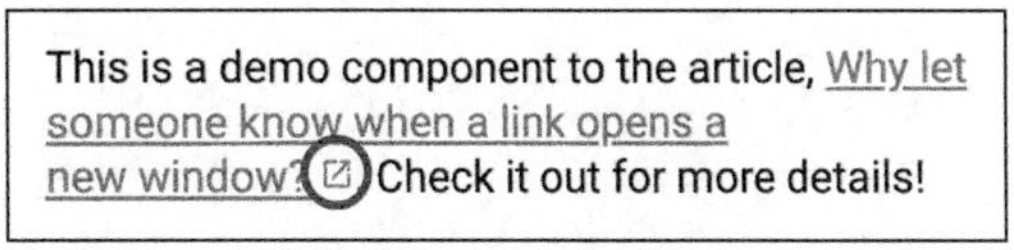

> This is a demo component to the article, Why let someone know when a link opens a new window? ⧉ Check it out for more details!

图 5-5　CodePen 上一个指示链接在新窗口打开的图标的示例

5.7　小结

当你了解了关于文本格式、文件组织以及超链接的知识之后，就可以开始学习 HTML 的结构和布局了。

在接下来的一章，你将学习用于网页布局的构建块。

第 6 章

HTML 结构与布局

HTML 除了可以设置文本格式，还为我们提供了一组用于定义网页区域的工具。尽管使用它们不会影响页面的外观（因为外观是由 CSS 定义的），但这也是为网页增加语义性的一个重要方面。

在本章，你将学习可以在页面上创建哪些区域类型、关于块级元素和行内元素的更多知识，还将提前了解 CSS 盒模型。让我们开始吧。

本章内容

- ❑ 网页布局
- ❑ 块级元素与行内元素
- ❑ 页面区块
- ❑ 建立博客文章的布局
- ❑ 小结

6.1 网页布局

如果你访问过一些网站，应该知道页面上的内容通常划分为一些特定区域，如页眉、页脚、主区域（可以包含多个元素）和侧边栏。例如，看一下《纽约时报》（*New York Times*）的主页，我们为页面上的每个项目都添加了方框（如图 6-1 所示）。

每个方框都由 HTML 定义，再用 CSS 添加样式。正是由于 HTML 对这些区域进行了定义，浏览器才知道如何对它们进行排列。

如果你想在 Chrome 浏览器中查看一个页面的结构，可以使用 Web Developer 扩展程序。这个扩展程序有很多对开发人员友好的工具，其中就包括查看网页中元素层级结构的功能。

请进入 Chrome 网上应用店，下载并安装该扩展程序。

图 6-1 《纽约时报》主页的布局

盒模型一瞥

　　盒模型（box model）是 CSS 领域的一个术语。它对每个元素周围的方框进行定义，包括内边距（从内容到边框的间距）、外边距（边框外部与其他元素的间距）、边框和内容。掌握盒模型是理解如何设置页面样式的前提条件。

　　但是，盒模型的构建块却蕴含在 HTML 中。每个元素都有自己的盒子，而盒子的外观和位置则是由 CSS 定义的。

在 Chrome 中为元素标记框线

(1) 打开 Chrome 浏览器，进入 Chrome 网上应用店（如图 6-2 所示）。

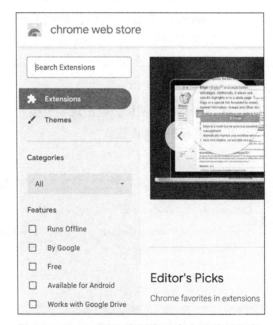

图 6-2　Chrome 网上应用店里有大量扩展程序，它们可以增强 Chrome 浏览器的功能

(2) 在搜索框中输入 Web Developer，然后按回车键，页面会显示搜索结果（如图 6-3 所示）。

图 6-3　搜索"Web Developer"，会出现大量搜索结果

(3) 找到由 Chris Pederick 出品的 Web Developer（这一结果应该出现在搜索结果顶部附近），然后单击该项，进入其详情页（如图 6-4 所示）。

(4) 单击"Add To Chrome"（添加至 Chrome）按钮，然后按照安装说明进行安装。安装完成后，浏览器工具栏上会出现一个新的齿轮图标。

(5) 点击该齿轮图标，会出现一个包含大量标签页的面板。

图 6-4　Chrome 网上应用店里 Web Developer 扩展程序的详情页

(6) 点击"Outline"（框线）标签页，会出现一个菜单，其中包含了一系列可以添加框线的元素集的选项（如图 6-5 所示）。

(7) 单击你想添加框线的元素集对应的选项。不妨试试"Outline Block Level Elements"（为块级元素添加框线）。

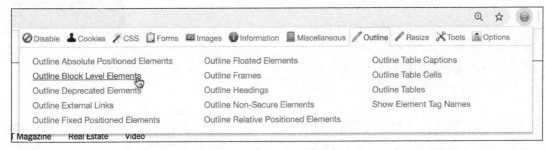

图 6-5　在"Outline"标签页的菜单中选择"Outline Block Level Elements"，可以为每一个块级元素添加框线

图 6-6　在 Chrome 中，《纽约时报》主页各块级元素被 Web Developer 扩展程序加了框线之后的效果

单击该项后，页面上每一个块级元素四周都会被加上框线（如图 6-6 所示）。

6.2　块级元素与行内元素

从本质上来说，HTML 元素分为两种，一种是块级元素，一种是行内元素。第 4 章对此有过简单介绍。区分它们的最佳方式就是看它们占据多大的页面宽度。

块级元素会占据整个可用宽度，从而在页面上创建其自身的块。在样式方面，每个块级元素都适用于盒模型，并具有自己的间距。段落便是一种块级元素（如图 6-7 所示）。

行内元素则不一样，它只占据其内容所需的宽度。再看看样式方面，在默认情况下，行内元素没有间距。`<strong>`、`<em>` 和 `<a>` 都是行内元素（如图 6-8 所示）。

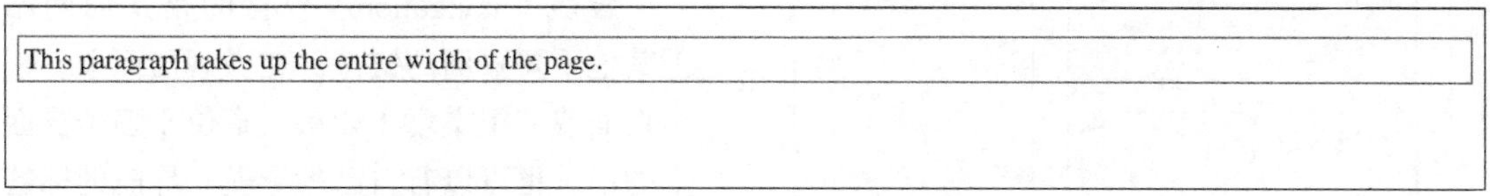

This paragraph takes up the entire width of the page.

图 6-7　段落占据了整个可用宽度

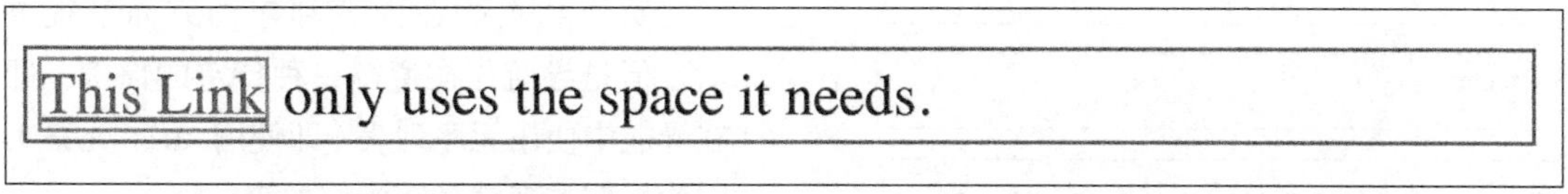

This Link only uses the space it needs.

图 6-8　链接仅占用其内容所需的宽度

下一节里介绍的"布局元素"都是块级元素。

提示 可以更改任何元素的默认类型。具体内容将在 CSS 相关章节进行介绍。因此，如果你想将链接变成块级元素，添加一些 CSS 即可实现。

6.3 页面区块

在深入探讨实际元素之前，我们有必要对页面设计稿中的一些区域进行定义（至少要粗略定义）。想要构思页面的设计和布局，一种好的方法就是绘制**线框图**（wireframe）。线框图可以理解为网页的蓝图（或者说框架）。它关注的是不同内容的优先级，不关心视觉设计的细节，如文本样式、颜色等。简而言之，线框图会告诉我们内容和元素的位置。典型的网页布局包括一些基本的区块（如图 6-9 所示）。

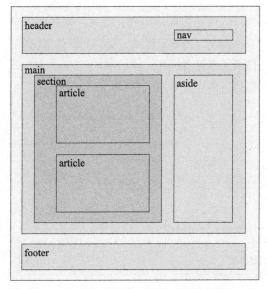

图 6-9　一个拥有常见区块的网页的线框图

对页面布局有了一定认识之后，我们来看看定义这些区块的七个 HTML 元素。

6.3.1　header、footer 和 nav

我们首先要看的区块包括页眉、页脚和导航。之所以将它们放在一起讲，是因为它们各自都既可以是宏观层面（即网站层面）的，也可以是微观层面（即特定区域层面）的。

页眉（header）是包含网页（或网页某个部分）顶层信息的区域。网站的页眉通常包括网站的标题、标语及标志。其他元素也可以拥有 header 标签，如文章的 header 标签里面可能包含标题、日期和作者姓名。导航也通常放在页眉之中。页眉元素的标签为 <header>。

页脚（footer）位于页面底部或页面某区块的底部，通常用于提供一些辅助信息。对于页面的某个区块，它可以显示页面的发布日期、标签和关键字。对于整个网站来说，页脚可以包括辅助性的链接、版权信息及法律声明。实际上，你可以在页脚里发挥创意。页脚的标签是 <footer>。

导航（navigation）包含的是指向网站上其他重要页面的链接。在微观层面上，一组页面或一组文章（如果文章位于多个页面上的话）也可以有自己的导航。导航的标签是 <nav>。

页眉和页脚在内容和布局方面都很灵活，但是导航往往遵循一种特定的惯例，即在导航中使用无序列表（即使用 <ul> 元素），因为导航本来就是链接的列表。

6.3.2 导航的列表

多年来，关于是否应该对导航使用无序列表元素一直存在争议。正反两方都有各自的理由。

我们的建议和 HTML5 规范的意见一致。该规范明确支持在导航中使用列表。无障碍性专家还指出这样做对屏幕阅读器来说非常重要。

几年前，CSS-Tricks 网站上发表了一篇关于该话题的文章[①]。这篇文章结尾总结了用列表表示导航的优缺点。

一个简单的网站导航，包含主页、关于我们和联系我们等三个页面的链接（如图 6-10 和图 6-11 所示）。

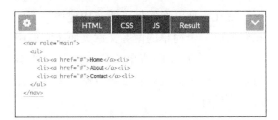

图 6-10　一个简单的导航的 HTML 标记

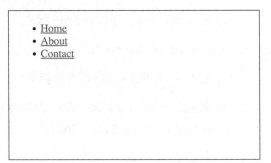

图 6-11　上述简单导航在浏览器中呈现的样子

---

① Chris Coyier. Wrapup of Navigation in Lists, 2013.

6.3.3 创建简单的网站导航

对于此任务，我们假设网站有三个页面：主页（index.html）、关于我们（about.html）和联系我们（contact.html）。

(1) 输入 `<nav`，开始创建导航元素。

(2) 输入属性 `role="main"`，因为这个导航将作为页面的主导航。

(3) 输入 `>`，结束该开始标签。

(4) 输入 `<ul>`，开始一个无序列表，该列表内将包含网站各页面的链接。

(5) 输入 `<li><a href="index.html">Home</a></li>`，形成主页的导航项。

(6) 对"关于我们"页面执行同样的操作，输入 `<li><a href="about.html">About</a></li>`。

(7) 最后一项是"联系我们"：`<li><a href="contact.html">Contact</a></li>`。

(8) 输入 `</ul>`。

(9) 输入 `</nav>`。

提示　如果你要创建一个链接，但暂时还不知道目标 URL 或文件名，可以使用一个井号（#）替代，这相当于告诉浏览器"这是一个链接，但没有指向任何地方"。

6.3.4 section、article、aside 和 main

了解了网站的一般性区域之后，下面看看因页面而异的一些区域。

区块（标签：`<section>`）是网站上具有相关内容的区块。例如，你的主页上可能有一个"关于我"的区块，有"文章"区块和"照片集"区块。对区块的设置有很大的灵活性。

文章（标签：`<article>`）通常是一个独立的区域，常见于媒体网站。博客文章或者页面的主要图文内容通常都使用文章标签。

旁注（标签：`<aside>`）是与主要内容相关但不属于主要内容的辅助信息。旁注通常称作"侧边栏"，但是该元素的内容不一定要位于主要内容的侧边。本书中大量存在的"提示"块就可以视作一种旁注。

`<main>` 标签与 `aside` 对应，用于表示页面的主要内容。它可以用来包含网站的文章或者一些区块。

如果你查看其他网站的标记，很可能会注意到一个非常常见的标签：`<div>`。这个标签是"division"（分区）的缩写，它在上面所讨论的标签出现之前就被广泛使用，常用于网站中没有明确含义的区域。实际上，如果有一个区域你不确定该使用什么标签，就可以使用这个通用标签。

提示 建议你在使用 `div` 的时候为其赋予一个 ID 或类，从而让阅读你的代码的人更清楚地理解他们所查看的内容。

6.3.5 ID 和类

`id` 和 `class`（类）是两个可以应用于任何元素的属性。它们可以为所应用的元素添加一些特定含义。

通常每个 ID 都应该是唯一的（即一个特定的 ID 只能对应一个元素），而一个类则可以应用于多个元素。

在实践中，ID 常用于 JavaScript，而类则常与 CSS 一起使用。

当我们掌握了所有构建块，就可以创建一个简单的博客文章的布局了。你可以使用样本内容生成器来生成博文，或者自己撰写。

6.4 建立博客文章的布局

现在，你已经掌握了所有构建块，下面我们通过一个简单的博客文章页面将它们组合到一起（见代码清单 6-1）。代码中所有与本章内容无关的内容都会省略，用三个点（…）代替。

6.4.1 创建页眉

(1) 输入 `<header`，开始 header 标签。

(2) 输入 `role="banner"`。

(3) 输入 `>`，结束 header 的开始标签。

(4) 在新的一行输入`<h1 id="site-title">Welcome to my Site!</h1>`。

我们为它添加了一个 ID："site-title"，以告诉浏览器和搜索引擎"这是网站的标题"。

(5) 将我们之前创建的网站导航添加到
    这里。

(6) 输入 </header>，结束 header 标签。

当你逐渐熟悉更多的代码示例时，可能会注意到，有时这些代码使用 id，有时使用 role（角色）。使用 role 是因为无障碍性规范定义了一些特定的角色。第 24 章将进一步讨论这一知识点，如果你想查看完整的角色列表，可以访问 MDN Web Docs。

代码清单 6-1　简单博客文章的标记

```
<html>
    ...
    <body>
        <header role="banner">
            <h1 class="site-title">Welcome to my site!</h1>
            <nav>
                <ul role="main">
                    <li><a href="index.html">Home</a></li>
                    <li><a href="about.html">About</a></li>
                    <li><a href="contact.html">Contact</a></li>
                </ul>
            </nav>
        </header>

        <div class="wrapper">
            <main role="main">
                <article role="article">
                    <header>
                        <h2>10 Reasons HTML is so great!</h2>
                    </header>
                    ...
                    <footer>
                        <p>Published March 6th at 11:06pm</p>
                    </footer>
                </article>
                ...
            </main>

            <aside>
                <h3>Related Articles</h3>
                <ul>
                    <li><a href="/articles/css.html">Wait until you see CSS</li>
                    ...
                </ul>
            </aside>
        </div>

        <footer>
            <p>Copyright Joe Casabona</p>
        </footer>
    </body>
</html>
```

其分配角色，因为它们本身已经表达了特定角色。例如，我们不需要为 `<main>` 元素分配 "main" 角色。

6.4.2　创建主体文章区域

(1) 输入 `<div class="wrapper">`，创建一个内容容器。

这里我们创建了一个内容容器的开始标签，我们将在创建完 `<aside>` 元素后才会将其结束。

(2) 输入 `<main>`，开始主要内容区域。

(3) 输入 `<article>`。

(4) 输入 `<header>`，创建文章页眉的开始标签。

(5) 使用 `<h2>` 标签创建文章标题：`<h2>10 Reasons HTML is so great!</h2>`。

此处使用 h2 标签是因为网站标题应该是页面上唯一的 h1。

(6) 输入 `</header>`。

(7) 插入文章的全部内容，其中包括诸如段落、列表、图像和超链接之类的各种内容。

(8) 输入 `<footer>`，开始创建文章的页脚。

(9) 在这里输入文章的发布日期和时间。输入 `<p>Published March 6 at 11:06pm</p>`。

(10) 输入 `</footer>`。

(11) 输入 `</article>`，然后紧接着输入 `</main>`，结束这些元素。

6.4.3　创建侧边栏

(1) 输入 `<aside>`。

(2) 输入标题 `<h3>Related Articles</h3>`。

(3) 创建文章列表，输入 `<ul>`。

(4) 添加列表的第一项：输入 `<li><a href="/articles/css.html">Wait until you see CSS</a></li>`。

(5) 添加你想要在此显示的其他相关文章。

(6) 输入 `</ul>`。

(7) 输入 `</aside>`，结束 aside 元素。

(8) 输入 `</div>`，结束先前创建的内容容器 div。

6.4.4　创建网站页脚

(1) 输入 `<footer>`。

(2) 创建版权声明的段落，输入 `<p>Copyright [YOUR NAME]</p>`。

(3) 输入 `</footer>`。

完整的标记请参见代码清单 6-1。这些代码对应的页面在浏览器中呈现的效果见图 6-12。

Welcome to my site!

- Home
- About
- Contact

10 Reasons HTML is so great!

Lorem ipsum dolor sit amet, consectetur adipiscing elit, sed do eiusmod tempor incididunt ut labore et dolore magna aliqua. Ultricies tristique nulla aliquet enim. Nisi lacus sed viverra tellus in hac. Metus aliquam eleifend mi in nulla posuere. Sit amet cursus sit amet dictum sit amet justo donec. Nulla posuere sollicitudin aliquam ultrices. Sed risus ultricies tristique nulla aliquet enim tortor at. Egestas egestas fringilla phasellus faucibus. Pharetra massa massa ultricies mi quis hendrerit dolor magna. Faucibus vitae aliquet nec ullamcorper sit amet risus. Semper quis lectus nulla at volutpat diam ut. Ut consequat semper viverra nam libero justo laoreet sit amet.

Eleifend quam adipiscing vitae proin sagittis nisl. At ultrices mi tempus imperdiet. Mi eget mauris pharetra et ultrices neque. Risus pretium quam vulputate dignissim suspendisse in est. Venenatis urna cursus eget nunc scelerisque viverra. Integer quis auctor elit sed vulputate mi sit. In ornare quam viverra orci sagittis eu volutpat odio. Nibh tellus molestie nunc non blandit. Fermentum dui faucibus in ornare quam viverra. Faucibus in ornare quam viverra orci sagittis eu volutpat odio.

Published March 6th at 11:06pm

Related Articles

- Wait until you see CSS

Copyright Joe Casabona

图 6-12　一个包含了页眉、导航、主内容区域、侧边栏和页脚的博客文章页面

6.5　小结

现在，你已经掌握了从语义上对网页进行布局所需的基础 HTML 元素。完整的元素列表参见 W3School 网站。

到目前为止，我们还只接触到了文本及其布局。接下来，我们转向比文字更具视觉吸引力的媒体。

第 7 章

媒　体

现在，你已经了解了如何在网页里添加文本，创建符合语义的布局，这很好，但是，媒体（图像、视频和音频）才是能让网站脱颖而出的东西。

这里的媒体指的是任何非纯文本的文件。本章将介绍如何嵌入图像、视频和音频，如何寻找好的媒体资源，以及何处可以托管媒体文件。

本章内容

❑ Web 上的媒体是如何工作的
❑ 图像
❑ 在网页中添加图像
❑ 响应式图像：考虑不同的设备和网络环境
❑ <picture> 元素
❑ 使用 SVG

❑ 其他媒体
❑ 嵌入视频
❑ 嵌入音频
❑ 存储多媒体文件
❑ 小结

7.1　Web 上的媒体是如何工作的

关于在网页上使用媒体，要知道，只要将媒体文件存放在 Web 服务器上，然后将指向它们的链接插入到 HTML 文件中，用户就可以打开它们。浏览器知道如何处理常见的媒体类型（如图 7-1 所示）。

但是，如果使用特定的 HTML 标签告诉浏览器要链接的媒体类型，则可以直接在网页上显示该媒体，而无须打开单独的窗口或应用程序（如图 7-2 所示）。

图 7-1　在 Web 浏览器中打开了一张图片

图 7-2　在网页中嵌入了一张图片

这种方式称为**嵌入**（embed）媒体文件。用户不需要离开当前网页就可以查看、观看或收听媒体。

借助 HTML5 的功能，浏览器可以很好地处理图像、视频和音频。你可以直接将它们嵌入到页面中，甚至可以指定如何显示或控制它们（播放、暂停、静音、快退等）。

其他形式的媒体，如 Microsoft Word 文档、PDF、演示文稿等，在浏览器里可以插入指向它们的链接，但不能直接嵌入这些文件，而需要依靠设备上的其他应用程序来打开和处理这些文件。

7.2　图像

在所有媒体类型中，最常见的是图像，因此我们就从图像开始。

图像的类型

有很多种类的图像，同时也有各种文件格式去存储这些图像。不同的文件格式有不同的用途。例如，网页上最常见的图像类型是照片，它们通常使用 JPEG 格式。这种格式会对照片进行压缩，从而使文件大小不会太大。简单的动画可以是 GIF 格式。轻量级的图形通常为 PNG 格式，这种格式还可以使用透明背景。需要以不同尺寸显示的更复杂的图形，通常采用**可缩放矢量图形**（scalable vector graphic，SVG）格式。对于 SVG，可以调整它的尺寸而不必担心有损图像质量。

HTML 支持哪些图像类型取决于浏览器，因此，某些文件类型只有在特定的浏览器中才有效。

Web 图像格式的缩写

网站上最常用的图像格式通常使用首字母缩写来指代。下面列出了这些格式及它们的全称。

- ❑ JPG/JPEG：joint photographic experts group（联合图像专家组），使用这一名称是为了表彰发明该格式的组织。
- ❑ GIF：graphics interchange format（图形交换格式）。
- ❑ PNG：portable network graphic（便携式网络图形）。
- ❑ SVG：scalable vector graphic（可缩放矢量图形）。

像素图形与矢量图形

在 Web 领域，图形可以分为两种基本类别：像素图形（如 JPEG、PNG、GIF 等）和矢量图形（如 SVG）。

像素图形（pixel graphic）是由彩色的点构成的网格。这些点称作**像素**（pixel），像素是"图像元素"（picture element）的缩写。因此 800 像素 × 600 像素的图像的宽度为 800 个点，高度为 600 个点。如果尝试以更大的尺寸显示像素图像（放大），就会遇到**像素化**（pixelation）问题。也就是说，浏览器会增加每个像素的实际大小，因此你将看到比较大的彩色正方形。

矢量图形（vector graphic）并不是以点阵的方式存储的。矢量图形存储的是告诉浏览器如何绘制图像的指令。这也意味着矢量图形没有固有的尺寸。你只要告诉浏览器所需的尺寸，它就将相应地调整矢量图形的大小。

像素图形非常适合具有连续色调的图像（如照片），矢量图形则更适合有锐利边缘的图形（如标志、图标、数据图表等）。

所有浏览器都支持 JPEG、GIF、PNG 和 SVG 这些最为常见的图像类型。这四种图像的文件名的扩展名分别是 .jpg、.gif、.png 和 .svg（如图 7-3 所示）。

提示 关于图像类型、文件扩展名和浏览器支持情况的完整列表，参见 MDN Web Docs。

7.3 在网页中添加图像

当你要使用的图像有了正确的文件格式，就可以通过在 HTML 中添加代码将图像插入到网页中。接下来介绍可以用来在页面上插入图像的两个元素：`<img>` 和 `<figure>`。

7.3.1 `<img>` 标签

对于除 SVG 外的所有被浏览器支持的图像类型，都可以使用 `<img>` 标签来插入图像（对于 SVG，稍后会介绍）。这个标签比较独特，因为它除了需要 `src` 等属性外，并没有结束标签。下面是一段示例标记：

```
<img src="space.jpg" alt="A view
of the Andromeda Galaxy"
title="A view of the Andromeda
Galaxy" />.
```

所有图像标签都应该包含一个 `alt` 属性，该属性的值是描述该图像的文本。尽管没有该属性也不会出错，但是使用它还是会提高网站的无障碍性（关于网站无障碍性的更多介绍见第 24 章）。

`title`（标题）属性也是一个包含文本的属性。它与上述 `alt` 属性的区别，除语义上的区别外，主要是将鼠标指针悬停在图像上时，浏览器会将标题属性里的文本显示出来，放在一个提示条中（如图 7-4 所示）。

图 7-3　这张关于太空的图像的文件名为 space.jpg

A view of the Andromeda Galaxy

图 7-4　当鼠标指针悬停
在图像上时，title 属性
的文本会显示出来

7.3.2　在网页中添加图像

(1) 输入 <img，开始插入图像标签。

(2) 输入 src=，接着输入图像的路径，在这个例子中，请输入 "space.jpg"。

(3) 添加 alt 属性和 title 属性。输入 alt="A view of the Andromeda Galaxy" title="A view of the Andromeda Galaxy"。

(4) 输入 />，结束 img 标签。

(5) 保存 HTML 文件，然后在浏览器中查看效果（如图 7-2 所示）。

7.3.3　<figure> 标签

如果你想对图像添加题注，为页面增加一些有价值的注解，可以使用包含可选题注元素的图像元素（<figure> 标签）。要添加题注，则需要使用 <figcaption> 标签。其结构如下所示：

```
<figure>
    <img src="space.jpg" alt="A view
→of the Andromeda Galaxy" />
    <figcaption>A view of the
→Andromeda Galaxy</figcaption>
</figure>
```

关于 figure 标签的使用，请注意以下要点。

- 一个 <figure> 标签下面可以放入多张图像（如果从上下文语义上讲理应如此的话）。
- figure 开始标签和结束标签之间的所有内容都会形成一个独立的单元。

□ 由于 figure 元素是独立的，因此如果你在页面上向上或者向下移动它，都不会改变页面的含义。

上述最后一点意味着，并非所有图像都必须用 figure 元素。

7.3.4 在页面中添加 figure 元素

(1) 输入 <figure>，开始该元素。

(2) 将之前创建过的图像添加进来，但要去掉 title 属性：<img src="space.jpg" alt="A view of the Andromeda Galaxy." />。

(3) 输入 <figcaption>A view of the Andromeda Galaxy.</figcaption>，插入图像的题注。

(4) 输入 </figure>，结束该元素。

(5) 保存文件并在浏览器中打开它以查看效果（如图 7-5 所示）。

A view of the Andromeda Galaxy.

图 7-5 我们的仙女座星系照片，现在有了题注

不仅限于图像

实际上，<figure> 标签是一个非常灵活的元素。该工具用于为网页文档添加一些有价值的额外内容，因此它并不仅限于一张或多张图像，还可以在其中包含代码、音频、视频甚至广告（可以有其自身的特殊要求）。

7.4 响应式图像：考虑不同的设备和网络环境

在网页中添加图像的一个很大的问题是，图像文件可能很大，它们可能会让网页变得膨胀，导致下载速度变得很慢。例如，我们用到的太空图片的完整尺寸为 6200 像素×6200 像素，其大小为 4.2MB。

如果我们将这张图片的尺寸调整为 1920 像素×1920 像素，即原始大小的 30%，则文件大小将变为 415KB，是原始文件大小的 9%！

文件大小对下载页面所需的时间有很大影响，但对大多数访问者看到图像的体验影响很小甚至没有影响。想想现在大多数手机的屏幕尺寸吧，其实 1920 像素仍然是过高的。

不过，你可能也想到了，如果有人在较大的显示器甚至在电视上查看页面，他们也想充分利用整块屏幕，较低的像素是不是就影响画质了？这时，便可以用到 srcset 属性了。

该属性用于告诉浏览器，呈现 <img> 元素的时候有一组图像文件可供选择。

例如：

```
<img srcset="
    space-original.jpg 4x,
    space-large.jpg 3x,
    space-medium.jpg 2x,
    space-small.jpg 1x"
src="space-medium.jpg" />
```

注意，还要是包含 src 属性，这是为尚不支持 srcset 的浏览器准备的，属于一种回退机制。

srcset 属性的内部，是一组不同的图像（或同一幅图像的不同尺寸）的列表（每一项都用逗号分隔）。每一项都要提供对应图像的路径以及相对尺寸的比值（如 4x 代表 4 倍，3x 代表 3 倍）。对于 1x，由于它是隐含的，因此可以省略。

实际上，这些数字代表的是用户浏览器的像素密度（屏幕的单位区域中可用的像素数），通过它们，浏览器便知道如何根据设备的像素密度选择要下载并提供给用户的图像。如果设备的像素密度很高，就会选择显示 4x 图像；如果显示屏分辨率较低，就可能仅下载并显示 2x 或 1x 图像。这样便可以节省加载时间和带宽。

此外，你还可以通过指定图像宽度（以像素为单位）而非像素密度来决定要使用的文件。因此，可以用 6200w（"w" 表示宽度，6200 像素是原始图像的宽度）代替 4x，可以用 4650w 代替 3x，以此类推。这为浏览器提供了关于图像的更多信息，因此浏览器可以在选择要显示的图像时综合考虑设备特性和图像尺寸。

使用 srcset 插入图像

(1) 为图像创建宽度分别为 1024 像素、800 像素和 600 像素的三种尺寸。

(2) 将它们保存在 HTML 文件所在的文件夹中。

就此任务而言，请将它们的文件名写作这样的格式：space-[size].jpg，这里，文件名为 space-original.jpg、space-1024.jpg 等。

(3) 在 HTML 中输入 `<img srcset="`。

(4) 在下一行输入 `space-original.jpg 6200w,`。

(5) 按下回车键，然后输入 `space-1024.jpg 1024w,`。

(6) 再按下回车键，然后输入 `space-800.jpg 800w,`。

(7) 再按下回车键，然后输入 `space-600.jpg 600w"`。

(8) 接下来为不支持 srcset 的旧版浏览器准备一个备选属性，输入 `src="space-1024.jpg"`。

(9) 输入 `/>`，结束图像标签。

提示 如果你想了解更多关于图像优化（尤其是针对移动端的图像优化）的知识，可以阅读 *Smashing Magazine* 上面的一篇很优秀的文章[①]。

---

① Suzanne Scacca. A Guide To Optimizing Images For Mobile, 2019.

7.5 <picture> 元素

如果你想更为精确地控制图像显示的时间，可以使用 <picture> 元素。使用该元素与使用 srcset 非常相似，但是标记语法有些不同。

该元素可以配合**媒体查询**（media query）使用。关于媒体查询，第 17 章会介绍更多信息。这里简单解释一下媒体查询的含义，即在 CSS 中获取有关浏览器的一些信息（如屏幕宽度），然后据此调整网站的显示效果。

使用 <picture> 元素显示不同图像

(1) 为图像创建三种尺寸，其宽度分别为 1024 像素、800 像素和 600 像素。

(2) 将它们保存在 HTML 文件所在的文件夹中。

就此任务而言，请将它们的文件名写作这样的格式：space-[size].jpg，这里，文件名为 space-original.jpg、space-1024.jpg 等。

(3) 在 HTML 中输入 <picture>。

(4) 在新的一行输入 <source。

(5) 输入 media="(min-width: 1025px)"。

这便是媒体查询，其含义为："如果浏览器窗口宽度不小于 1025 像素，请使用此图像"。

(6) 输入 srcset="space-original.jpg">。

(7) 在新的一行输入 <source media="(min-width: 801px)" srcset="space-1024.jpg">。

(8) 在新的一行输入 <source media="(min-width: 601px)" srcset="space-800.jpg">。

(9) 在新的一行输入 <img src="space-600.jpg" />。

以下两种情况中的任何一种出现，就会使用这一行代码：一是浏览器不支持 <picture> 或 <source> 元素，二是上述媒体查询的条件都不满足（在这个例子中就是浏览器窗口宽度为 600 像素或更小）。

(10) 输入 </picture>。

实际上，srcset 和 picture 之间没有太大的区别，只不过 srcset 完成了更多工作。srcset 是现在更为常用的方法。

7.6 使用 SVG

使用 SVG（可伸缩矢量图形）可以大大节省文件大小。但是，使用 SVG 也不是那么容易，主要是因为必须使用诸如 Adobe Illustrator 之类的软件设计和制作 SVG。

SVG 更适合用于插图、标志等（如图 7-6 所示），而不能用于照片。计算机生成的图形适合用 SVG，因为它们比描绘现实生活的照片更为抽象。插图、标志等都更易于使用规则进行描述。

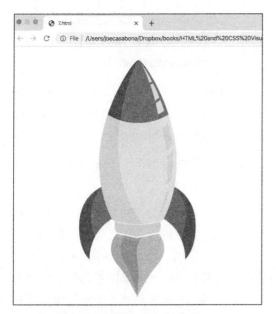

图 7-6　这个图形是使用 SVG 的好例子

SVG 适合此类图像的原因也正是它们易于缩放的原因：不以像素形式存储图像数据，而是通过数学指令绘制图像。这意味着，如果你调整图像的大小，计算机就会针对屏幕分辨率重新计算显示像素。因此，任何尺寸的图像都是清晰锐利的，没有像素化问题。图 7-6 所示图像的源代码如图 7-7 所示。

关于 SVG 的一个好消息是，可以像对待其他格式的图像一样使用 **img** 标签插入 SVG。要将图 7-6 所示图像插入到页面中，对应的 HTML 为：

```
<img src="rocket.svg" alt="my rocket
→ship" />
```

可以为其指定尺寸，这时图像会自动进行缩放（如图 7-8 所示）：

```
<svg version="1.1" id="Layer_1" xmlns:x="&ns_extend;" xmlns:i="&ns_ai;" xmlns:graph="&ns_graphs;"
    xmlns="http://www.w3.org/2000/svg" xmlns:xlink="http://www.w3.org/1999/xlink" x="0px" y="0px" viewBox="0 0 595.28 595.28"
    enable-background="new 0 0 595.28 595.28" xml:space="preserve">
<switch>
    <foreignObject requiredExtensions="&ns_ai;" x="0" y="0" width="1" height="1">
        <i:pgfRef  xlink:href="#adobe_illustrator_pgf">
        </i:pgfRef>
    </foreignObject>
    <g i:extraneous="self">
        <g>
            <rect x="0.003" y="0.002" fill="#FFFFFF" width="595.274" height="595.275"/>
            <g>
                <path fill="#E1E5DF" d="M297.747,403.664c29.556,0,54.446-5.031,61.986-10.525c17.453-33.18,31.096-78.607,31.096-132.696
                    c0-118.29-78.843-235.861-93.03-236.425v-0.015c-0.015,0-0.037,0.007-0.052,0.007c-0.022,0-0.037-0.007-0.059-0.007v0.015
                    c-14.188,0.564-93.031,118.135-93.031,236.425c0,54.088,13.643,99.516,31.096,132.696
                    C243.301,398.633,268.184,403.664,297.747,403.664z"/>
                <path fill="#D7D8D6" d="M308.257,401.289c-23.061-29.555-44.547-71.848-54.136-125.073
                    c-20.807-115.441,34.804-243.917,49.25-249.054c-2.344-2.012-4.246-3.088-5.572-3.144v-0.015c-0.015,0-0.037,0.007-0.052,0.007
                    c-0.022,0-0.037-0.007-0.059-0.007v0.015c-14.188,0.564-93.031,118.135-93.031,236.425c0,54.088,13.643,99.516,31.096,132.696
                    c7.548,5.494,32.431,10.525,61.994,10.525c5.749,0,11.313-0.195,16.613-0.547C311.84,402.631,309.767,402.02,308.257,401.289z"
                    />
```

图 7-7　SVG 代码示例

图 7-8　将 SVG 图像放大到 9000 像素宽的样子——注意此时并没有像素化问题

```
<img src="rocket.svg" width="9000px"
↪alt="my rocket ship" />
```

你也可以使用 **<svg>** 标签直接将 SVG 插入到页面中。例如：

```
<svg>
  <circle cx="100" cy="100" r="50"
  ↪fill="red" />
</svg>
```

这段代码的结果如图 7-9 所示。

图 7-9　将一个 SVG 圆形直接插入网页

使用 SVG 绘制一个正方形

下面我们演示使用 SVG 制作一个蓝色的正方形。

(1) 输入 **<svg id="square">**。此处 id 可以任意命名。

我使用"square"是因为它正是我们在绘制的内容。

(2) 在新的一行输入 **<rect**。

(3) 输入 x="0" y="0"。

这里告诉浏览器要绘制的形状的起始坐标。这里，我们希望正方形始于页面的左上角，因此可以设于 0, 0（距离左侧 0 像素，距离顶端 0 像素）。你可以试着修改这些数字并查看效果，从而深入理解它们的作用。

(4) 输 入 **width="100" height="100"**。这里设置了正方形的尺寸。

(5) 输 入 **fill="blue"**。这里定义了填充的颜色。

(6) 输入 **/>**，结束 **rect** 元素。

(7) 输入 **</svg>**，结束 SVG。

结果如图 7-10 所示。

图 7-10　我们的代码生成了这样的蓝色正方形（另见彩插）

提示　对于网站上的图标，SVG 是一种很好的格式，因为其代码非常轻量。插入图标的另一种方法是使用图标字体，第 13 章将讲到。

HTML 形状

为了支持 SVG 的绘制，HTML 提供了一系列基本形状的元素，包括 circle（圆形）、rect（矩形）、line（线）、polyline（折线）、polygon（多边形）和 path（路径）。更多信息参见 MDN Web Docs。

本书没有深入介绍这些元素，因为通常可以使用 Illustrator 之类的工具来创建 SVG。

7.7　其他媒体

除图像外，还可以直接将视频和音频嵌入到网页里。接下来将介绍如何嵌入视频和音频，常见的现代浏览器支持的视频和音频文件的种类，以及在服务器上存储大的媒体文件时要考虑的因素。

视频和音频文件的"格式"

当 Web 开发人员谈论在网页中嵌入视频和音频的时候，通常会使用"文件格式"这一概念来区分不同种类的文件。Web 开发人员使用的"格式"一词是一系列描述文件特征的属性的组合，而对于视频和音频专业人员来说，"格式"一词则具有更为严格的含义。同一个词拥有不同的解读很容易造成混淆和误解，因此我们有必要花一点儿时间来澄清这个问题。

不同媒体文件之间的区别来自于一系列技术参数的复杂组合。这些技术参数可以分解为文件类型、编解码器和格式。

文件类型（file type）：也称**文件容器**（file container），是将视频或音频数据包装成计算机可以读取的文件的方式。文件的扩展名便意味着文件类型，如 .mov、.mp4 等。每一种文件类型都包含了以一种或多种方式存储的视频或音频数据（甚至还有其他类型的数据，如图像数据、字幕等）。这样的文件类型通常称为"格式"，例如两个不同的 MP4 文件，里面包含的视频可能是完全不同的类型。

编解码器（codec）：直接通过相机、麦克风录制的视频或音频会产生大量数据。为了让这些数据更易于管理，一般会对其进行压缩后再存储，然后在需要编辑或播放时对

找图片和做图片

近几年来，找到一张合适的图片变得更容易了，但也没有那么简单。

首先，不要仅仅使用 Google 搜索。以这种方式找到的图片有可能是受版权保护的，这可能并不是安全地获取免版税图片的方式。免版税图片指的是免费获得或购买而来、可以用在自己网站上的图片。

Unsplash 是一个绝佳的免费、免版税图片来源，有很多精良的图片。如果你在这里找不到满意的图片，还可以试试 depositphotos 网站和 iStock 网站，它们都是不错的来源，但是必须付费。

如果你想自己制作图片，可以选择广受欢迎的 Photoshop、Affinity Photo 等。我个人比较喜欢用 canva 网站。通过它，你可以轻松创建任意尺寸的图形，使用模板，并在其中找到精美的图片。你可以免费使用该软件，也可以付费升级为拥有更多功能的版本。

其进行解压缩。业界对这一过程形成了很多标准，它们被称为编解码器。"codec"这个词是"compressor/decompressor"（压缩器 / 解压缩器）的缩写。你可以将编解码器视为存储视频或音频数据时所用的"语言"。H.264 是一种很常见的视频编解码器，MP3 是一种音频编解码器。H.264 视频通常存放在 MP4 或 MOV 文件中，而 MP3 音频则通常存放在 MP3 文件中。注意，并非所有 MP4 和 MOV 文件中的视频都是使用 H.264 编解码器的。

格式（format）：这里指的是媒体数据的内部结构。视频格式包括帧大小、帧率和像素纵横比。音频格式则包括通道数以及对这些通道的配置（立体声、多声道 / 单声道、5.1 环绕声等）。

本书使用的"格式"一词为泛指，这也是 Web 世界里的通行叫法。本书讲到 MP4 格式的文件时，指的是"使用 H.264 编解码器、以 MP4 作为文件类型编码的视频"。

在网页中嵌入视频或音频的时候，注意要选择格式被常见浏览器支持的文件。对于视频来说，最好选择 MP4，因为除了某些例外情况，所有浏览器都支持 MP4（见表 7-1）。

表 7-1　视频格式

格　　式	支持的浏览器
MP4*	所有浏览器（Internet Explorer、Firefox、Chrome、Safari、Opera、……）
WebM	Chrome、Firefox、Opera
Ogg	Chrome、Firefox、Opera

(*) H.265 编码的视频除外。

如果使用 MP4，请确保你的视频使用 H.264 编码。自 2017 年以来，用 iPhone 创建的视频中有相当一部分使用了与某些浏览器不兼容的 H.265 编解码器（即 HEVC）。你也可以出于性能考量或个人偏好而使用 Ogg 或 WebM 格式。

与视频一样，当你要在网页中嵌入音频的时候，也要注意浏览器所支持的格式。除 Internet Explorer 外，所有浏览器均支持 WAV。而 MP3 则被所有浏览器支持（见表 7-2）。

表 7-2　音频格式

格　　式	支持的浏览器
MP3	所有浏览器（Internet Explorer、Edge、Firefox、Chrome、Safari、Opera、……）
WAV	Chrome、Firefox、Safari、Opera、Edge
Ogg	Chrome、Firefox、Opera

你可能注意到了，Ogg 既是视频格式又是音频格式。

提示　WebM 可能会取代 Ogg 的地位，因为它的背后有一批强大的公司（如 Google）。WebM 格式还有一些明显的性能优势。

7.8　嵌入视频

可以使用 <video> 元素将视频嵌到网页里，还可以为它添加一些属性：width（宽度）、height（高度）和 controls（控制器）。controls 属性没有值，但是添加该属性会告诉浏览器在视频区域添加播放、暂停、音量调节按钮等（如图 7-11 所示）。

图 7-11　在网页中
嵌入了一个包含播
放控制器的视频

提示　在本书撰写之际，当前浏览器本身尚不能像图像一样地支持响应式视频（即根据情况自动调整视频大小），但是可以用一些第三方组件实现这一效果。当前最好的选择是 fitvids.js 这一 JavaScript 库。

需要将视频的源地址放在 video 的开始标签和结束标签之间。

可以添加多个视频源（可以使用不同的格式），浏览器在执行时将自动选择最佳的视频源。

应该总是包含 MP4，因为该格式是所有浏览器都支持的。

在网页中嵌入视频

提示　如果你需要找一个视频帮你完成此任务，可以试试 Pexels 网站这个免费的视频库。这里，我们使用的视频文件的名称为 moon.mp4。

(1) 输入 <video。

(2) 输入 width="800px"。

可以跳过 height 属性，因为浏览器会根据宽度自动调整高度。

(3) 输入 controls>。

(4) 输入 <source src="moon.mp4"。

(5) 输入 type="video/mp4">。

对于现代浏览器来说，这一条并不是必需的，但仍然可以写上这一条，尤其是在使用多个视频源的情况下。

(6) 输入 </video>。

最终结果如图 7-11 所示。

7.9　嵌入音频

在网页中添加音频与添加视频非常相似。HTML 代码的格式完全相同，只是要将 <video> 标签替换为 <audio> 标签：

```
<audio controls>
    <source src="small-step.wav"
    ↪type="audio/wav">
    <source src="small-step.mp3"
    ↪type="audio/mp3">
</audio>
```

注意，这段代码示例同时使用了 WAV 和 MP3 两个来源。如果你的音频没有 MP3 版本，可以使用免费的在线转换器进行转换，如 Online Audio Converter 网站。Audacity 这样的免费软件也可以实现这一点，该软件是跨平台的，可以从 Audacity 网站下载。

将音频嵌入网页

(1) 输入 `<audio`。

(2) 输入 `controls>`。

(3) 输 入 `<source src="small-step.wav" type="audio/wav">`。

提醒一下，这里用的相对路径意味着 WAV 文件要与 HTML 文件位于同一目录下。

(4) 输 入 `<source src="small-step.mp3" type="audio/mp3">`。

(5) 输入 `</audio>`。

结果将在页面中显示一个简单的音频播放器（如图 7-12 所示）。

图 7-12　嵌入的音频所呈现的播放器

如果你需要找一个音频文件来完成此任务，可以访问 free-stock-music 网站。示例文件来自 NASA，文件名为 small-step.mp3。

7.10　存放多媒体文件

像图片、SVG、PDF 这样的小文件可以直接存放在服务器上，与网站位于同一文件夹，这是因为这些文件不需要用户与其交互，因此不会占用太多资源。换句话说，它们不需要大量计算能力（而玩电子游戏这样的活动则需要），因此它们也不会对网站造成太大压力。

多媒体（包括音频和视频）需要占用大量带宽和计算资源，而你的 Web 服务器可能并不是为这种情况而设计的。将媒体文件直接放在服务器上可能会导致网站崩溃，或者存储空间和带宽迅速耗尽。

应该使用专门的服务来托管媒体文件，然后使用该服务提供的代码将音频和视频嵌入到你的网站。也可以获取纯链接（直接指向 .mp3 或 .mp4 文件的链接），再使用 audio 或 video 元素嵌入它们。

对于视频，有很多出色的服务提供方。YouTube（如图 7-13 所示）和 Vimeo 都是免费的。如果你需要更多功能特性或配置选项，还可以使用 Vimeo 提供的付费计划（如图 7-14 所示）。

图 7-13　YouTube 是免费托管视频的好地方

图 7-14　Vimeo 提供了不同等级的付费托管方案

音频的托管则麻烦一些。SoundCloud 是一个免费且流行的选项，但是它具有局限性。Podbean 提供播客服务，它有免费套餐，但最好选择付费选项。

Libsyn 是一个出色的音频托管服务方，起步价为每月 5 美元（如图 7-15 所示）。

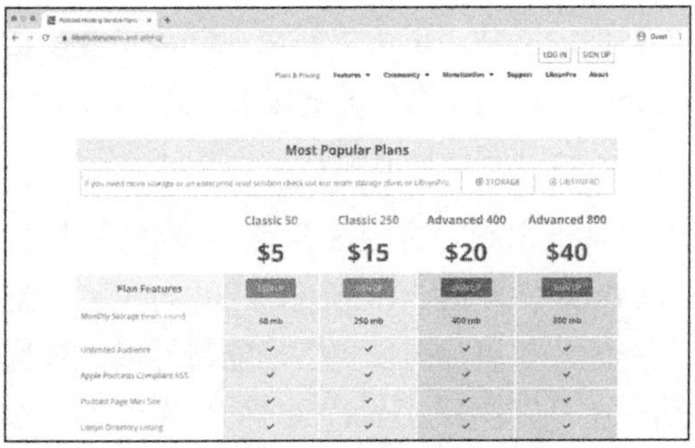

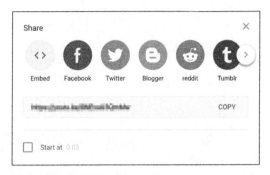

图 7-15　Libsyn 提供了多种音频托管方案

使用上述这些服务都会为你节省时间和带宽（可能还避免了不少麻烦）。

提示　使用 Libsyn（以及大多数音频托管服务）的好处是可以获得音频的直接下载链接，即完整的 URL。你可以将其与 `<audio>` 标签一起使用，从而将音频嵌入到网页中。不需要像某些服务一样使用特定的嵌入式播放器。

将 YouTube 视频嵌入网页

(1) 进入 YouTube 网站，找到要嵌入网页的视频。

(2) 单击 "Share"（分享）按钮，弹出 "Share" 对话框（如图 7-16 所示）。

图 7-16　YouTube 分享对话框

(3) 单击 "Embed"（嵌入），弹出 "Embed Video"（嵌入视频）对话框（如图 7-17 所示）。

图 7-17　YouTube 嵌入视频对话框，其中包含嵌入视频的代码

(4) 复制对话框上半部分显示的代码（以 `<iframe>` 开头，以 `</iframe>` 结尾）。

(5) 打开你的 HTML 文件。

(6) 将刚刚复制的代码粘贴到 HTML 中 `<body>` 开始标签的后面，然后保存文件（如图 7-18 所示）。

```
<!doctype html>
<html>
    <head>
        <title>Chapter 7: Embedding a YouTube Video</title>
    </head>
    <body>
        <iframe width="560" height="315" src="https://www.youtube.com/
        embed/8NExaU3QmMw" frameborder="0" allow="accelerometer;
        autoplay; encrypted-media; gyroscope; picture-in-picture"
        allowfullscreen></iframe>
    </body>
</html>
```

图 7-18　将嵌入视频的代码放入 HTML

(7) 在 Web 浏览器中打开该 HTML 文件，
应该可以看到 YouTube 视频出现在
网页上，如图 7-19 所示。

图 7-19　嵌入在网页中的 YouTube 视频

7.11　小结

现在你知道了如何为网站添加各种媒
体，确实需要不少投入。这会让网站更具视
觉吸引力和交互性，提供了纯文字无法提供
的效果。毕竟，一图胜千言，不是吗?

第 8 章

表格与其他结构化数据元素

HTML 的主要目的是对内容进行结构化、定义和描述。到目前为止，你已经学习了大多数数据类型：段落、标题、图像和其他媒体、链接以及布局元素。但是，除此之外，还有一个数据的世界等着我们进行合理的描述。

本章将介绍一些高级的结构化数据类型，如表格、定义列表等，还将介绍模式，这是一种描述你自己的数据的方式。

8.1 表格

自网页诞生起，表格就是可用的元素。它们用于显示"表格化"（tabular）数据，即以行和列的形式显示的数据（如图 8-1 所示）。

Team	Location
Yankees	Bronx, NY
Red Sox	Boston, MA
Dodgers	Los Angeles, CA
Phillies	Philadelphia, PA

图 8-1　一个基本的 HTML 表格

提示　在 CSS 和更现代的 Web 标准被广泛采纳之前，人们普遍使用表格进行布局。现在，这种做法被认为非常不好。如第 6 章所述，有很多标签专门用于创建语义化的布局。

8.1.1 表格标记

制作表格要用到下面几个元素。

☐ `<table>`：这是表格的父元素。表格中的所有数据都将包含在 table 开始标签和结束标签里面。

☐ `<caption>`：用于指定表格的标题。如果要包含这个元素，该元素就应该是表格里面的第一个子元素。

☐ `<thead>`：表示"表头"，包含各列标题。

- **<tbody>**：表示"表主体"，包含表的主要内容（或数据）。
- **<tr>**："table row"（表格的行）的缩写。每一行的数据都在 tr 开始标签和结束标签之间。
- **<td>**：表示一个单元格，"td"是"table data"（表数据）的缩写。
- **<th>**：对于 <thead> 里面的单元格，则使用 th 代替 td。"th"是"table heading"（表标题）的缩写。标有 <th> 的数据默认以粗体显示。
- **<tfoot>**：表示"表格页脚"，里面包含表格的页脚（如图 8-2 的例子所示）。

Team	Home Runs
Yankees	306
Red Sox	245
Dodgers	279
Phillies	215
Total:	1,045

图 8-2　这个表格底部的每一列显示了该列所有值的求和，使用 <tfoot> 表示总计是很恰当的

<span> 元素

尽管有很多特定类型的元素，但是仍然有一个元素几乎能像通配符一样使用，那就是 <span> 元素。

这是一个没有内在含义的通用行内元素，就像 <div> 这样的通用块级元素一样。如果没有其他语义恰当的 HTML 元素可用，便可以使用该元素来为内容添加类或其他有用的属性。

8.1.2　表格示例代码

代码清单 8-1 显示了一个简单表格的标记。该表格列出了一些棒球运动员、退役时所在球队及号码。

代码清单 8-1　图 8-3 所示的棒球运动员表格的 HTML 标记

```html
<table border="1">
    <caption>Baseball players with their
    ➝ teams and numbers.</caption>
    <thead>
        <tr>
            <th>Player</th>
            <th>Team</th>
            <th>Number</th>
        </tr>
    </thead>
    <tbody>
        <tr>
            <td>Derek Jeter</td>
            <td>Yankees</td>
            <td>2</td>
        </tr>
        <tr>
            <td>David Ortiz</td>
            <td>Red Sox</td>
            <td>34</td>
        </tr>
        <tr>
            <td>Roy Halladay</td>
            <td>Phillies</td>
            <td>34</td>
        </tr>
        <tr>
            <td>Mike Piazza</td>
            <td>Mets</td>
            <td>31</td>
        </tr>
    </tbody>
</table>
```

图 8-3　一个包含几个棒球运动员姓名、球队和号码的表格

需要说明的是，其中的 border 属性实际上在 HTML5 中已经被废弃了。我们应该使用 CSS 来定义边框。这里使用 border 属性只是为了让你能直观地看到表格里的不同单元格。

下面我们将表格拆解为不同的部分并逐一讲解。首先是表头。这个表头形成了三列，里面的文字是加粗的，从而形成了列的标题（如图 8-4 所示）。

图 8-4　棒球运动员表格的表头在浏览器中显示的样子

表头和表格的行在标记上看起来很相似，但是它们都应该包含在表格里面。我们将逐步介绍它们，从而展示如何构建完整的表格。表头和其他行的主要区别是，th 单元格里的文字将以粗体显示。

提示 可以使用 CSS 将表格标题移到表格下面。

8.1.3　创建表头

(1) 输入 `<table border="1">`。

这里通常不会引入 border 属性。如果要添加边框，就使用 CSS。但出于演示目的，这里添加 border 属性，从而更容易看清单元格。这里的"1"表示"1 像素"，即为整个表格以及每个单元格的周围都添加一个 1 像素宽的边框。

(2) 输入 `<thead>`，开始创建表头。

(3) 输入 `<tr>`，在表头内创建一行。

(4) 输入 `<th>Player</th>`，形成三列中第一列的表头单元格。

(5) 输入 `<th>Team</th>`。

(6) 输入 `<th>Number</th>`。

(7) 输入 `</tr>`，结束表头的行。

(8) 输入 `</thead>`，结束表头。

8.1.4　创建表格行

(1) 输入 `<tbody>`。

(2) 输入 `<tr>`。

(3) 输入 `<td>Derek Jeter</td>`。

(4) 输入 `<td>Yankees</td>`。

(5) 输入 `<td>2</td>`。

(6) 输入 `</tbody>`。

(7) 输入 `</table>`。

为避免重复，这里只展示了如何创建表格的第一个数据行。重复上述步骤（每次更改单元格中的数据），可以添加任意数量的行。

8.1.5　扩展行和列

可以创建的表格并不局限于具有严格行和列的表格。使用 colspan 和 rowspan 属性，可以让一个单元格跨越多行或多列。这两个属性可以接受一个数值，用于表示跨越（或占用）的行或列的单元格数量。因此，可以告诉表格"此单元格应占用两列"或者"此单元格应该占据三行"：

```
<th colspan="2">
<th rowspan="3">
```

如果要构建一个较复杂的表格（如图 8-5 和代码清单 8-2 所示的模拟棒球卡的表格），便需要使用上述属性。

Aaron Judge				RF
Year	Team	BA	HR	RBI
2017		.284	52	114
2018	NYY	.278	27	67
2019		.272	27	55
Totals:		.278	106	236

图 8-5　这个复杂一些的表格显示了棒球运动员 Aaron Judge 的数据，其中包含击球平均得分（batting average，BA）、本垒打（home runs，HR）和打点（runs batted in，RBI）。表头里的球员姓名（Aaron Judge）占据了四列。页脚中的 "Totals"（合计）单元格跨越了两列。由于他在整个职业生涯中都为同一支球队效力，因此他所在球队的名称（NYY）占据了三行

代码清单 8-2　图 8-5 所示表格的完整代码，其中关键代码已突出显示

```
<table border="1">
    <thead>
        <th colspan="4">Aaron Judge</th>
        <th>RF</th>
    </thead>
    <tbody>
        <tr role="header">
            <td>Year</td>
            <td>Team</td>
            <td>BA</td>
            <td>HR</td>
            <td>RBI</td>
        </tr>
        <tr>
            <td>2017</td>
            <td rowspan="3">NYY</td>
            <td>.284</td>
            <td>52</td>
            <td>114</td>
        </tr>
        <tr>
            <td>2018</td>
            <td>.278</td>
            <td>27</td>
            <td>67</td>
        </tr>
        <tr>
            <td>2019</td>
            <td>.272</td>
            <td>27</td>
            <td>55</td>
        </tr>
    </tbody>
    <tfoot>
        <tr>
            <td colspan="2">Totals:</td>
            <td>.278</td>
            <td>106</td>
            <td>236</td>
        </tr>
    </tfoot>
</table>
```

尽管这样做需要一些数学计算才能正确显示，但是可以使表格看起来更美观，并可以按照自己所想的方式对齐数据。

将 rowspan 的数值算错可能会破坏表格

的结构（如图 8-6 所示）。对于表格中 2019 年这一行，还差一个单元格来填充，因此这些单元格便没法对齐，出现了一个预期之外的空格。

图 8-6　当 rowspan 的数值比正确值小 1 时出现的情况

如果某一列跨越太多单元格，也会出现类似的问题（如图 8-7 所示）。在这种情况下，浏览器会创建一个新列来容纳溢出的单元格。

图 8-7　当 colspan 的数值比正确值大 1 时出现的情况

8.1.6　在表头添加 colspan

(1) 输入 `<thead>`。

(2) 输入 `<tr>`。

(3) 输入 `<th`，暂不添加表示结束的 `>`。

(4) 输入 `colspan="4">`。

由于表头只有两列，但这是一个总共 5 列的表格，因此这里 colspan 的数值应该为 4，其中 1 来自单元格本身，3 来自跳过的单元格数量。

(5) 输入 Aaron Judge。

(6) 输入 `<th>RF</th>`。

(7) 输入 `</tr>`。

(8) 输入 `</thead>`。

结果就是图 8-5 中显示的标题。

8.2　描述列表

描述列表适用于结构化的、用于定义的数据。该元素通常包含一系列术语和对这些术语的描述（即定义）。词汇表便是一个很好的例子（如图 8-8 所示）。

图 8-8　棒球术语及其定义组成的描述列表

提示　在 HTML5 之前，描述列表被称为定义列表[①]。

描述列表的标记包括以下三个标签。

❑ `<dl>`：dl（description list）表示"描述列表"。这是整个列表的容器。

[①] **定义列表**（definition list）和**描述列表**（description list）的缩写均为"dl"。——译者注

- **<dt>**: dt（description term）表示所描述的术语。
- **<dd>**: dd（description details）表示描述的详细信息。这里包含的是描述对应术语的文字。

代码清单 8-3 显示了图 8-8 中的描述列表对应的代码。

代码清单 8-3　形成如图 8-8 所示的描述列表的代码

```
<dl>
    <dt>Batting Average (BA):</dt>
    <dd>The total number of hits divided
    →by the number of at-bats.</dd>

    <dt>Home Run (HR):</dt>
    <dd>A fair hit that allows the batter
    →to round all of the bases and cross
    →home.</dd>

    <dt>Runs Batted In (RBI):</dt>
    <dd>Any run credited to a specific
    →batter that results from a fair hit
    →ball or base on balls.</dd>
</dl>
```

描述列表并不仅限于定义列表、术语列表，你还可以将其用于食谱、即将发生的事件的列表、戏剧脚本中的对话等。

语义上，**<dd>** 将与离它最近的前一个 **<dt>** 关联。这意味着一个 **<dt>** 后面可以有多个 **<dd>**，也可以多个 **<dt>** 对应一个 **<dd>**。如果连续有两个 **<dt>**，那么接下来的 **<dd>** 将与这两个 **<dt>** 都关联上。

使用描述列表创建事件列表

(1) 输入 **<dl>**，开始创建列表。

(2) 输入 **<dt>Opening Day</dt>**，添加第一个要描述的术语。

(3) 输入 **<dd>April 1, 2021</dd>**，即对刚刚添加的术语的描述。

(4) 输入 **<dt>All-Star Game</dt>**，在列表中添加一个新术语。

(5) 输入 **<dd>July 13, 2021</dd>**。

(6) 输入**<dd>Game held at Truist Park, home of the Atlanta Braves</dd>**，添加关于该术语信息的第二行。

(7) 输入 **<dt>Postseason</dt>**。

(8) 输入 **<dd>October 2021</dd>**。

(9) 输入 **<dd>Rounds: Wild Card, Division Series, League Championship, World Series</dd>**。

(10) 输入 **<dd> The winners in each league will play in the World Series. </dd>**。

(11) 输入 **</dl>**，结束此描述列表。

结果如图 8-9 所示。

```
Opening Day
    April 1, 2021
All-Star Game
    July 13, 2021
    Game held at Truist Park, home of the Atlanta Braves
Postseason
    October 2021
    Rounds: Wild Card, Division Series, League Championship,
    World Series
    The winners in each league will play in the World Series
```

图 8-9　美国职业棒球大联盟即将发生的事件的描述列表

此示例显示，在默认情况下，每个 **<dd>** 都在最新的 **<dt>** 的下面进行一定的缩进，从而在视觉上形成一个漂亮的术语和定义的层次结构。

提示 可以在描述列表中使用其他 HTML 元素，如 `<p>`、`<ul>` 等。

> **关于代码缩进**
>
> HTML 并不要求代码使用任何特定的缩进样式。我个人会在代码中手动添加缩进。有一些 HTML 编辑软件可以帮你添加缩进。
>
> 本书中每个子元素都使用了缩进，形如：
>
> ```
> <父元素>
>     <子元素>
>         <孙元素>
> ```
>
> 这样做会让代码更易读，你可以快速找到开始标签和与之对应的结束标签。

8.3　为什么结构化数据很重要

你可能有疑问，为什么要对不同类型的数据使用不同的结构？毕竟我们完全可以用无序列表来表示描述列表。

实际上，使用正确的标签定义数据，对浏览器、用户和搜索引擎都很重要。在 HTML 中，定义数据的一个很好的例子是 `<address>` 标签：

```
<address>
    Yankee Stadium<br/>
    1 E 161 St.<br/>
    The Bronx, NY 10451
</address>
```

其显示效果如图 8-10 所示。

> *Yankee Stadium*
> *1 E 161 St.*
> *The Bronx, NY 10451*

图 8-10　实际的 `<address>` 标签

除了以斜体显示，这个地址在视觉上与其他元素并无分别。你完全可以使用 `<p>` 或 `<div>` 来表示这些信息，但是 `<address>` 标签会告诉浏览器和搜索引擎："这是此页面的联系信息"。而且，如果 `<address>` 标签是嵌套在 `<article>` 标签中的，那么它就可以表示这篇文章的联系信息。

这样做可以让搜索结果的信息呈现方式更加友好，并最终为用户带来好处。如果你使用搜索引擎搜索 "Yankee Stadium address"（扬基队体育场地址），将会出现如图 8-11 所示的结果。

如果不使用语义化的标签（在本例中为 `<address>` 标签），那么 Google 很难知道页面上哪些数据包含了正确答案。

图 8-11　答案直接显示在搜索结果页面中

8.3.1 使用 Schema.org 词汇表定制结构化数据

实际上，这一主题有点儿超出"基本的 HTML 和 CSS"的范畴，但此时了解它也很重要。

有多种方式来标注结构化的内容。通过对数据进行标注，可以帮助搜索引擎更好地理解页面内容，并在搜索结果中以有趣的外观形式展示你的网站。标注的规范不止一种，本书采用的是 Schema.org。这种规范提供的标记集被称为**模式**。这些模式主要由 Schema.org 驱动，它们提供了词汇表让搜索引擎得以更好地理解网页内容。

提示 Yoast 是一家专门从事搜索引擎优化（SEO）的公司，它们写过一篇很不错的关于模式的文章[①]。

常见的可以影响搜索引擎结果的模式包括电影和电视节目、食谱等（如图 8-12 和图 8-13 所示）。

图 8-12　Google 在显示电影的搜索结果时，使用了来自几个不同的电影相关网站（如 IMDB、Wikipedia、YouTube 等）的模式

图 8-13　在 Google 搜索结果页面，食谱以卡片形式呈现，让用户很容易查看适合自己的食谱，然后单击以查看详情

如果有需要的话，可以创建一个更有意义的事件列表。实现这一目标主要靠一个名为 itemscope 的属性，该属性可以指定列表项目是关于什么的。接着，可以使用 itemtype 属性从 Schema.org 获取与之配套的模式。可以使用 itemprop 属性为元素添加更多信息，即根据所表示的数据类型来设置项目属性（例如，事件带有日期属性，而菜谱则没有这个属性）。

提示 Schema.org 网站上有两个非常有用的资源，一个是入门材料，一个列出了所有数据类型。

8.3.2 使用 Schema.org 词汇表创建事件

这个任务用到的事件的标记如下：

---

① Edwin Toonen. Structured data with Schema.org: the ultimate guide, 2020.

```
<dt>Field of Dreams Game</dt>
<dd>August 13, 2020</dd>
<dd>Game held in Dyersville,
→Iowa</dd>
<dd>Yankees vs. White Sox</dd>
```

(1) 在 <dt 之后输入 itemscope。

(2) 输 入 itemtype="https://schema.
org/SportsEvent">。

(3) 在第一个 <dd 标签（包含日期的那个
标签）中输入 itemprop="startDate"
content="2020-08-13T19:00">。
这是一个计算机可读的日期和时间
格式。

(4) 将 Dyersville, Iowa 替换为 <span
itemprop="location">Dyersville,
Iowa</span>。

(5) 将 Yankees 替换为 <span itemprop=
"awayTeam">Yankees</span>。

(6) 将 White Sox 替换为 <span itemprop=
"homeTeam">White Sox </span>。

产生的标记如代码清单 8-4 所示。

尽管这些并不会影响网页的显示，但
可以为搜索引擎提供更多有价值的信息。
设想有人搜索"谁是梦之队的主队"，现在，
搜索引擎便可以在我们的小型数据库中找到
答案。

8.4 小结

本章介绍了很多基础知识，以及诸如表
格和描述列表之类的重要的数据结构。基于
这些知识，你可以更好地理解结构化数据，
以及它们对于创建更好、更加用户友好的
Web 的重要性。

代码清单 8-4　我们的小型棒球数据库，现在为其添加了 Schema.org 词汇表

```
<dt itemscope itemtype="https://schema.org/SportsEvent">Field of Dreams Game</dt>
    <dd itemprop="startDate" content="2020-08-13T19:00">August 13, 2020</dd>
    <dd>Game held in <span itemprop="location">Dyersville, Iowa</span></dd>
    <dd><span itemprop="awayTeam">Yankees</span> vs. <span itemprop="homeTeam">White Sox
    → </span></dd>
```

第 9 章

Web 表单

到目前为止，本书所讲的所有关于网页和 HTML 的知识都如同修建一条单向街。也就是说，你可以将信息呈现在网页上，但是网站的访问者无法与你进行互动。于是，我们需要了解 Web 表单。

Web 表单是用户与网站进行交互的主要方式。从联系表单到 Google 搜索框，表单都是驱动用户参与、让 Web 更具互动性的主要形式。

本章内容

❏ 用户与网页的交互
❏ Web 表单的工作方式
❏ HTML 表单的组成部分
❏ <form> 元素
❏ 表单字段
❏ 为字段添加标签
❏ 创建基础表单
❏ 创建选择框
❏ 创建单选按钮
❏ 创建复选框

❏ 创建电子邮件表单
❏ 特殊字段类型
❏ <meter> 元素
❏ 对表单进行校验
❏ 小结

9.1 用户与网页的交互

表单（form）让用户可以向你的网站提交信息。然后，你可以存储这些数据，或者对这些数据进行相应的处理。下面是一些常见的 Web 表单的例子：

❏ 联系表单
❏ 评论
❏ 论坛
❏ 登录框
❏ 发布框（位于社交媒体网站）
❏ 搜索框
❏ 电商网站上的结账页面、"添加到购物车"按钮以及付款操作
❏ 聊天机器人
❏ 弹出窗口中的选择框

你一定已经看过很多表单了（如图 9-1、图 9-2 和图 9-3 所示）。

图 9-1　Google 标志性的极简主页，仅包含一个搜索框

图 9-2　电商网站上的结账表单

图 9-3　Twitter 的登录页

9.2　Web 表单的工作方式

构建和处理 Web 表单的过程包含以下几个步骤（如图 9-4 所示）。

(1) 使用 HTML 构建表单。

(2) 对表单中的数据进行校验，确保所有数据都被正确提交。

(3) 提交并处理该表单。

处理表单有多种方式。你可以简单地通过电子邮件将表单内容发送到某个地方，可以将表单内容存储到数据库中，也可以使用这些内容对网站进行实时更改，等等。

(4) 向用户呈现结果。

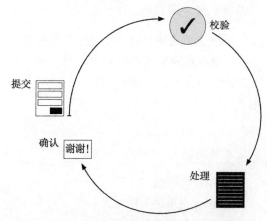

图 9-4　对输入 Web 表单的数据进行处理的流程

不过，在阅读本章时，需要明白你学习的是如何在 HTML 中创建表单，并使用 HTML 元素对输入数据进行基本的校验。

但就数据提交过程而言，仅仅依靠 HTML 能做的事情不多。提交数据通常需要使用另一门编程语言，而这超出了本书的讨论范围。这里只介绍用电子邮件发送表单内容这种基本的表单处理形式。第 10 章将介绍一种简单的存储表单数据的技术。

9.3　HTML 表单的组成部分

每个表单都被包在 `<form>` 元素中，该元素由 `<form>` 开始标签和 `</form>` 结束标签组成。

表单本身的大部分内容则是由可以接受用户数据的**字段**（field）组成的。其中大多数元素是使用 `<input>` 标签创建的，其他标签之后会讲到。

> **提示**　一个网页可以包含多个表单，因此一组 form 开始标签和结束标签之间的字段意味着让浏览器知道它们属于同一表单。

9.4　`<form>` 元素

每个表单都需要一个 `<form>` 开始标签和 `</form>` 结束标签，它们共同定义了一个 form 元素。每个 form 元素需要有 action 属性，并且还应该有 method 和 name 属性，例如：

```
<form name="search-form"
→method="GET" action="process.php">
```

name 属性是为表单赋予唯一标识的一种简单方法（每个表单都应该具有唯一的名称）。一个网页可以包含多个表单，而使用 name 属性便可以很容易在 CSS 和 JavaScript 中引用该表单。

method 属性指定的是发送表单数据的方式，其值应为 GET 和 POST 中的一个。

GET 是默认值。这种方法以 URL 中的**键**值对（name-value pair）的形式将数据从一个网页传到另一个网页（如图 9-5 所示）。

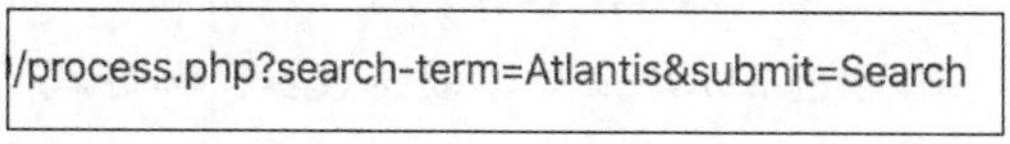

```
/process.php?search-term=Atlantis&submit=Search
```

图 9-5　使用 GET 方法，你可以在 URL 中看到表单的结果

属性便是键值对的一个很好的例子。属性都有名称（如 role）和值（如 main）。在 URL 中，键值对以这种格式显示：role=main。

当用户填写表单并点击提交按钮时，浏览器便会从表单中提取数据，然后将其插入 URL。在上面的示例中，URL 会变成这样：process.php?name_of_field=value_the_user_input。

method 的另一个值为 POST。使用这种方法时，数据是在 HTTP 请求中传输的，不会显示在 URL 中。在这种情况下，示例中的数据会通过服务器发送给 process.php。

action 属性告诉浏览器将表单数据发送到哪里，即如何处理表单：通过电子邮件发送其内容，或是将表单内容存储到数据库中，等等。如果不包含 action 属性，那么现代浏览器将假定当前页面会处理该表单。

> **提示**　表单通常使用服务器端语言（如 PHP、Python、C#）进行处理。虽然这不在本书的讨论范围之内，但你还是可以下载本书配套资料中的 process.php 文件。

> **提示**　关于隐私和数据存储的法律在世界范围内已变得越来越严格。根据你所在的区域，你可能需要提醒用户你将如何使用这些数据，或者请他们明确地授权你的网站存储这些数据。

9.5　表单字段

　　HTML 里有多种表单字段，每种字段都让用户以不同的方式与表单进行交互。

9.5.1　输入字段

　　在 form 开始标签和结束标签之间，最常见的标签便是 `<input>`。该元素用于创建一个供用户输入数据的字段，形如：

```
<input type="text" name="search"
→value="" />
```

　　下面我们逐一介绍其中每个属性。

　　type 属性决定了用户可以输入的数据类型。type 属性最常见的值是 text（如果没有定义 type 属性，则默认为 text），但该属性的值也可以是其他几种。本章将涵盖其中大多数值。

提示　type 属性值的完整列表参见 MDN Web Doc（此列表会定期更新）。

　　name 属性为输入字段分配一个名称。还记得之前讲的键值对吗？键就对应于这里的 name 属性。该属性的值应该是唯一的，以防止数据被覆盖。

　　键值对中的值则对应于 value 属性。注意，上面示例中的 value 属性值是空的。你可以为其添加内容，但是用户输入的内容将会覆盖你预设的值（如图 9-6 所示）。

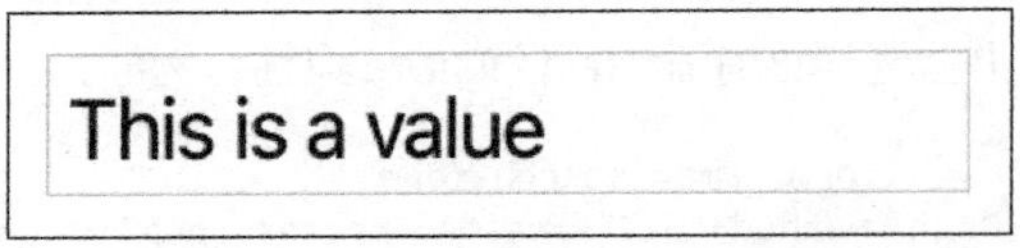

This is a value

图 9-6　有 value 属性值的文本字段的样子

　　对于某些表单字段（这里指的是与文本框具有相似外观、供用户输入一些文本信息的表单字段），还有另外一个属性，即 placeholder（占位文字）。如果不使用 value 而是使用该属性，将会在表单字段中以灰色显示该属性里的文本，以提示用户可以在该字段中输入的文本类型。

如果用户未填写该字段，那么该字段不会有任何值（如图 9-7 所示）。

This is a placeholder

图 9-7　使用了 placeholder 属性的输入框

每个表单还应该有一个 submit（提交）字段。该字段有其特有的输入类型，即 submit。当浏览器看到此输入类型时，便会生成一个供用户点击的按钮，用户点击该按钮后便会根据 `<form>` 开始标签中定义的 method 和 action 来发送表单里的数据。

你可以为 submit 输入类型设置一个值，但是在标记之外这个值是不变的，用户无法改变这个值。

将上述代码放在一起，如下所示：

```
<form name="search-form" method="GET"
→action="process.php">
    <input type="text"
    →name="search-term" />
    <input type="submit" name="submit"
    →value="Search" />
</form>
```

这在浏览器中显示的效果如图 9-8 所示。

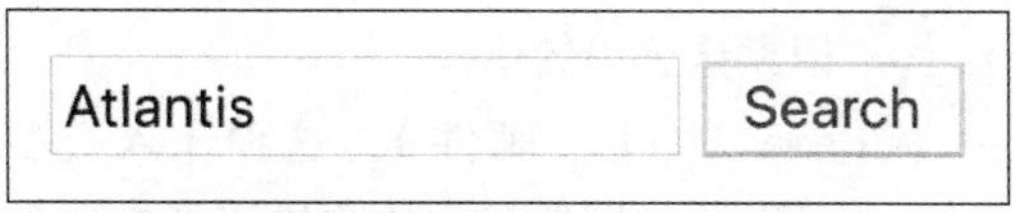

Atlantis	Search

图 9-8　一个简单的搜索表单

提 示　对于搜索表单，你也可以对输入框使用 type="search"，这样的话，浏览器会自动包含一个提交按钮。

如果用户在搜索表单中输入 Atlantis，那么 URL 将变为：

```
yoursite.com/process.php?search-term=
→Atlantis
```

9.5.2　输入类型

除了文本类型和提交类型，还可以使用其他多种格式提交数据（如图 9-9、代码清单 9-1 所示）。

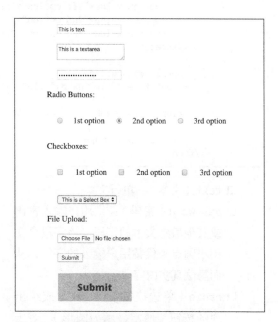

图 9-9　各种输入类型的外观

代码清单 9-1　生成图 9-9 所示的输入字段的 HTML 代码

```
<form name="input-reference" method="get" action="process.php">
<input type="text" name="text" value="This is text"/>
<textarea name="textarea">This is a textarea</textarea>
<input type="password" name="password" value="This is password"/>

<p>Radio Buttons:</p>

<input type="radio" name="radio-option" value="1st option" />1st option
<input type="radio" name="radio-option" value="2nd option" checked />2nd option
<input type="radio" name="radio-option" value="3rd option" />3rd option

<p>Checkboxes:</p>
<input type="checkbox" name="check-option1" value="Atlantis" /> 1st option
<input type="checkbox" name="check-option2" value="Snow White" /> 2nd option
<input type="checkbox" name="check-option3" value="Aladdin" /> 3rd option

        <select name="select">
            <option>This is a Select Box</option>
            <option value="1st option">1st option</option>
            <option value="2nd option">2nd option</option>
            <option value="3rd option">3rd option</option>
        </select>

        <p>File Upload:</p>
        <input type="file" name="file" />

         <input type="submit" name="submit" value="Submit" />

        <input type="image" name="image-submit" src="submit-img.png" alt="Submit" />
    </form>
```

- text（文本）：单行文本。
- password（密码）：供用户输入密码或其他敏感文本的字段。该字段会使用小圆点来代替用户输入的字符，从而隐藏真实内容。
- radio（单选按钮）：一般为成组出现的按钮（通常显示为圆形）。对于同一个组的按钮，一次只能选择一个，所以，如果想给用户提供一系列选项而用户只能选择其中一个，便很适合使用单选按钮。
可用使用 checked（已选）属性来标记默认选中的值。

- checkbox（复选框）：一组通常显示为方形的框，为用户提供多个选项，而用户可以选择其中一个或多个。
可用使用 checked（已选）属性来标记默认选中的值。
- email（电子邮件）：这种输入类型可以让浏览器确保用户输入了格式正确的电子邮件地址。
- file（文件）：显示为 "Choose File"（选择文件）按钮的文本字段。单击该按钮将打开查找文件的对话框，用户可以使用该对话框在其计算机上查找并选择要上传到服务器的文件。

- submit（提交）：单击该按钮后，浏览器将发送表单数据以供后续处理。
- image（图像）：其工作方式跟提交按钮一样，只不过你可以用图像代替由浏览器渲染的标准提交按钮。由于 CSS 的进步，这种类型的使用大不如前。
- hidden（隐藏）：用于创建用户看不见也无法编辑的表单字段。这一类型通常用于捕获动态生成的内容，如时间戳、ID 等。例如，对于一篇博客文章，发表评论的表单可能有一个带有该文章 ID 的隐藏字段，从而让博客系统知道该评论属于哪一篇文章。

有一些字段的行为方式类似于文本字段，但只接受特定类型的文本。这样的字段包括 email（电子邮件）、date（日期）、search（搜索）、tel（电话）和 url（URL），9.14 节会详细讲解它们。

9.5.3　其他字段类型

除 <input> 标签外，还有两个字段元素值得介绍。

<textarea> 字段允许用户输入文本块，即文本段落。该标签需要配合使用 </textarea> 结束标签。该字段的默认文本放在开始标签和结束标签之间，参见代码清单 9-1 所示的例子。

<select> 元素可以用来创建下拉菜单，即选项列表。默认情况下，用户只能选择列表中的一个选项。如果放入 multiselect 属性，便允许用户选中多个选项。

要完成 <select> 字段，需要在 select 开始标签和结束标签之间包含 <option> 元素。在这种情况下，<select> 需包含 name 属性，而每个 <option> 标签都应该有其自己的 value 属性。

相关示例见代码清单 9-1。在接下来的任务里，你还将创建自己的选择框。

提 示　可以在任何一个 <option> 元素上添加 select="selected" 属性，将该元素设为默认选项。如果没有指定该属性，则默认列出第一个选项。

为什么要使用隐藏字段

你可能无法理解为什么有人会在表单上使用用户不可见的隐藏字段。使用这种字段可能有多种原因，其主要用例是收集关于用户访问情况的额外信息，如访问的时间、访问的 URL、用户的 IP 地址等。

隐藏字段还可用于抵御垃圾信息。如果有一个隐藏字段被填入了值，则很有可能来自垃圾机器人，而不是一个人。这时，你便可以直接丢弃此次提交。

9.6　为字段添加标签

尽管 placeholder 属性可以很好地提示用户关于表单字段类型的信息，但是这项工作还有一种更好、更具语义性的方式：为 <input> 元素配上 <label> 元素。

```
<div>
    <label for="first_name">First
    →Name:</label>
    <input type="text"
    →name="first_name"
    →id="first_name" placeholder=
    →"Milo" />
</div>
```

在浏览器中，此段代码将呈现一个文本框以及一个文字标签，该标签告诉用户该输入的数据类型（如图9-10所示）。

First Name: Milo

图9-10 带标签的表单字段

你可能注意到了该标签有一个 for 属性，该属性与对应的输入元素的 id 属性是相匹配的。这将告诉浏览器："此标签属于其 id 与这里的 for 属性相匹配的那个 <input> 元素"。

除了能改善用户体验，为输入字段加标签还可以提高无障碍性。

❑ 如果用户是使用屏幕阅读器访问网站的，则当输入元素获得焦点时（例如当用户轻触或点击该输入元素时），对应标签里的文字便会被大声朗读出来。

❑ 由于单击标签便会激活对应表单字段，因此配上标签便意味着表单元素的"可激活区域"变大了。对于行动不便的用户来说，这样会让他们更容易激活输入字段。

提示 标签几乎可以应用于所有输入字段，但对于提交按钮，一般不需要再添加标签。

9.7 创建基础表单

在继续创建接下来的表单输入示例之前，有必要先编写一个简单的表单框架，后续示例代码都可以在此基础上进行编写。

创建表单框架

(1) 输入 <form name="example-form"。

(2) 输入 method="GET">。

(3) 在上一步和下一步的代码之间留出一个空白行。

(4) 在新的一行输入 <input type="submit" name="submit" value="Submit" />。

(5) 在下一行输入 </form>。

现在代码应该如下所示：

```
<form name="example-form"
→method="GET">

    <input type="submit" name="submit"
    →value="Submit" />
</form>
```

9.8 创建选择框

选择框是一种让用户可以从项目列表中进行选择的直观方法。选择框有两种形式：一种是简单的下拉菜单，用户只能从中选择一项；另一种是多选框，用户可以选中多个项目。这两种形式的构建方法在下面的任务中都将涉及。

请使用在上一个任务中创建的表单框架，并将以下任务中的代码放在 <form> 开始标签之后。

9.8.1 创建选择框

(1) 首先，为选择框创建标签。一定要在标签中包含 for 属性，其值为相应的 ID。在这个例子中，请输入 `<label for="next-movie">What movie do you want to see next? </label>`。

(2) 输入选择框的开始标签：`<select`。

(3) 为该选择框指定名称和 ID，输入 `name="next-movie" id="next-movie">`。

接下来，我们开始定义将在列表中出现的选项。本示例使用电影名称。

(4) 输入 `<option value="Toy Story 4"> Toy Story 4</option>`。

(5) 输入 `<option value="Onward">Onward </option>`。

(6) 输入 `<option value="Fast 9">Fast 9</option>`。

(7) 输入 `</select>`。

这样就会创建一个包含三个选项的选择框，用户可以从中选择一个选项（如图 9-11 所示）。

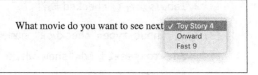

图 9-11　显示出所有选项的选择框的样式

9.8.2 创建多选框

(1) 输入 `<label for="seen-movies"> What movies have you seen? </label>`。

(2) 输入 `<select name="seen-movies" id="seen-movies"`。

(3) 输入 `multiple>`，然后按下回车键换行。

以下每个选项都位于单独的一行。

(4) 输入 `<option value="Atlantis"> Atlantis</option>`。

(5) 输入 `<option value="Snow White"> Snow White</option>`。

(6) 输入 `<option value="Aladdin"> Aladdin</option>`。

(7) 输入 `</select>`。

这样便会创建一个包含三个选项的选择框，而用户可以在单击时按下 Shift 键以选择多个连续的选项，或者可以按住 Command 键（对于 macOS）或 Ctrl 键（对于 Windows）以选择多个非连续选项（如图 9-12 所示）。

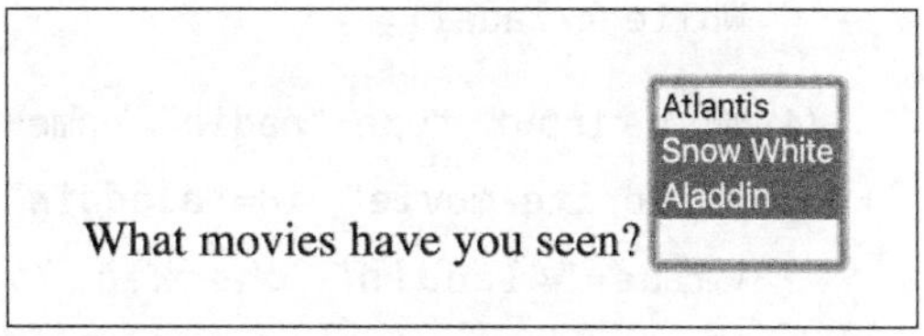

图 9-12　选中了两个选项的多选框

9.9 创建单选按钮

单选按钮是向用户呈现一组选项并让他们选择其中一个的又一种方法（上文介绍的选择框是第一种方法）。一旦选择了某个单选按钮，就无法取消选择，除非选择同组的另一个单选按钮，前单选按钮将自动取消选择。

请使用在上一个任务中创建的表单框架，并将以下任务中的代码放在 <form> 开始标签之后。

创建单选按钮

(1) 如果要为一组单选按钮提供标题或其他介绍性文本，可将其包含在一个段落元素中。在本示例中，输入 <p>What is your favorite movie?</p>。

(2) 输入 <input type="radio" name="favorite-movie" id="atlantis" value="Atlantis" /> <label for="atlantis">Atlantis</label>。

(3) 输入 <input type="radio" name="favorite-movie" id="snow-white" value="Snow White" /> <label for="snow-white">Snow White </label>。

(4) 输入 <input type="radio" name="favorite-movie" id="aladdin" value="Aladdin" checked /> <label for="aladdin">Aladdin </label>（如图 9-13 所示）。注意此选项中包含 checked 属性。

What is your favorite movie?

○ Atlantis ○ Snow White ⦿ Aladdin

图 9-13　一组单选按钮，默认选项处于选中状态

注意，上面三个单选按钮的 name 属性值都相同。这样做相当于告诉浏览器"这些单选按钮是同一组的"。

9.10 创建复选框

复选框是一种向用户展示多个选项并允许他们选择多个选项的好方法。与只允许用户选择一个选项的单选按钮不同，复选框允许用户选择任意数量的选项。

请使用在上一个任务中创建的表单框架，并将以下任务中的代码放在 <form> 开始标签之后。

创建复选框

(1) 输入介绍性文本（如果需要的话）。在这个例子中，请输入 <p>What movies do you want to see?</p>。

(2) 输入 <input type="checkbox" name="want-to-see-1" id="atlantis" value="Atlantis" checked/> <label for="atlantis">Atlantis </label>。注意 checked 属性。

(3) 输入 <input type="checkbox" name="want-to-see-2" id="snow-white" value="Snow White" /> <label for="snow-white">Snow White </label>。

(4) 输入 `<input type="checkbox" name="want-to-see-3" id="aladdin" value="Aladdin" /> <label for="aladdin">Aladdin</label>`（如图 9-14 所示）。

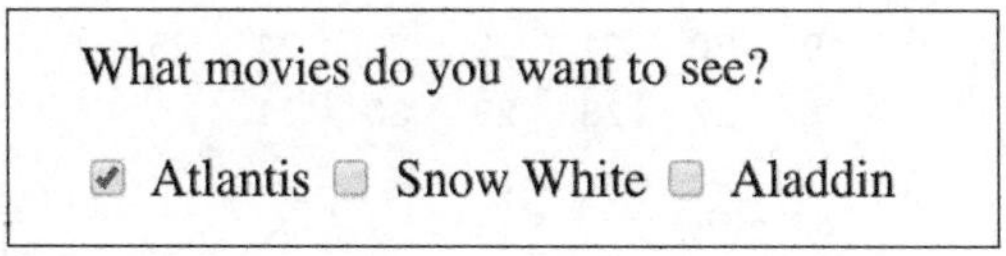

图 9-14 一组复选框

注意，这些复选框的名称后面带有数字。如果它们的名称相同，那么它们代表同一个选项。如前所述，页面上每个表单字段的 name 属性必须是唯一的。当然，这条规则不适用于单选按钮。

提示 可以使用 PHP 之类的高级编程语言实现几个复选框虽具有相同的名称但仍保持为一组的效果，但这超出了本书的讨论范围。

9.11 创建电子邮件表单

电子邮件表单在网上非常普遍，获取电子邮件地址的输入框十分常见。这就是存在专门的电子邮件输入类型的原因。

这种输入类型将自动进行检验，以确保用户输入的电子邮件地址的格式是正确的（但无法校验该电子邮件地址是否真实存在）。

创建一个简单的电子邮件表单

(1) 输入 form 元素的开始标签，确保包括 name 或 id、method 和 action 属性。在此示例中，请输入 `<form name="optin" method="GET" action="process.php">`。

我们的示例表单包括两个 `<input>` 元素：一个是用于输入用户名字的 text 输入框，另一个是用于输入电子邮件地址的 email 输入框。这两个输入框各有一个 label 元素与之对应。

(2) 为用户名字创建标签：`<label for="first-name">First Name:</label>`。

(3) 输入 `<input type="text" name="first_name" id="first-name" placeholder="First Name" />`。

(4) 输入 `<label for="email-address">Email Address:</label>`。

(5) 输入 `<input type="email" name="email_address" id="email-address" placeholder="Email Address" />`。

(6) 输入 `<input type="submit" name="submit" value="Join the List!"/>`。

(7) 输入 `</form>`（如图 9-15 所示）。

图 9-15 一个简单的电子邮件表单

9.12 特殊字段类型

有一些输入类型会让浏览器为其添加特殊的控件和选择器。它们为用户提供了更好地插入格式正确的数据的方法。这有助于减少采取额外措施进行校验的需求，也会让用户的输入更加可靠。

提示 可以访问 W3Schools 网站，查看这种特殊输入类型的完整列表。

9.12.1 日期

date 输入类型如图 9-16 所示，单击它还可以调出一个日历供用户选择日期（如图 9-17 所示）。浏览器在输入框中显示的内容取决于用户的语言环境（根据浏览器判断的用户所在地域）。日期发送时使用的是 YYYY-MM-DD 格式[①]。

```
<input type="date"
→name="release-date" />
```

可以使用 min 和 max 属性让用户只能选择特定范围内的日期：

```
<input type="date" name="release"
→min="1937-12-21" max="1992-11-11" />
```

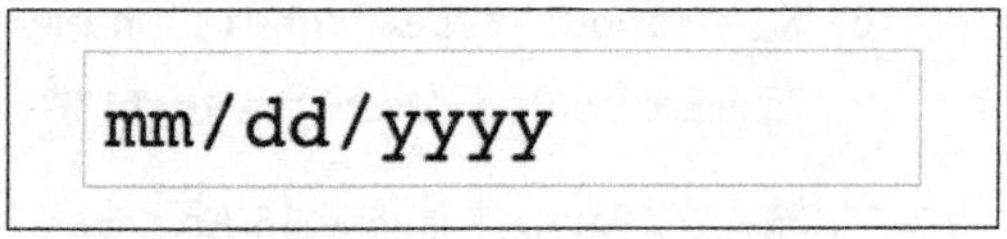

mm/dd/yyyy

图 9-16　日期字段，其本地化环境为 "en-US"，表示 "英语（美国）"

图 9-17　由 Chrome 实现的日期选择器

注意，min 和 max 属性只会影响日期选择器，但用户仍然可以手动输入任何日期，即使该日期不在限定范围之内。如果要对用户输入进行限制，便有必要使用 JavaScript 进行校验。

还有一些与日期和时间相关的输入类型，如下所示。

☐ datetime-local（本地日期时间）：让用户选择日期和时间，但不包括时区。这意味着，即使你在纽约，而你的用户在伦敦，你们也会看到相同的日期和时间输入。

☐ time（时间）：让用户选择不包含时区的时间。

☐ month（月份）：让用户选择年份和月份。

☐ week（星期）：让用户选择年份和星期序号。

[①] Y、M、D 分别代表年（year）、月（month）、日（day），YYYY 代表四位数的年份（如 2021），MM 代表两位数的月份，DD 代表两位数的日。——译者注

在本书撰写之际，month 和 week 还没有得到全部浏览器的支持，但所有主流浏览器均支持它们。如果浏览器不支持它们，它们将显示为文本字段。

在获取表单中的时间的时候，由于不支持时区，因此时区信息需要用其他方式捕获。如果你不希望用户更改时区（这对于本地活动非常有用），则可以对时区使用隐藏字段。如果允许用户自行选择时区，则可以使用选择框。

9.12.2　颜色

color 输入类型让用户通过颜色选择器来选择颜色（如图 9-18 所示）：

```
<input type="color" name="carpet-color"
→value="#FF0000" />
```

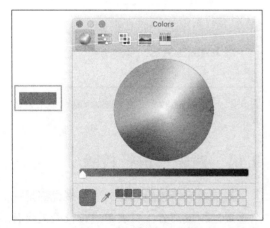

图 9-18　由 Chrome 实现的颜色选择器（另见彩插）

颜色值是由七个字符构成的代码，它使用十六进制（第 14 章将详细讲解）。如果不指定其他值，则 color 的默认值为黑色。

9.12.3　范围

range 输入类型会创建一个滑动控制器，让用户可以拖动滑杆来调整参数的值。你可以设置 min 和 max 属性来限定值的范围（如图 9-19 所示）。min 和 max 的默认值分别为 0 和 100。

```
<input type="range" name="rating"
→min="0" max="10" />
```

图 9-19　由 Chrome 实现的范围字段

还可以设置 step 属性。该属性用于为数值指定特定的增量，默认为 1。尽管 date 输入类型也支持 step 属性，但最好将该属性用于不需要特别精确的数值的地方，如音量控制器。

为字段分组

如果表单很长，那么可以通过 <fieldset> 和 <legend> 这两个组织性元素让用户更容易浏览你的表单。

你可以将任意数量的表单字段和标签放入一个 <fieldset> 元素中。默认情况下，一个 <fieldset> 元素周围将带有一个灰色边框。

接着，你可以使用 <legend> 元素为 <fieldset> 添加小标题。默认情况下，<legend> 的文字将插入 <fieldset> 的顶部边框（如图 9-20 所示）。

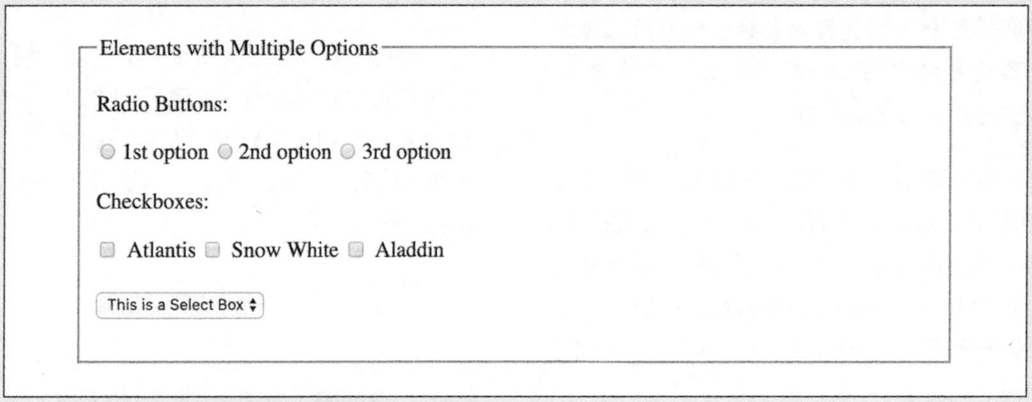

Elements with Multiple Options

Radio Buttons:

○ 1st option ○ 2nd option ○ 3rd option

Checkboxes:

☐ Atlantis ☐ Snow White ☐ Aladdin

[This is a Select Box ⇕]

图 9-20　带有 `<legend>` 的 `<fieldset>` 元素

9.13　`<meter>` 元素

`<meter>` 是一个很棒的元素，它以图形方式表示一个范围里的值。对于该元素可以接受的属性，需要了解的是 value（值）、min（最小值）和 max（最大值）。min 和 max 这两个属性是可选的。如果没有指定 min 和 max 的值，那么它们会分别使用默认值 0 和 1，这时 value 将是一个分数。如果定义了 min 和 max，那么它们就确定了 value 的范围。实际的 `<meter>` 元素如图 9-21 所示，它是由代码清单 9-2 生成的。

代码清单 9-2　两个 `<meter>` 元素的代码，其中一个指定了 min 和 max，而另一个没有这样做

```
<label for="fuel">Fuel level:</label>
<meter id="fuel" value="0.2">
    At 20%
</meter>

<label for="donations">Donations:</label>
<meter id="donations" min="0" max="100000"
→value="60000">
    at $60,000
</meter>
```

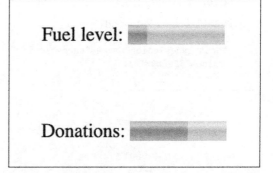

图 9-21　代码清单 9-2 创建的 `<meter>` 元素的效果

9.14　对表单进行校验

对表单进行校验对任何表单来说都是一个重要的组成部分。对表单进行校验主要有以下三种方法。

❑ HTML5 内置的格式校验，可以校验特定字段类型（如电子邮件、URL、电话号码等）的格式，也可以校验 required（必填）属性，还可以校验 pattern（模式）属性（如果需要的话）。

□ 使用 JavaScript 对用户输入的数据进行校验，尤其是在这些数据无法通过某种输入类型进行自动验证的时候。一个很好的例子是美国的邮政编码，它们应该遵循特定格式，但是没有与之对应的现成的输入类型。

□ 使用 PHP 这样的服务器端脚本进行校验。在该阶段进行校验不仅可以确保所有数据的格式是正确的，还可以在处理之前屏蔽恶意的黑客侵扰。尽管练习本书的示例并不需要了解服务器端验证，但一旦你开始学习如何编写服务器端代码，在处理表单时就需要牢记这一点。

就本书而言，使用内置的 HTML 校验就够了。当你开始需要进行更高级的表单处理时，则有必要了解如何使用 JavaScript 和服务器端语言进行校验。

JavaScript 和 PHP 不在本书的讨论范围之内，但是本书配套资源中有一些有用的文件可供参考使用。

这里介绍如何仅仅使用 HTML5 进行一些表单校验。

一个基本的表单校验项便是确保用户填写了必填字段。只需要添加一个 required

属性即可实现该功能：

```
<div>
<label for=first_name">First Name*:
→</label>
<input type="text" name="first_name"
→id="first_name" placeholder="First
→Name" required/>
</div>
```

提示 最好为用户提供明确的指示，告诉用户某个字段是必填的。常用的方法是在标签旁边加一个星号（*），也可以添加一个括号并在里面写上"必填"。

如果用户没有填写必填字段，现代浏览器将会显示一条错误消息（如图 9-22 所示）。

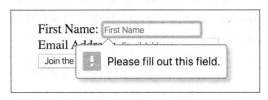

图 9-22　当一个必填字段没有填写时的错误提示消息

类似地，有很多带有自动校验能力的输入类型，如下所示。

□ email（电子邮件）：需要输入格式正确的电子邮件地址（如图 9-23 所示）。

□ url（URL）：需要输入有效的 URL 格式。

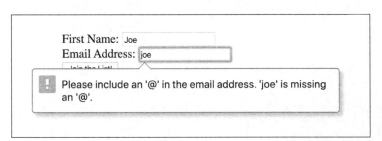

图 9-23　未输入有效的电子邮件地址时的错误提示消息

❏ number(数字):需要输入有效的数字。可以使用 min 和 max 属性设置特定的范围并让浏览器进行校验，代码如下所示：

```
<input type="number" name="age"
→mix="13" max="150" />
```

❏ tel（电话号码）：需要输入格式正确的电话号码。这需要用到 pattern 属性。

对于 HTML 内置校验所用到的属性，最后一个需要了解的是 pattern 属性。使用该属性需要**正则表达式**（regular expression，简称 regex）相关知识。正则表达式可以校验任何输入格式。下面是美国电话号码格式的校验方法：

```
<input type="tel" name="phone_number"
→id="phone_number"
→pattern="[0-9]{3}-[0-9]{3}-[0-9]{4}"/>
```

提示 正则表达式是一种通过定义文本格式来执行复杂的文本匹配的方法。例如，正则表达式 [0-9]{3} 的意思是"0 到 9（含 0 和 9）的任意 3 个数字"。要学习正则表达式，参见 RegexOne 网站。

9.15 小结

关于表单，还有很多内容需要了解。不过，由于 HTML5 和浏览器技术的进步，如今使用纯 HTML 便可以做到很多以前做不到的事情。

建议你尝试使用所有不同的输入类型和数据类型，从而清楚地了解它们的工作方式。你将发现，完全可以通过它们构建出令人满意的交互式网页。

第 10 章

高级实验性功能

HTML 一直在演化和发展，以满足现代 Web 开发人员、用户和设备的需求。在这方面，srcset 属性就是一个很好的例子，该属性通过结合 <img> 和 <source> 元素，让我们可以将多张图像用于一处。

这个功能并不属于原始的 HTML5 规范，但由于很多人对其有需求，并对它的提案投了票，因此 HTML5 将它纳入规范。本章将介绍一些很酷的 HTML5 内置高级功能、现在有哪些功能是可用的，以及如何开始使用这些实验性功能。

本章内容

- ❑ 事关浏览器的支持情况
- ❑ 高级元素
- ❑ 实验性功能
- ❑ 小结

10.1 事关浏览器的支持情况

现在你应该已经清楚，网页的呈现形态

和工作方式在很大程度上取决于访问者所用的浏览器。使用同一套标记的页面在不同浏览器中的外观可能会有所不同（如图 10-1 所示）。

图 10-1　同一个网页在 Chrome 中和在 Firefox 中的样子

造成这种现象的原因，可能是某些浏览器先于其他浏览器支持某个新功能，或者不同浏览器对某个新功能的实现并不完全相同。

HTML 的新功能及其原理由 HTML 规范（specification，简称 spec）进行描述。有了规范之后，浏览器将会对其进行实现。近年来，随着浏览器开发者的共同努力，规范实现之间的差异变得越来越小了，这是一个很大的进步。

不过，仍然应该谨记，一些浏览器可能会比其他浏览器更早地支持某个新功能，同时，某个功能在正式纳入 HTML 规范之前，其实现情况在不同的浏览器中可能会有差异。

10.1.1　通过 Can I Use 网站检查浏览器支持情况

Can I Use 网站是一个检查浏览器支持情况的绝佳地方（如图 10-2 所示）。

当在该网站查找 HTML 和 CSS 的标签或属性时，它会为你提供一份关于其用法和浏览器支持情况的完整报告。此外，该报告还包含了其他一些有用的信息，如标签或属性的整体使用情况统计、哪些浏览器提供部分支持、当前已知问题等。

提示　开始使用 CSS 后，你将发现 Can I Use 网站特别方便且有用。

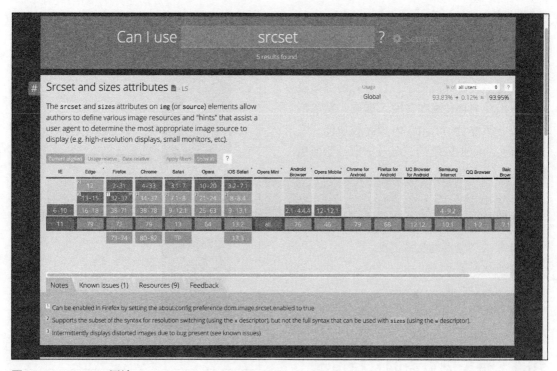

图 10-2　Can I Use 网站

如果你想在网站上应用某个功能（尤其是新功能和实验性功能），又不确定其支持范围如何，便可以使用该网站。

10.1.2　回退与 polyfill

如果你想要使用一个并非所有浏览器都支持的 HTML 功能，可以引入回退或 polyfill[①]作为临时应对方案。

回退（fallback）指的是为当前浏览器不支持的某些代码或内容提供的替代性代码或内容。它等于告诉浏览器："如果你不理解那一段代码，请改用这一段代码"。

HTML 是非常包容的，因此，不支持的标记将被直接忽略。对于 Web 开发人员来说，这非常有用，因为这意味着，如果你想使用 srcset 之类的东西，就直接用吧——只要确保同时引入标准的 src 属性，作为对尚未支持 srcset 的浏览器的一种回退就可以了。

大多数元素如此。有的元素有默认的回退（例如浏览器不支持的表单元素都默认为文本框类型），有的可以自行建立回退（如上述 srcset 结合 src 的例子）。后文还将讲到，你甚至可以自定义一条错误提示，告诉用户他们的浏览器不支持某项功能。上述这些方法都可以帮你防止网站在旧版浏览器中出问题。

你还可以用添加 polyfill 的方法。Mozilla（创建 Firefox 浏览器的公司）这样定义 polyfill：polyfill 是一段代码（通常是 Web 上的 JavaScript），用来为旧版浏览器提供它没有原生支持的较新的功能。

polyfill 的基本用法是，下载一段代码，从而让旧版浏览器可以支持较新的元素。虽然编写 JavaScript 超出了本书的讨论范围，但这里还是可以提供一个例子——使用 polyfill 让旧版浏览器支持 srcset。可以从 Picturefill 主页下载 picturefill.js 这个 polyfill。在 HTML 的 head 标签里使用 <script> 元素，便可以在其中输入既非 HTML 也非 CSS 的代码（最常见的就是 JavaScript）。<script> 元素的作用与 <style> 元素非常相似。后者将在介绍 CSS 时进行讲解。在本章的示例中，<script> 元素用于提取外部的 JavaScript 文件。

假设 picturefill.js 文件在根目录中，请将下面中间一行代码添加到 <head> 元素中：

```
<head>
    <script  src="picturefill.js">
    →</script>
</head>
```

这段脚本会检查用户的浏览器是否支持 srcset；如果浏览器不支持，这段脚本也会让你可以使用 srcset 属性。

---

① polyfill 在英语中有垫片的意思，意为兜底的东西。后文将介绍它在 Web 开发领域的含义。——译者注

10.2　高级元素

那么，什么样的元素才算是高级 HTML 元素呢？在我看来，那些虽被 HTML5 支持但又需要一些额外的东西（通常是 JavaScript）才能运行的元素，才算是高级元素。关于 JavaScript 的知识，一本书都讲不完，因此这里不会对 JavaScript 着墨太多。

10.2.1　<canvas> 元素

<canvas>（画布）元素可以让你通过编写 JavaScript 来创建图形（如图 10-3 所示），甚至让用户用鼠标在网页里实时绘制图形。

图 10-3　用 <canvas> 元素绘制的房子

这里给出的示例用到了大量 JavaScript。HTML5 提供了实时执行 JavaScript 以进行图形绘制的环境，还有一套帮你完成绘制的功能函数。通过这个例子足以见得现在的 HTML 和浏览器已经变得多么强大。

10.2.2　添加对离线存储的支持

由于 HTML5 在移动设备上的广泛应用而演化出来的一项重要功能，便是对离线存储的支持。离线存储意味着你可以访问浏览器的本地存储空间，并在其中保存一些内容，以应对用户设备网络断开的情况（图 10-4 便是一个例子）。

让你的网站支持离线存储，还可以让你在用户的设备上存储一些资源，从而加快网站的访问速度。

数据的离线存储和访问确实会用到一些 JavaScript，但相关代码非常容易理解。下面的任务展示了离线存储的基本思想，它以我们在 9.5.1 节中用到的构建搜索框的示例代码为基础。

图 10-4　网络断开时，Twitter 网站使用离线存储功能，仍能显示相应的页面

10.2.3　离线存储数据

(1) 在 head 开始标签和结束标签之间输入 <script>。

这个标签将告诉浏览器，接下来的代码是 JavaScript，要按 JavaScript 进行处理。

(2) 输入 localStorage.setItem("last-Search", "Atlantis");。

在第 9 章中我们创建了一个搜索框，并填入了 "Atlantis" 一词。这个例子是以那一段示例代码为基础的。

localStorage.setItem 会创建一个键值对。关于变量的知识，第 11 章将做更多介绍，此时你只需要知道我们存储的内容项的名称为 "lastSearch"，其值为 "Atlantis"。

(3) 输入 </script>。

这样做不会在网页上产生任何可见的变化，但会告诉浏览器："存储这个信息，以防网络断开。"

访问离线存储的信息也非常简单。

10.2.4　访问离线存储的内容

(1) 在 <body> 标签后输入 <div id="last-search">。

这里使用了含义较为通用的 div，是因为这并不属于网站的具体内容。这里的 id 属性则提供了这些信息的名称。

(2) 输入 <script>。

(3) 输入 document.write(localStorage.getItem("lastSearch"));。

document.write 让 JavaScript 在浏览器中显示一段文本，让用户可见。这跟 HTML 不一样。在 HTML 中，所有非标签内容都会直接显示出来，而对于 JavaScript，你需要明确指出什么时候显示什么内容。

localStorage.getItem 让 JavaScript 找到我们在上一个任务中存储的内容项。

(4) 输入 </script>。

(5) 输入 </div>。

(6) 在浏览器中打开 HTML 文件，查看结果（如图 10-5 所示）。

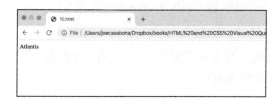

图 10-5 通过离线存储取到的数据

离线存储的一个很好的例子是 Twitter 的移动端 Web 应用。一旦你访问过该网站，之后继续使用该网站便只需要加载新的推文，而大部分界面（如页眉、标志、导航等）无须刷新，因为它们已经存储在设备上了。

sessionStorage

有些信息跟 localStorage 存储的信息相比临时性更强，如果要为这样的信息进行在线及离线存储，可以使用 sessionStorage（会话存储）。目前，sessionStorage 已经是 HTML 的一部分了。

只要浏览器没有关闭，页面就会维持一个会话（session）。即便页面重新加载了，会话仍会保持。如果你访问某个网站，刷新某个页面后，发现该页面记住了之前提供的某些数据，那么该页面便可能存储了会话数据。

sessionStorage 的工作方式与 localStorage 相似，只不过使用 localStorage 时，数据存储在用户设备上，即使关闭浏览器，数据也将保留，而关闭浏览器或重启设备后，sessionStorage 的数据将被删除。

10.3 实验性功能

HTML5 规范是一个动态更新的文档。基于开发人员、公司以及个人的提案，HTML5 规范一直在变化和更新。

我们通常很难明确地知道哪些新功能正在开发，哪些已被纳入规范，哪些已成为正式功能。

对于这样的信息，Can I Use 网站是一个很好的资源，尤其是它的新闻页面。

如今，很多为 HTML 开发的高级功能是应用编程接口（application programming interface，API）。这些 API（如画布元素、离线存储）都借助了 JavaScript。不过，有一个很棒的功能使用起来就像使用属性一样容易。

10.3.1 延迟加载

延迟加载（亦称懒加载，lazy loading）是一种用于仅下载和显示用户在浏览器窗口中看到的网页部分的技术。它让浏览器仅下载需要的内容，从而加快网页加载速度。

以前只能使用 JavaScript 等脚本语言来实现这样的效果。但是，目前该功能已被浏览器原生支持了（如图 10-6 所示）。

10.3.2 为图像添加延迟加载

(1) 输入 `<img src="space.jpg"`。

(2) 输入 `loading="lazy"`。

该属性就是奇迹发生的地方。这样做会告诉浏览器，该图像应该延迟加载。当浏览器知道此信息后，就会判断图像是否位于用户的视口（viewport，即浏览器窗口可见区域），若是，则加载该图像。

(3) 输入 `alt="This is outer space." />`。

就这样，现在只有当用户将页面滚动到该图像附近时，浏览器才会下载并显示该图像。

10.4 小结

了解了 HTML 的一些高级功能之后，本书的 HTML 部分便结束了。现在，你已经可以对页面进行标记，在网页上显示文本和媒体，构建表单，等等。

不过这还只是成功的一半。现在你已经掌握了网站的"功能"方面，接下来我们看看网站的"形式"方面，即用 CSS 来塑造网站的外观。

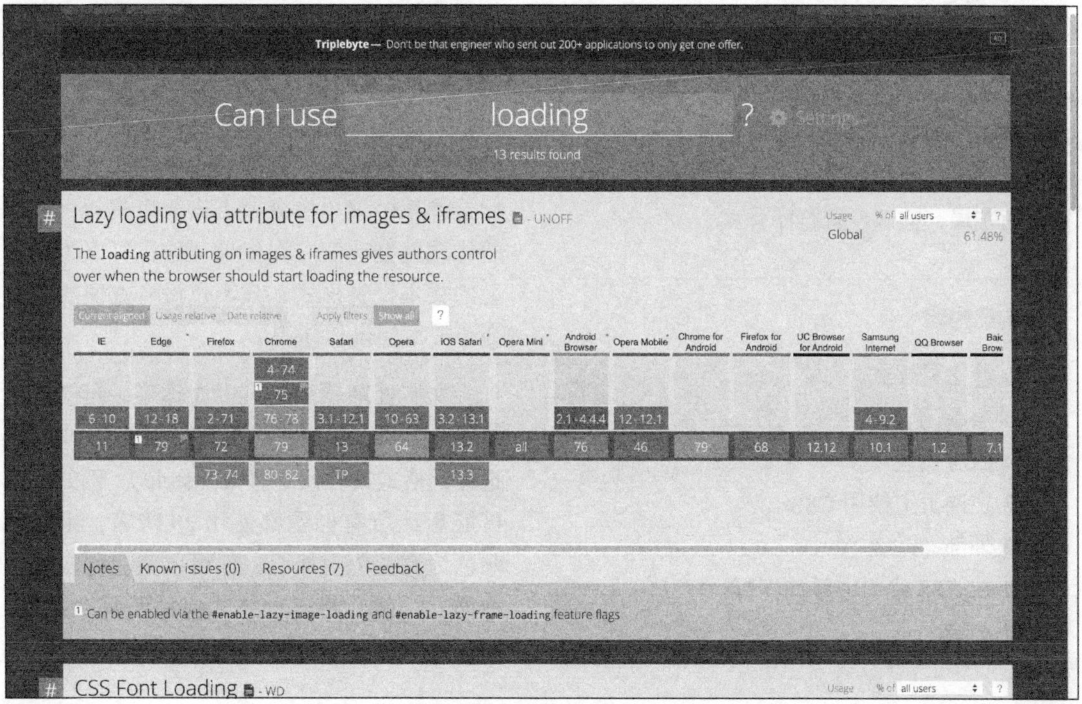

图 10-6　Can I Use 网站上显示的延迟加载的原生支持情况

第 11 章

CSS 简介

到目前为止，你已经掌握了 HTML，知道了如何搭建网站的结构。不过，你可能也注意到了，本书还没有对样式和设计做过多讨论。如果说 HTML 提供了网页的功能，那么 CSS 就定义了网页的形式。

CSS 可以定位 HTML 元素，为其应用不同的样式，从而改变网页的外观。你很快就会学到如何用 CSS 改变字体、颜色、大小等。此外，CSS 还可以用来改变元素的位置，设置页面布局，甚至设置打印样式。

本章内容

❑ 什么是样式
❑ 层叠的含义
❑ CSS 语法
❑ 在网页上使用 CSS
❑ 外部样式表
❑ 在 CSS 代码中添加注释
❑ 小结

11.1　什么是样式

当我们谈论网站样式的时候，这里的样式到底指的是什么呢？第 1 章曾用 Microsoft Word 文档类比基于 HTML 的网页。

如果你曾经在 Word 中设置过文本格式（如改变文本颜色，选择新的字体等），那么你就对文本应用了样式。在 Word 中执行这种操作非常容易，只需要选中一些文本，然后选择某个菜单命令或点击某个按钮，文本的样式就会改变。类似地，你也可以为网页上的文本设置样式，只不过没有方便的菜单命令或按钮供你使用。

文字处理软件还可以让你将一组格式设置保存下来，从而可以将其应用于多个项目。这样的格式集合便是**样式**（style）。例如，你可能想让所有标题都使用 20 磅字、粗体且颜色为亮蓝色。那么，你可以为标题定义这种样式，然后将这种样式应用于每个标题，而不需要为每个标题手动设置那些格式项。

就像我们编写 HTML 代码为网页提供整体结构，为了更改网页内容的样式，我们需要编写另一种代码，即 CSS（cascading style sheet，层叠样式表）。

CSS 用代码来定义应用于网页元素的样式。这些代码语句的集合便是**样式表**（style sheet）。样式表可以放在它们所应用的 HTML 文档里，也可以放在单独的文本文件里。

CSS 样式既可以应用于行内元素，也可以应用于块级元素。我们继续拿文字处理软件作类比，应用于行内元素的样式类似于字符样式（只影响特定的字母或单词），而应用于块级元素的样式则类似于段落样式（影响整个段落）。

11.2　层叠的含义

CSS（层叠样式表）的一个重要概念便是名称中的"层叠"。"样式表"指的是定义样式的文件，这很容易理解。那么，"层叠"是什么意思呢？

这个词很容易让人联想到瀑布的概念，因为这个词最常用于形容瀑布。一般来说，层叠可以理解为级级下落的瀑布。

每当我们在样式表中添加一条信息的时候，都意味着这条信息是在先前信息的基础上建立的，先前的信息将传递下来。

简而言之，CSS 概念中的"层叠"意味着样式是按照浏览器检查样式时遇见它们的顺序进行应用的。如果你在 CSS 的第 1 行代码中定义段落文字要显示为红色，又在第 10 行中声明段落文字要显示为绿色，那么结果是段落文字将显示为绿色。

理解层叠概念的重要性

理解层叠的概念对构建网站的样式以及修复样式上的疑难问题都非常重要。不仅文档后面定义的样式会优先于文档前面定义的样式，而且一个样式还可以建立在另一个样式的基础之上。当我们设置字号大小时，便可以明显地感受到这一点。

提示　"CSS"和"样式表"这两个词通常可以互换使用。

在 CSS 中，你可以定义类似于这样的语句："我想让段落文本的字号比默认字号大两倍"。如果你不理解层叠的概念，便很有可能得到意外的结果（如图 11-1 所示）。

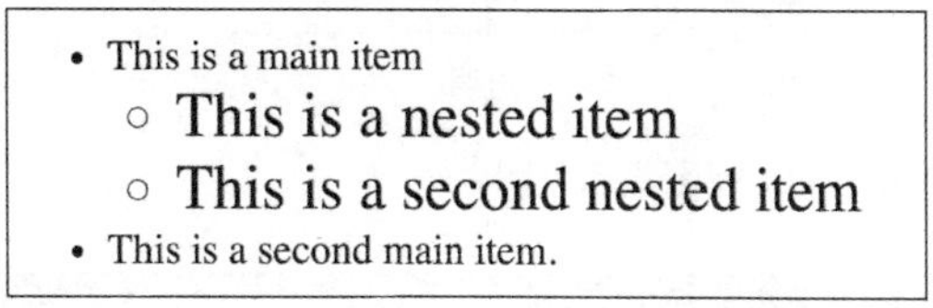

- This is a main item
  - This is a nested item
  - This is a second nested item
- This is a second main item.

图 11-1　在这个例子中，由于 CSS 中的错误，嵌套的列表所用字号比主列表的字号要大，而这并不是我们想要的效果

理解了这些，我们便可以开始学习如何编写 CSS 了。

提示　不同的 Web 浏览器对层叠的处理方式不尽相同。关于这一点的更多信息，见 16.4 节。

11.3　CSS 语法

CSS 语句（也称规则集）包含几个部分。下面是一个规则集的例子：

```
p {
    font-size: 20px;
    color: red;
}
```

首先是一个**选择器**（selector），接着是一个左半边大括号，然后是**属性**（property）、冒号和属性的**值**（value）。每一个属性和值共同构成了一条**声明**（declaration）（如图 11-2 所示）。每一条声明都以分号结尾。一个规则集可以有多条声明。为了便于阅读，我们将每一条声明都放在单独的一行。

声明结束之后，则是一个右半边大括号。一对大括号之间的所有内容合称为**声明块**（declaration block）。

选择器是你要应用 CSS 样式的 HTML 元素。这一行为也叫**定位**（targeting）元素。有很多定位元素的方式。在本章你只需要使用元素名称（如 **p**、**h1** 等）。第 12 章将谈到，还可以根据元素的属性（主要是它们的类名）来定位元素。

使用 CSS 可以灵活地将网站设计成几乎任何想要实现的效果。CSS Zen Garden 网站很好地诠释了这一点（如图 11-3 所示）。

CSS Zen Garden 的构想是让不同的人为同一份 HTML 标记提交不同的样式表，旨在让这些样式彼此尽可能地不同。如果你逐个查看这些不同的样式，就会发现它们已经实现了该目标。

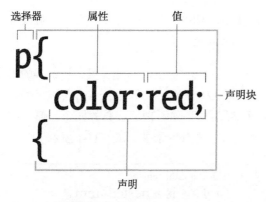

图 11-2　规则集示意图

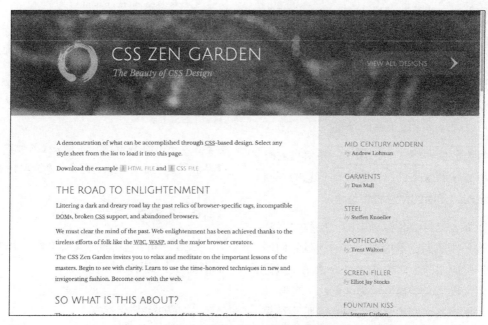

图 11-3　CSS Zen Garden 是一个很受欢迎的网站，它清晰地展现了 CSS 的强大之处

11.4 在网页上使用 CSS

为网页应用 CSS 主要有两种方法：

- 在 HTML 文档中使用，作为**内部样式表**（internal style sheet）；
- 作为单独的文件，即**外部样式表**（external style sheet）。

11.4.1 内部样式表

要创建内部样式表（即直接嵌入要应用样式的页面中的样式表），需要使用 `<style>` 标签。通常将其放置在 head 开始标签和结束标签之间，不过，在 `</html>` 标签之前的任何位置都可以引入它。该标签可类似于下面这样：

```
<style>
    p {
        font-size: 20px;
        color: red;
    }
</style>
```

这样的样式可以视作一次性的，即仅用于所在页面的样式。

11.4.2 使用内部样式表为网页添加 CSS

你可以使用任何 HTML 文件为基础来完成此任务。如果你想找一个基础文件，可以使用本章随书资源 internal-style.html。

(1) 在 `</head>` 结束标签之前的一行输入 `<style>`。

(2) 输入要应用样式的元素的选择器，此时请输入 p。

(3) 输入左半边大括号（`{`）以开始声明块。

接下来添加字号大小和颜色这两个属性。请将每个属性放在单独的一行。

(4) 输入 `font-size: 20px;`。

(5) 输入 `color: red;`。

(6) 输入 `}`，结束声明块和样式规则。

(7) 输入 `</style>`。

生成的标记如图 11-4 所示。

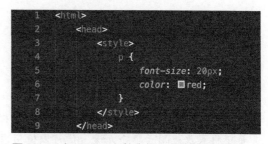

图 11-4 在 HTML 文件中插入的内部样式表

该页面的效果类似于图 11-5（内容取决于所使用的文件）。

前

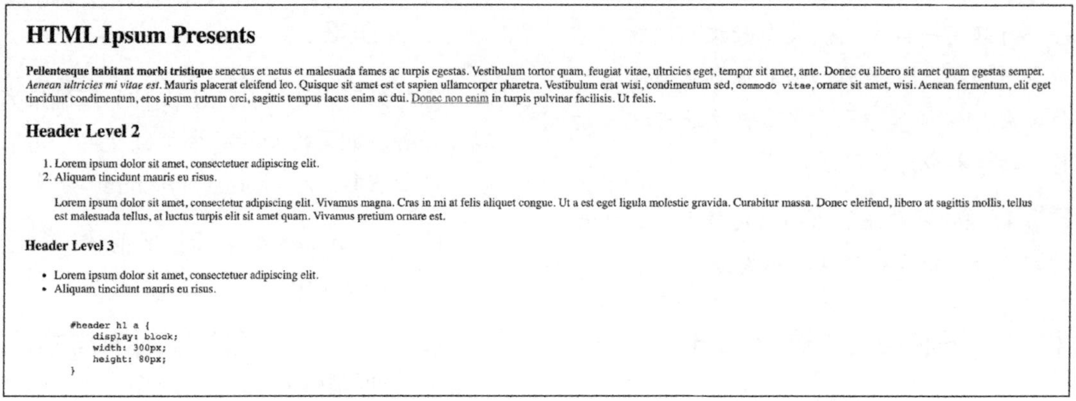

HTML Ipsum Presents

Pellentesque habitant morbi tristique senectus et netus et malesuada fames ac turpis egestas. Vestibulum tortor quam, feugiat vitae, ultricies eget, tempor sit amet, ante. Donec eu libero sit amet quam egestas semper. *Aenean ultricies mi vitae est.* Mauris placerat eleifend leo. Quisque sit amet est et sapien ullamcorper pharetra. Vestibulum erat wisi, condimentum sed, `commodo vitae`, ornare sit amet, wisi. Aenean fermentum, elit eget tincidunt condimentum, eros ipsum rutrum orci, sagittis tempus lacus enim ac dui. Donec non enim in turpis pulvinar facilisis. Ut felis.

Header Level 2

1. Lorem ipsum dolor sit amet, consectetuer adipiscing elit.
2. Aliquam tincidunt mauris eu risus.

> Lorem ipsum dolor sit amet, consectetur adipiscing elit. Vivamus magna. Cras in mi at felis aliquet congue. Ut a est eget ligula molestie gravida. Curabitur massa. Donec eleifend, libero at sagittis mollis, tellus est malesuada tellus, at luctus turpis elit sit amet quam. Vivamus pretium ornare est.

Header Level 3

- Lorem ipsum dolor sit amet, consectetuer adipiscing elit.
- Aliquam tincidunt mauris eu risus.

```
#header h1 a {
    display: block;
    width: 300px;
    height: 80px;
}
```

后

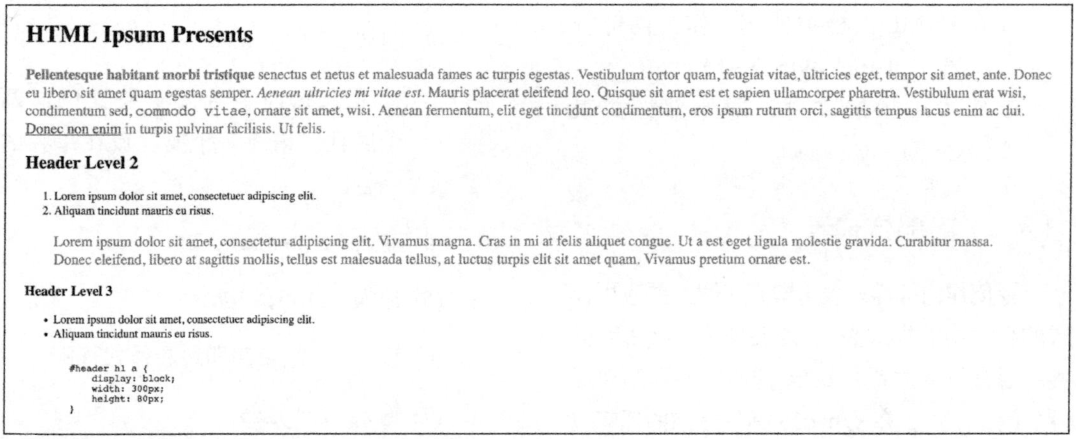

HTML Ipsum Presents

Pellentesque habitant morbi tristique senectus et netus et malesuada fames ac turpis egestas. Vestibulum tortor quam, feugiat vitae, ultricies eget, tempor sit amet, ante. Donec eu libero sit amet quam egestas semper. *Aenean ultricies mi vitae est.* Mauris placerat eleifend leo. Quisque sit amet est et sapien ullamcorper pharetra. Vestibulum erat wisi, condimentum sed, `commodo vitae`, ornare sit amet, wisi. Aenean fermentum, elit eget tincidunt condimentum, eros ipsum rutrum orci, sagittis tempus lacus enim ac dui. Donec non enim in turpis pulvinar facilisis. Ut felis.

Header Level 2

1. Lorem ipsum dolor sit amet, consectetuer adipiscing elit.
2. Aliquam tincidunt mauris eu risus.

> Lorem ipsum dolor sit amet, consectetur adipiscing elit. Vivamus magna. Cras in mi at felis aliquet congue. Ut a est eget ligula molestie gravida. Curabitur massa. Donec eleifend, libero at sagittis mollis, tellus est malesuada tellus, at luctus turpis elit sit amet quam. Vivamus pretium ornare est.

Header Level 3

- Lorem ipsum dolor sit amet, consectetuer adipiscing elit.
- Aliquam tincidunt mauris eu risus.

```
#header h1 a {
    display: block;
    width: 300px;
    height: 80px;
}
```

图 11-5　将上述 CSS 应用于网页的前后效果对比（另见彩插）

如果你只需要设计一个页面，或者你要应用的样式仅限于特定页面，这种方法确实很好。但是，如果多个页面使用某些相同的样式，该怎么办呢？这就要用到 .css 文件了。

内联样式

还有第三种使用 CSS 的方法，即内联样式。不过如今这种方法已很少使用了。如果你希望样式仅应用于单个元素，便可以使用内联样式。通过内联样式，你可以将样式信息直接嵌入到元素的标签之中。

例如你只想对某一个段落添加样式以让它突出显示，便可以使用内联样式为它赋予鲜艳的色彩并增大字号。代码如下所示：

```
<p style="color: chartreuse; font-size: 64px;">
```

内联样式的语法与"常规"CSS 相似,只不过它位于元素开始标签里的 style 属性内,而该属性的值便是一系列 CSS 语句。

通常认为使用内联样式是一种不好的习惯,因为这样做会让样式信息与 HTML 和内容混杂在一起,让代码的修改和维护变得很困难。

11.5 外部样式表

可以将所有先前放在 `<style>` 标签里的 CSS 放到一个扩展名为 .css 的单独文件中。然后,可以在 HTML 中使用 `<link>` 标签引用该文件。

如果将 CSS 文件命名为 style.css,那么引用该文件的 HTML 代码可能如下所示:

```
<link rel="stylesheet"
→href="style.css" />
```

`<link>` 标签在这里使用了两个属性。

☐ rel 指定了当前文档和被引用文档之间的关系。这里我们指明,引用的是样式表。

☐ href 是一个相对 URL 或绝对 URL。

在 style.css 文件中,只需要有 CSS 规则集,不需要有 `<style>` 标签。

提示 有很多组织 CSS 文件的方法。很多人会为样式表创建一个单独的文件夹,并为不同区域的 CSS 创建单独的文件。对本书的例子而言,所有 CSS 都放在一个文件中。

将内部 CSS 移至外部文件

(1) 在 HTML 文件中,复制 `<style>` 和

`</style>` 标签之间所有的 CSS。

在上面的示例中,要复制的 CSS 是:

```
p {
    font-size: 20px;
    color: red;
}
```

(2) 在文本编辑器中创建一个名为 style.css 的新文件。将该文件保存在与 HTML 文件相同的文件夹中。

(3) 将复制的样式粘贴到 style.css 中。

(4) 回到 HTML 文件,删除 `<style>` 和 `</style>` 之间的所有代码。

(5) 输入 `<link rel="stylesheet" type="text/css" href="style.css" />`。

这样就完成了从外部文件引入 CSS 的工作。从现在开始,除非另有说明,这种方式就是我们编写 CSS 的方式。

11.6 在 CSS 代码中添加注释

同 HTML 一样,你也可以在 CSS(无论是内部样式表还是外部样式表)中插入一些非功能性文本。这样便可以在代码中添加一些笔记和文档说明。下面即为 CSS 注释:

```
/* This is a CSS Comment */
```

每条注释都以一个正斜杠(/)和星号(*)开头，然后是注释文本，最后以另一个星号(*)和正斜杠(/)结束。上面看到的是单行注释，实际上也可以添加多行注释：

```
/* This is
a comment that spans
multiple lines. */
```

可以使用 CSS 注释为样式添加描述，说明 CSS 文件的特定用途，为作者署名，或指示代码的不同部分（如果样式表特别长的话这样做很有用）。

11.7 小结

利用 CSS 可以设计出独一无二的网站。

接下来的几章将介绍如何定义各种各样的样式，创建令人惊叹的布局，以及一些节省时间的快捷方式。

不过，在学习这些之前，首先需要了解如何定位元素。

第 12 章

定位元素

为网站添加样式的难点在于理解如何定位元素，以及定位元素会对样式表其余部分产生哪些影响。

比较简单的是，你可以定位任何一种 HTML 元素，并对其应用一套样式。除此之外，你还可以定位某种元素里面的元素、具有特定属性的元素，等等。

通过本章的学习，你可以非常具体地指定要定位的网页元素。

本章内容

☐ 通过标签定位元素
☐ 按类定位元素
☐ 层叠、继承和父子关系
☐ 通过元素之间的关系选择元素
☐ 层叠的特殊性和优先级
☐ 用特定的属性定位元素
☐ 高级定位方法
☐ 小结

12.1 通过标签定位元素

对于定位 HTML 中的元素，最容易理解的方式便是使用标签——p、h1、ul 及任何 HTML 标签。第 11 章中的示例用的便是这种方式，这样做会定位该元素的每一个实例。因此，如果你定位 <p> 标签，而段落一共有七个，那么所有这些段落都将应用你为段落元素定义的样式。

> **提示** 这种方式也称**类型选择器**（type selector）。

12.1.1 通过标签定位元素

(1) 在 style.css 文件中，输入要定位的元素的标签（不包括 < 和 >）。在这个例子中，即输入 p。

(2) 输入 {，开始样式声明块。每个规则集都包含在一对 { 和 } 之间。

(3) 输入 color:（你要定义的属性）。

(4) 输入 green;（color 属性的值）。

(5) 输入 }，结束样式声明。

这样，所有段落的文字都会变成绿色的（如图 12-1 所示）。

12.1.2 定位多个元素

还可以定位多个元素，只需将多个元素用逗号分隔即可。也就是说，如果你想让所有的段落、无序列表和有序列表都使用绿色文字，那么上面例子中的 CSS 代码将如下所示：

```
p, ul, ol {
    color: green;
}
```

效果如图 12-2 所示。

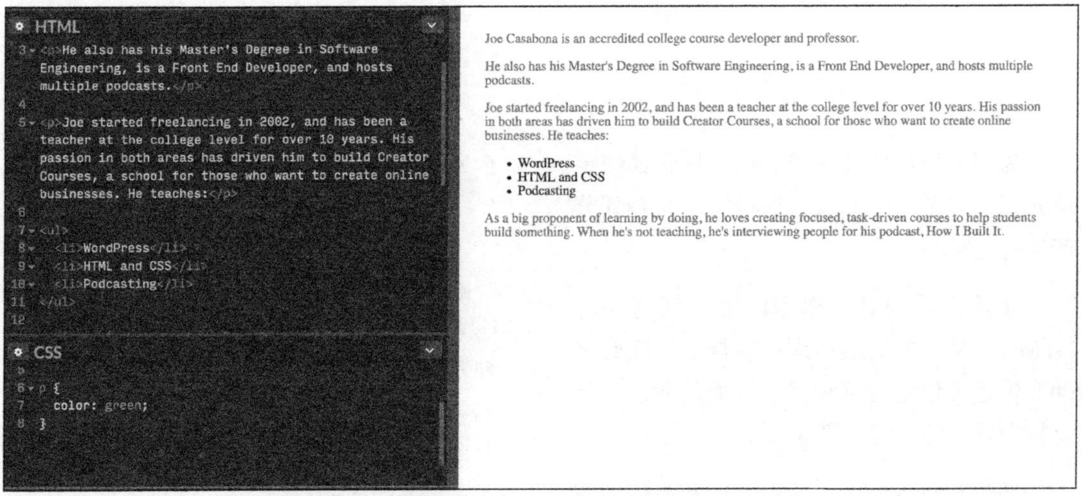

图 12-1 这个页面上所有的段落都采用了绿色文字样式（另见彩插）

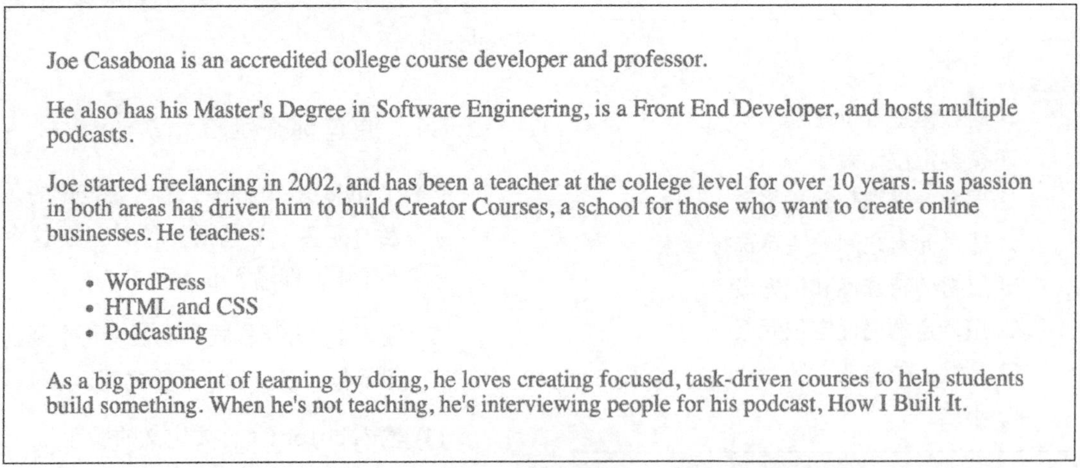

Joe Casabona is an accredited college course developer and professor.

He also has his Master's Degree in Software Engineering, is a Front End Developer, and hosts multiple podcasts.

Joe started freelancing in 2002, and has been a teacher at the college level for over 10 years. His passion in both areas has driven him to build Creator Courses, a school for those who want to create online businesses. He teaches:

- WordPress
- HTML and CSS
- Podcasting

As a big proponent of learning by doing, he loves creating focused, task-driven courses to help students build something. When he's not teaching, he's interviewing people for his podcast, How I Built It.

图 12-2 现在，所有的段落和列表（包括有序列表和无序列表）都使用绿色文字（另见彩插）

12.2 按类定位元素

如果你想定位一种元素中的某一些而非全部，最佳方式是为这些元素使用一种描述性标记。class 属性就是用来实现这一目的的：

```
<p class="standout">
```

我选择 standout 作为 class 属性的值（即类的名称），因为我想将应用此类的所有元素突出显示[①]。类的名称可以自由定义，但越来越多的 Web 开发人员形成了这样的共识：类的名称应该是描述语义的，而不是描述样式的。例如，不要仅仅因为对应的样式是将文本设为绿色，便设置 class="green"。如果将来某个时候需要将应用此类的文本改为红色，这个类的名称就没有意义了。

然后，在样式表中，便可以通过在类名前面加上句点（.）的方式来定位这个类了，如：

```
.standout {
    color: green;
}
```

这相当于说："对于任何类名为 standout 的元素，请将其文本颜色设为绿色。"

还可以将元素和类组合在一起使用，形成更加具体的选择，如"仅定位类名为 standout 的段落"：

```
p.standout {
    color: green;
}
```

12.2.1 让页面的第一个段落变大

(1) 在你的 HTML 文件中，找到第一个段落，然后输入 `<p class="intro">`，为它添加一个值为 "intro" 的 class 属性。

给每个页面的第一个段落都添加 intro 类，这样我们后面得以让它们的样式与其他段落不一样。

(2) 在 CSS 文件中新建一行，输入 `p.intro {`。

这样会让样式声明仅应用于类名为 intro 的段落。

(3) 输入 `font-size: 24px;`。

大多数浏览器的默认字号大小为 16px，因此，这样做会让任何类名为 intro 的 `<p>` 元素的文本都比默认文本要大。

(4) 输入 `}`。

(5) 保存 HTML 文件，在浏览器中打开它并查看结果（如图 12-3 所示）。

如果想引入一些特殊样式，或者突出显示某些文本，便可以使用类这种强大的工具。

[①] "stand out" 是 "突出显示" 的意思。——译者注

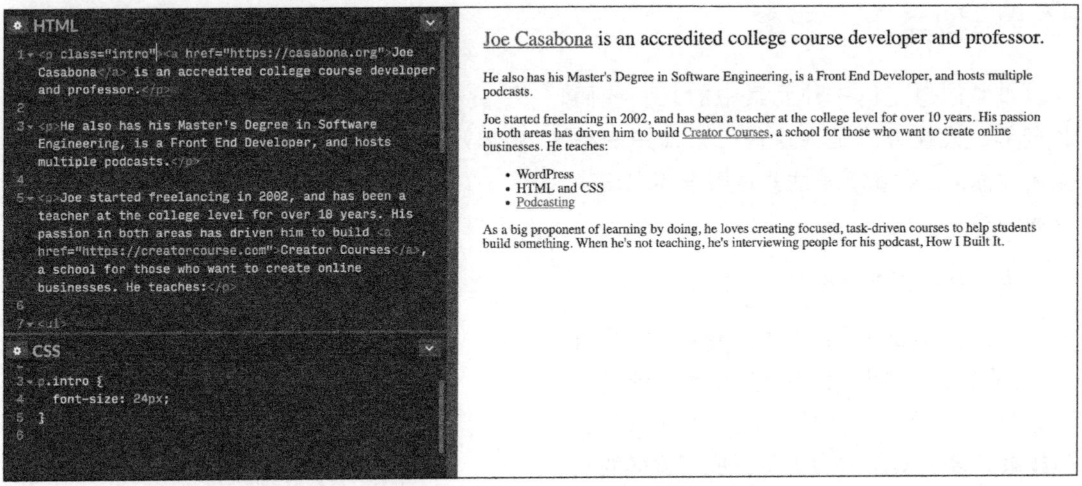

图 12-3　添加了新的类和样式之后，页面上的第一个段落现在比其他段落更大一些

12.2.2　定位多个类

就像定位多个元素一样，也可以使用以逗号分隔的列表的形式来定位多个类，如：

`.intro, .outro {...}`

如果一个元素具有多个类，便可以通过"菊花链"（daisy-chaining）的方式定位此类元素，如：

`.class-one.class-two {...}`

什么情况下要用这种方式呢？一个很好的例子是，如果已经有了一种基础样式，又想为某一种实例设置特殊样式。假设我们有一个名为 alert 的类，它具有下面这些属性（样式效果如图 12-4 所示，背景色为红色）：

```
.alert {
    background: red;
    color: white;
    font-weight: bold;
    padding: 5px;
}
```

This is an alert!

图 12-4　这是一个应用于段落的简单的 alert 类（另见彩插）

假设我们将这种样式定义为网站上警告框的默认样式。同时，对于某个警告框实例，又想使用蓝色背景。那么，便可以创建一个新的类，并设置背景色为蓝色：

```
.alert.blue-background {
    background: blue;
}
```

然后将这两种样式结合起来。在 HTML 文件中，代码为 `<p class="alert blue-background">`（效果如图 12-5 所示）。

This is a blue alert!

图 12-5　拥有蓝色背景的 alert 元素（另见彩插）

关于 CSS 类的命名约定，人们有过激烈的争论。一派认为"类的名称应当描述元素的内容"，另一派认为"类的名称应当描述所应用的样式"。随着越来越多语义化 HTML 元素的出现，以及越来越多 CSS 框架的诞生，这种争论依然激烈。

你可能已经注意到了，本章的示例同时使用了上述两种命名方式。实际上，使用哪种方式应当视情况而定。如果你想为某种元素应用特定样式，那么就可以使用相应名称（如 .green-text）。但是，如果你想为特定类型的元素创建规则集，而这种元素的样式是可更换的，那么就应该使用更具描述性的类名（如 .button、.alert）。

想要实现上面讲的为某种特殊的警告框设置蓝色背景的效果，也可以不使用在 CSS 中组合样式的方式。如果你想要的不仅仅是让某种警告框的背景色为蓝色，还可以将规则定义成下面这样：

```
.blue-background {
    background: blue;
}
```

在这种情况下，不需修改 HTML，依然可以实现预期效果。

提示 一定要将更为通用的类（在本例中为 .blue-background）放在要在 CSS 中修改的类（在本例中为 .alert）的后面。否则，由于层叠的关系，不太具体的类将覆盖更为通用的类。

12.3 层叠、继承和父子关系

第 11 章介绍了层叠的概念，在 CSS 样式表中，位置越靠后的规则集越优先应用于目标元素。但这只是层叠的一部分内容。

本章将介绍该主题其余内容，即根据定位元素的方式来确定应该应用的样式。前面介绍了如何定位元素和类，稍后将介绍更为特殊的定位方式。但在开始了解这些之前，你需要理解继承和 HTML 元素的族谱（如图 12-6 所示）。

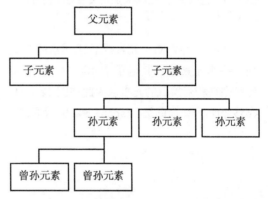

图 12-6　一个简单的元素族谱。子元素位于其父元素的"下方"，继承父元素的样式声明（仅限未被覆盖的声明）

几乎任何一组 HTML 标记都存在父元素包含子元素的关系。实际上，一个页面上的所有 HTML 标记都是 <html> 元素的后代。<html> 元素是文档的根元素，即族谱的起始点，或者说最顶层。

图 12-7 以可视化的形式表现族谱结构。在这个例子中，<article> 是该元素开始标签和结束标签之间所有元素的父元素。它具有三个子元素：一个 <h1> 和两个 <p>。第一个 <p> 包含一个子元素，即 <a>。第二个 <p>

有两个子元素：<span> 和 <b>。并且 <a>、<span> 和 <b> 也是 <article> 的孙元素，也可以笼统地称作后代。代码清单 12-1 则是这个例子在 HTML 中的体现。

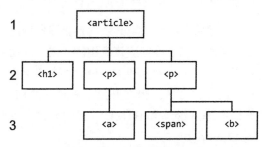

图 12-7　这张图可以帮你将族谱关系对应到 HTML 元素上来

还有一种判断子元素或后代元素的方式是看一个元素位于其他哪个元素中，而兄弟元素则是相互挨着的元素。因此在图 12-7 中，<h1> 和两个 <p> 同级，<span> 和 <b> 也同级。

12.4　通过元素之间的关系选择元素

可以根据族谱里面元素之间的关系来选择元素。例如，你可以仅选择特定父元素的后代作为目标。

12.4.1　仅定位特定元素的后代

(1) 输入父元素的选择器。例如仅定位段落内的链接，那么首先输入 p。

(2) 输入一个空格（这很重要）。

(3) 输入后代元素的名称，在这个例子中，输入 a。

(4) 输入样式的声明块。

完整的示例代码如下：

```
p a {
    background: lightgrey;
    color: darkblue;
}
```

这样做会将段落中所有锚标签的背景色变成灰色（如图 12-8 所示）。

如果你想为这些元素应用全站统一的样式，那么定位特定类型的元素便很有用。这种全站统一的样式即所谓的"基础"样式，包括：

- 全站文字颜色；
- 字体；
- 字号；
- 元素之间的间距；
- 标题大小。

任何你想应用于全局级别的内容都属于此范畴。

不过，如果你只想定位特定元素呢？下面介绍几种方法。

代码清单 12-1　一段反映图 12-7 所示族谱关系的 HTML 代码

```
<article>
    <h1>Welcome to Joe's Website!</h1>
    <p><a href="https://casabona.org">Joe Casabona</a> is an accredited college course
    → developer and professor.</p>
    <p>He also has his <span>Master's Degree in Software Engineering</span>, is a <b>Front End
    → Developer</b>, and hosts multiple podcasts.</p>
</article>
```

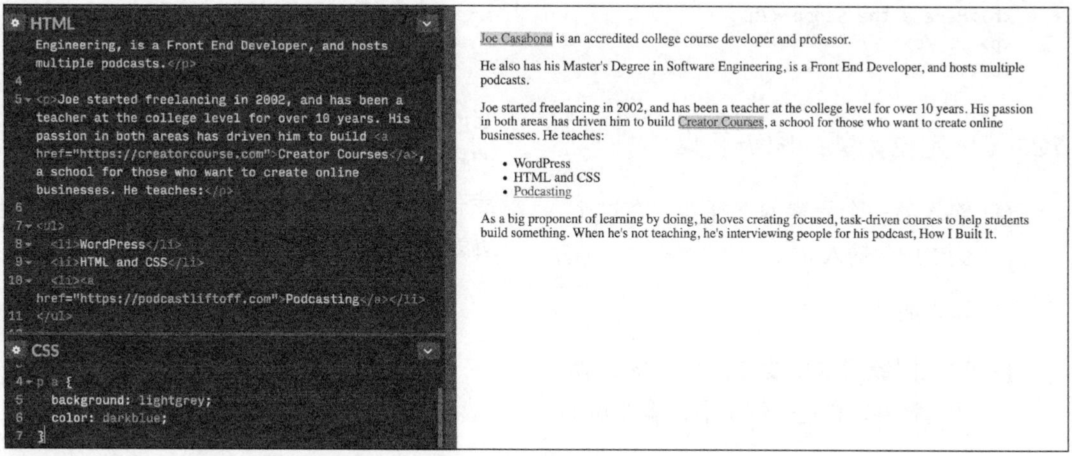

图 12-8　注意看，段落里的链接拥有了灰色背景，而无序列表（ul）里的链接并没有应用这个样式

12.4.2　选择子元素

使用子元素选择器（>）相当于说："仅定位某个元素的直接子元素"。这与后代选择器略有不同，因为对于子元素选择器，该选择器左右两侧的元素之间不能再有其他元素。在代码清单 12-2 中，`<p>` 和第二个 `<a>` 都是 `<footer>` 的子元素，但是第一个 `<a>` 只是 `<p>` 的子元素。

代码清单 12-2　两个 `<a>` 元素各自拥有不同的父元素

```
<footer>
    <p>This is the footer with a
 → <a href="#">link in it</a></p>
    <a href="#">Click here to learn
more</a>
</footer>
```

12.4.3　仅定位特定元素的直接子元素

(1) 输入父元素的选择器。对于代码清单 12-2 中的示例来说，这里输入 footer。

(2) 输入一个大于号 >。

(3) 输入父元素直接子元素的选择器。在这个示例中，输入 a。

(4) 输入样式的声明块。

这样做仅对作为 footer 直接子元素的链接设置样式（在我们的示例中，就是第二个 a 元素）：

```
footer > a {...}
```

如果使用 footer a {...}，是达不到这个目的的。这样做的话，`<footer>` 标签内的所有链接都将被设置这种样式，这种做法的特定性没有那么强。

12.4.4　选择紧邻的同级

如果要定位一个紧跟着另一元素的元素，应使用紧邻兄弟选择器（+）。例如，想选择下面这段 HTML 中标题后面紧跟着的第一个段落，但不包括第二个段落，便可以使用紧邻兄弟选择器。

```
<h1>Here's the Scoop!</h1>
<p>...</p>
<p>...</p>
```

12.4.5 定位紧邻的同级元素

(1) 输入第一个元素的选择器，在这个例子中，输入 h1。

(2) 输入加号 +。

(3) 输入同级元素中要应用样式的元素的选择器，在这个例子中，输入 p。

(4) 输入样式的声明块。

提示 在本章前面我们曾通过引入 intro 类来为第一个段落设置样式，而这里介绍的方法更为简洁。

12.4.6 使用一般兄弟选择器

如果要定位的是所有与 h1 同级的元素，而不仅仅是第一个同级元素，那么，应使用一般兄弟选择器（~），形如 h1~p {...}。

提示 从 CSS3 开始，子代选择器和后代选择器的正式名称为子代组合器（child combinator）和后代组合器（descendant combinator），但很多人仍然使用旧的称谓。

12.5 层叠的特殊性和优先级

在本章中，讨论特殊性和优先级在所难免。CSS 高度依赖于这两者，才能为元素应用适当的样式。样式的优先级基于以下两个标准：

❑ 样式表中样式的顺序；

❑ 选择器的特殊性。

如果规则集在样式表的后面出现，那么它的优先级就高于定位相同元素的前面出现的样式，除非前面的样式更特殊。这样说可能有些不好理解，不过下面归纳了让规则集更为特殊的一些常见情形。

❑ 具有更多选择器（p a 比 a 更特殊）。

❑ 有一个类（p.alert 比 p 更特殊）。

❑ 有多个类（.alert.blue-background 比 .alert 更特殊）。

当你对 CSS 进行问题排查的时候，请务必检查确保没有任何其他样式的优先级高于你想应用的样式。

注意，元素的样式将会继承，除非被更特殊的选择器或更相关的选择器更改样式。例如，在大多数浏览器中，文本默认具有 color: black; 及 font-size: 16px;，如果不使用 CSS 进行更改，它们将始终具有这些样式。

!important：请谨慎操作

在 Web 开发的道路上，你可能会遇到出现在 CSS 声明末尾处的 !important，如：

```
p {
    color: blue !important;
}
```

!important 标签的含义是："哪怕其他规则集的优先级更高，也不要覆盖此样式"。在这个例子中，这意味着段落文本将始终为蓝色。

当你搞不清楚 CSS 出现问题的原因时，这种办法似乎很容易解决问题，但这种做法通常并不是必要的，反而会让 CSS 难以管理。我的原则是，如果一定要使用 !important，那么需要在样式表中添加注释，以说明使用原因。

用 ID 定义样式

提示　必须立刻提示读者，引入本节内容只是出于全书完整性的考虑，毕竟你还有可能看到用 ID 定义 CSS 的情况出现。但是，需要知道的是，不应该用 ID 来定位元素。

在 CSS 发展的早期，便出现了使用 id 属性［"ID" 为**标识符**（identifier）的简称］定位元素的方法。

```
<p id="intro">
```

在 CSS 中，对待类名我们使用句点（.），对待 ID 则使用 #，例如：

```
#intro {
    font-size: 24px;
}
```

尽管这种方法是有效的，但除非有确凿的理由，否则请勿在 CSS 中使用 ID（如果我可以在编程 / 计算机类图书中使用"绝不"，这里我就会使用这个词）。

这是因为 ID 几乎拥有最高的优先级。

定义样式时应该总是使用类。如今，ID 更常用于在 JavaScript 中定位元素。

ID 和类的区别

ID 和类在语义上有很大差异，了解这一点有助于我们深入理解为什么 ID 具有如此高的优先级。

类可以分配给页面上的多个元素。例如，一个网页上可以有多个警告框（类名为 alert）或多个按钮（类名为 button）。

相反，ID 必须用于页面上独一无二的元素。对于一个 ID，一个网页里面只能有一个。

12.6　用特定的属性定位元素

现在，你已经学会了如何使用类型选择器和类选择器来定位元素，以及如何通过定位后代或使用多个类以增加特殊性。不过，还有其他一些方法供你使用。

类并不是供定位用的唯一属性。实际上，你可以使用这种语法来定位任何属性：element [attr]，其中 attr 表示属性的名称，它放在方括号中。如果要定位所有具有 alt 属性的图像，那么可以使用：

```
img[alt] {
    background: blue;
}
```

甚至可以使用带特定值的属性来定位元素。属性的值也要放在方括号内，并紧随该属性。如果要为指向特定 URL 的链接指定某种颜色，可以使用如下所示的代码：

```
a[href="https://google.com"] {
    color: green;
```

还可以在选择器中的等号（=）前面插入一个特殊字符，从而以某种特殊的规则来搜索属性值。例如，在等号前添加星号（*）会告诉 CSS 查找该属性的值包含等号后文本的任何元素。如果要突出显示 alt 属性中包含 "dog" 这个单词的所有图像，可以使用以下代码：

```
img[alt*="dog"] {
    background: red;
}
```

如果要突出显示指向 .org 域名的链接，可以使用美元符号（$）属性选择器来查找以 .org 结尾的 URL：

```
a[href$=".org"] {
    background: yellow;
}
```

提示 还有很多种属性选择器这里没有介绍。参见 MDN 网站上的列表。

12.7　高级定位方法

除了可以定位特定的元素和类，还可以使用一组被称作**伪选择器**（pseudo-selector）的高级选择器。这里仅重点介绍伪选择器中的一个子集——**伪类**（pseudo-class）。伪类有两种，一种是基于状态的，一种是基于顺序的。

使用基于元素特定状态的伪类，可以根据用户与元素的交互方式来定位元素。这种选择器始终以冒号（:）开头，例如：

```
a:link
```

提示 伪类有很多个。本章只是介绍了这个概念，并给出了一些常见的例子，完整的列表请参见 MDN Web Docs。

12.7.1　用户交互状态

最常用的伪类可能是那些基于链接状态的伪类。它让我们可以根据用户与元素交互的状态给出一些视觉提示。例如，以下状态可以区分用户是否访问过链接。

- :link，没有点击或访问过的链接。
- :visited，点击过或访问过的链接。

以下状态可以区分用户当前是否正在与某个元素进行交互。这些状态通常用于链接，但实际上可用于任何元素。

- :hover，当用户鼠标指针悬停在目标元素上时。
- :active，当用户"激活"元素时。一个很好的例子是当用户单击按钮的时候。
- :focus，在用户通过单击、轻触或使用键盘选择了某个元素的时候，即所谓的当元素获得焦点的时候。该伪类通常与表单元素一起使用。

12.7.2　为链接状态设置样式

(1) 输入 a, a:link {。

(2) 输入 color: green;。

(3) 输入 font-weight: bold;。

(4) 输入 }。

(5) 输入 a:visited {。

(6) 输入 color: grey;。

(7) 输入 }。

(8) 输入 a:focus, a:hover, a:active {。

(9) 输入 color: red;。

(10) 输入 }。

这样，未访问过的链接将显示为绿色，访问过的链接为灰色，鼠标指针悬停时或点击时链接为红色（如图 12-9 所示）。

12.7.3 基于顺序的选择器

另一组常见的伪类是基于元素顺序的。这样的选择器有很多，以下是最为常见的一些。

- :first-child 是某个父元素下面的子元素中的第一个。

- :last-child 是某个父元素下面的子元素中的最后一个。
- :nth-child(even) 或 :nth-child(odd) 表示某个父元素下面的编号为**偶数**（even）的子元素或编号为**奇数**（odd）的子元素。
- :nth-child(x)，其中 x 是整数，指某个父元素下面的子元素中的第 x 个。
- :first-of-type，某个父元素下面第一个该类型的元素。

提示　:first-child 和 :first-of-type 的区别容易让人费解，不过可以用下面的例子来理解。以 p:first-child 和 p:first-of-type 为例，如果某个元素（如 <article>）的第一个子元素是 <p>，那么 first-child 和 first-of-type 是一样的。但如果第一个子元素是 <h1>，那么 first-child 将不再匹配 p，而 first-of-type 仍将适用。

Joe Casabona is an accredited college course developer and professor.

He also has his Master's Degree in Software Engineering, is a Front End Developer, and hosts multiple podcasts.

Joe started freelancing in 2002, and has been a teacher at the college level for over 10 years. His passion in both areas has driven him to build Creator Courses, a school for those who want to create online businesses. He teaches:

- WordPress
- HTML and CSS
- Podcasting

As a big proponent of learning by doing, he loves creating focused, task-driven courses to help students build something. When he's not teaching, he's interviewing people for his podcast, How I Built It.

图 12-9　这个用户访问过页面上的第一个链接（现在显示为灰色）。他现在将鼠标指针悬停在 "Creator Courses" 链接上，即让其获得焦点。他还没有访问过 "Podcasting" 链接，因此该链接显示为绿色（另见彩插）

12.7.4 创建具有交替背景色的列表

(1) 输入 ul li: nth-child(even) {。

这将定位 `<ul>` 下面的 `<li>`。

(2) 输入 background: lightgrey;。

(3) 输入 }。

(4) 输入 ul li:nth-child(odd) {。

(5) 输入 background: lightblue。

(6) 输入 }。

现在，偶数行的项目将拥有浅灰色背景，奇数行的项目将拥有浅蓝色背景（如图 12-10 所示）。

* **WordPress**
* **HTML and CSS**
* Podcasting

图 12-10　使用 nth-child 可以创建具有交替背景色的列表（另见彩插）

这也是一种很棒的表格样式。

12.7.5 通用选择器 / 通配符选择器

还有一个你应该了解但必须谨慎使用的选择器——通用选择器（*）：

* { ... }

这样做会定位页面上的所有元素，并有可能产生意外的结果。还可以稍微更具体一些，使用它定位特定元素内的所有内容，如：

article * { ... }

这种方法通常用于全站统一的样式，如字体、字号大小等。

> **CSS 重置**
>
> 　　使用 CSS 重置（reset）是一种常见的做法。由于每个浏览器都有自己的默认样式表，因此在混杂了你的样式之后，你的网页可能在不同的浏览器会得到不同的结果。CSS 重置可以确保各个浏览器为你提供相同的起始点。
>
> 　　一种很有诱惑力的做法是使用 * 选择器一举重置所有内容。不过随后，你还需要重新编写重要的样式，例如粗体和斜体、链接颜色、内边距等。
>
> 　　使用 CSS 重置需要格外小心。埃里克·梅耶（Eric Meyer）创建了一个很棒且非常受欢迎的 CSS 重置工具，你可以访问 meyerweb 网站以获取。

12.8　小结

本章介绍了很多内容，如果其中一些内容你尚未完全理解，也不是大问题。你很有可能会经常回顾本章，我自己就是这样做的。

尽管如此，本章内容还是为后续章节提供了重要基础。现在，你已经了解了有哪些方法可以用来定位元素，这有助于你构想如何用接下来将要学习的样式来改变自己的网站。

第 13 章

为文本设置样式

你当然可以自由地为文本设置任何你想要的样式。但是，理解文本样式的效果很重要。你为文本设置的样式对整个网站的设计都会产生重要影响。

排版是设计的重要方面，良好的排版会让设计更上一层楼。本书不会完整地阐述排版知识，但本章内容涵盖使用 CSS 设置文本样式的方方面面。

___

本章内容

❑ 选择字体
❑ Google 字体
❑ 使用 @font-face 引入外部字体
❑ 设置文本大小
❑ 设置文字格式
❑ 提高可读性
❑ 小结

___

13.1　选择字体

考虑在网站上使用哪种字体的时候，首先要知道有哪些字体可用。

如今，有无数种字体可以选用。但在过去，只有少量跨平台的字体可以确保用户看到的字体是你设置的字体。这些字体被称作**网络安全字体**（Web-safe font）。以下是传统的网络安全字体：

❑ Arial
❑ Courier New
❑ Georgia
❑ Verdana
❑ Trebuchet MS
❑ Times New Roman

提示　浏览器通常使用 Times New Roman 作为默认字体。这是一种非常安全的字体，几乎任何设备上都有这种字体。

这也是今天这种处理字体的形式——列出要使用的字体，并在最后提供一两个备选字体——的来由。这种排列字体的形式称作**字体栈**（font stack）。

在 CSS 中，用于指定元素所用字体的属性是 font-family（字体家族）。font-family 的值是要使用的字体的列表——按优先级从高到低依次排列，并用逗号分隔。首先列出你要使用的字体，然后按优先级排列备选字体。

提示 虽然 font-family 看起来像是一个个字体的列表，但实际情况并非如此。一种字体（font 或 typeface）也包含了多种样式，例如罗马体、粗体、斜体等。整个样式集合在一起才形成了一个字体家族。

请看示例：

```
p {
    font-family: Cambria, "Times New
    →Roman", serif;
}
```

这里的意思是："使用 Cambria 字体。如果该字体无法使用，则使用 Times New Roman 字体。如果此字体亦不可用，请使用系统的默认衬线字体"。

提示 稍后将介绍一些流行的获取字体的来源。但此时你应该了解现在可用的字体类型。

提示 如今，"font"和"typeface"这两个词通常可以互换①。不过，在较早时期，用金属或木材进行排版的时候，这两个词具有不同的含义："typeface"（字体）是一组字母形式的整体设计（如 Garamond），而"font"（字型）则是该集合的特定样式和大小的子集（如 Garamond，斜体，14 磅）。

13.1.1 字体类型

应当尽量让备选字体与主要字体的外观保持相似。这是因为，当浏览器呈现的是备选字体的时候，网站应该看起来尽可能接近原始设计效果。

CSS 所使用的字体可以根据其样式划分为以下几类（如图 13-1 所示）。

- 衬线体（serif），每个字母的末尾都有额外的装饰性笔触。
- 无衬线体（sans serif），没有额外的装饰性笔触。
- 等宽字体（monospace），即每个字符的宽度完全相同的字体。这样的字体很容易让人联想到打字机文本。该字体也通常用于表示计算机代码。
- 手写体（cursive），设计为像手写出来的字体。
- 幻想体（fantasy），装饰性很强的字体。

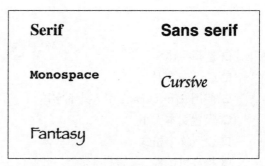

图 13-1 各主要字体样式的示例

---

① 严格地说，font 应译作"字型"，typeface 应译作"字体"。但非专业普通人士通常对这两个英文单词无法严格区分，中文里面对这两个单词也没有通用的翻译。——译者注

13.1.2　设置全站默认字体

(1) 在 style.css 文件的顶部，输入 body {。

　　这里以 <body> 标签为目标，该标签内的所有元素都将继承我们为它定义的字体样式。

(2) 输入 font-family:。

(3) 输入 Futura, Helvetica, Arial, sans-serif;。

　　Futura 是一种出色的无衬线字体，但只有 macOS 默认安装了该字体，因此该字体栈提供了应用更广的字体作为后备。

(4) 输入 }，保存文件，然后在浏览器中打开它。

　　现在，页面上的文本便以无衬线字体显示（如图 13-2 所示）。

匹配字体

　　匹配字体（为页面挑选多种字体）的时候，请试着让不同字体之间产生相辅相成的效果。

　　我们的目标是在视觉上区分不同类型的文本，如标题和正文。这里有一些提示：

- ❑ 让衬线字体与无衬线字体配对；
- ❑ 用字号大小和字重进行区分；
- ❑ 不用同类字体（看起来相似的字体）；
- ❑ 为每种字体赋予角色。一种字体如果用于标题（如使用 Futura、粗体），就不要再将它用于正文。

　　关于字体排印的知识有很多，一本书都讲不完。不过，Jason Santa Maria 的著作 *On Web Typography* 是非常不错的资源。

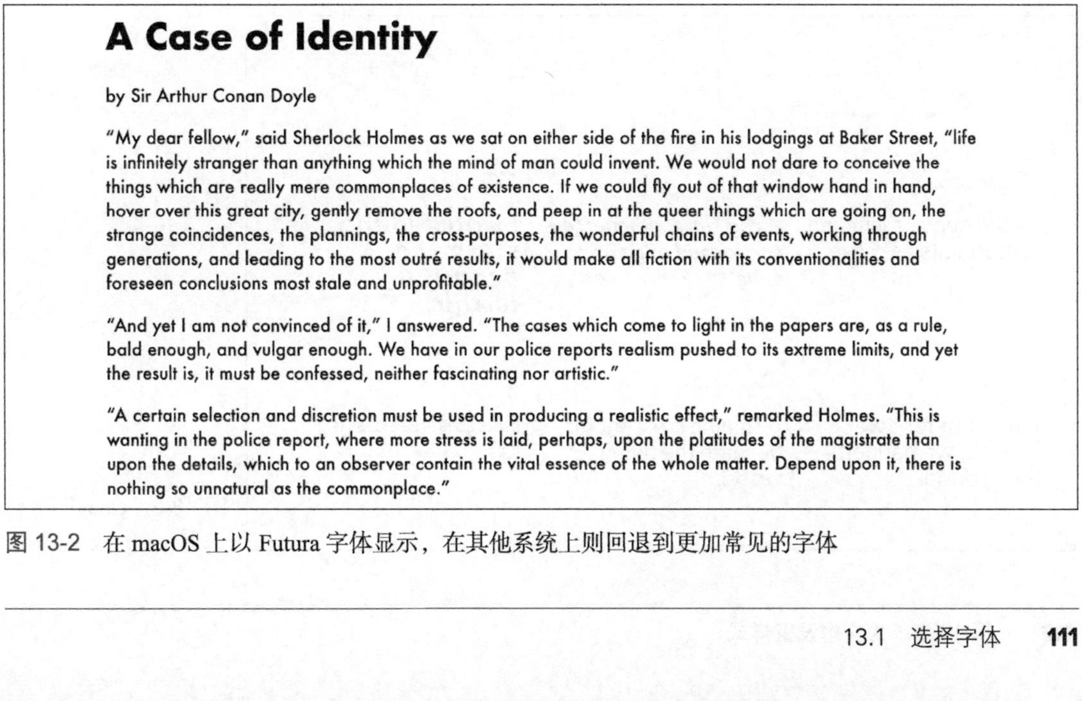

A Case of Identity

by Sir Arthur Conan Doyle

"My dear fellow," said Sherlock Holmes as we sat on either side of the fire in his lodgings at Baker Street, "life is infinitely stranger than anything which the mind of man could invent. We would not dare to conceive the things which are really mere commonplaces of existence. If we could fly out of that window hand in hand, hover over this great city, gently remove the roofs, and peep in at the queer things which are going on, the strange coincidences, the plannings, the cross-purposes, the wonderful chains of events, working through generations, and leading to the most outré results, it would make all fiction with its conventionalities and foreseen conclusions most stale and unprofitable."

"And yet I am not convinced of it," I answered. "The cases which come to light in the papers are, as a rule, bald enough, and vulgar enough. We have in our police reports realism pushed to its extreme limits, and yet the result is, it must be confessed, neither fascinating nor artistic."

"A certain selection and discretion must be used in producing a realistic effect," remarked Holmes. "This is wanting in the police report, where more stress is laid, perhaps, upon the platitudes of the magistrate than upon the details, which to an observer contain the vital essence of the whole matter. Depend upon it, there is nothing so unnatural as the commonplace."

图 13-2　在 macOS 上以 Futura 字体显示，在其他系统上则回退到更加常见的字体

13.2　Google 字体

尽管字体的主要来源是用户的设备，但还有很多方法让我们得以使用其他来源的字体。如今，基本上可以使用任何你喜欢的字体。

一种常见的字体来源是 Google 字体。这是一个免费的开源字体库，任何人都可以在其网站上使用这些字体（如图 13-3 所示）。这里有大量字体及推荐的字体搭配可供选择。

提示　还有其他一些与 Google 字体相似的服务，如 Adobe Fonts、Fonts by Hoefler & Co 等，不过这些服务大多需要付费。

在网站上使用 Google 字体

(1) 访问 Google 字体网站。

(2) 找一个你喜欢的字体并单击。

在这个例子中，我选择了 Roboto（如图 13-4 所示）。

图 13-4　Google 字体网站上的 Roboto 字体。点击这个方框，将进入一系列可供选择的样式列表

(3) 对每个你希望包含的样式，点击对应的 "Select This Style"（选择此样式）。

图 13-3　Google 字体主页

我选择了"Regular 400""Regular 400 Italic"以及"Bold 700"[①]。

(4) 在弹出的"Selected Family"（选中的字体家族）框中，点击"Embed"（嵌入）（如图 13-5 所示）。

(5) 点击"@import"选项。

(6) 复制 `<style>` 标签之间的代码（不必包含 `<style>` 标签本身）。

(7) 将这些代码粘贴到你的 style.css 文件的顶端。

(8) 在这些代码下面输入 body {。

(9) 输入 font-family: Roboto, sans-serif;。

(10) 输入 }，保存文件，再在浏览器中打开它。

现在，你的网站的正文使用的应该就是 Roboto 字体（如图 13-6 所示）。

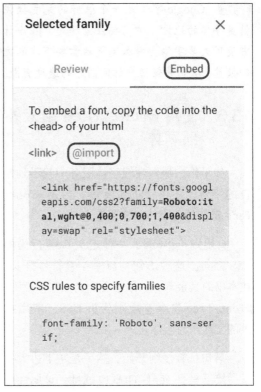

图 13-5　Google 字体网站上的"Embed"标签页。这里包含了供你复制的 CSS 代码

A Case of Identity

by Sir Arthur Conan Doyle

"My dear fellow," said Sherlock Holmes as we sat on either side of the fire in his lodgings at Baker Street, "life is infinitely stranger than anything which the mind of man could invent. We would not dare to conceive the things which are really mere commonplaces of existence. If we could fly out of that window hand in hand, hover over this great city, gently remove the roofs, and peep in at the queer things which are going on, the strange coincidences, the plannings, the cross-purposes, the wonderful chains of events, working through generations, and leading to the most outré results, it would make all fiction with its conventionalities and foreseen conclusions most stale and unprofitable."

"And yet I am not convinced of it," I answered. "The cases which come to light in the papers are, as a rule, bald enough, and vulgar enough. We have in our police reports realism pushed to its extreme limits, and yet the result is, it must be confessed, neither fascinating nor artistic."

"A certain selection and discretion must be used in producing a realistic effect," remarked Holmes. "This is wanting in the police report, where more stress is laid, perhaps, upon the platitudes of the magistrate than upon the details, which to an observer contain the vital essence of the whole matter. Depend upon it, there is nothing so unnatural as the commonplace."

图 13-6　使用 Roboto 字体的 HTML 页面

① "Regular"指的是常规字重，即粗细相对适中；"Bold"指的是粗体；"Italic"指的是斜体。"400""700"均为字重的量级，数值越大则越粗。——译者注

提示 Google 字体是一个很好的免费提供精美字体的地方，但需要注意的是，在设计中使用太多字体会增加浏览器需要下载的文件数量，从而导致用户访问网站的速度变慢。

13.3 使用 @font-face 引入外部字体

如果你在那些在线字体服务中找不到想要的字体，还可以下载字体，再用 @font-face 链接外部字体以使用它。

@规则（at-rule）一种定义 CSS 行为的 CSS 语句。这种语句均以一个 @ 符号开头。在本书的其余部分，你还会看到一些 @ 规则。@font-face 这条 @ 规则告诉 CSS，使用提供的文件作为字体。

语句从 @ 规则开始，然后是左半边大括号，接下来是 font-family 属性，该属性用于创建新的字体家族，从而让浏览器知道如何引用该字体。由于这是一条声明，因此以分号结尾。

font-family 声明后面跟着另一个属性 src。该属性的用法类似于 <srcset> 里的 src。在此语法中，src 后面跟着一个冒号和两个值：url 和 format，二者均由括号和单引号包起来。URL 可以是相对 URL，也可以是绝对 URL。format 则是文件的格式，通常与字体文件的扩展名匹配。稍后将详细介绍字体的格式。

src 可以接受多个字体来源，不同的来源用逗号分隔，最后一个来源以分号结尾。例如：

```
@font-face {
    font-family: 'Best Font';
    src: url('bestfont.woff')
format('woff'),
        url('bestfont.ttf')
format('ttf');
}
```

然后便可以在 CSS 中引用该字体，如下所示：

```
font-family: 'Best Font', sans-serif;
```

在这种情况下，你可能需要购买字体，价格范围从几美元到几百美元不等。此外，你还可以从诸如 Font Squirrel 之类的网站下载免费字体（如图 13-7 所示）。

提示 一定要注意字体许可证问题。即便你从技术上获取了某个字体文件并将其上传到了你的服务器，也不代表法律上可以这样做。如果你使用本节介绍的这种技术，请务必确保你拥有在网络上使用该字体的许可证。

使用此方法有两个警告。第一个警告是不同浏览器所支持的字体文件格式不同。

而这最终几乎可以归结为两种格式：WOFF（Web open font format，Web 开放字体格式）和 WOFF2。大多数现代网站使用 WOFF2，因为它与 WOFF 相比体积压缩了30%，从而可以让浏览器更快地下载完。此外，你还可以使用 TTF（TrueType 字体）。

无论选用哪种格式，都有可能遇到要将你的字体转换成上述格式之一的需求。对此，你可以使用一个名为 Transfonter 的 Web 字体生成器（如图 13-8 所示）。

图 13-7　Font Squirrel 主页

图 13-8　Transfonter 的 Web 字体生成器

另一个警告是，在 style.css 文件中，你需要为字体的每种样式建立单独的 @font-face 规则。因此，常规体、粗体、斜体以及其他变体都需要包含各自的字体文件（如图 13-9 所示）。这样做固然会让样式表文件变大，但为了得到完美的字体，这样做是值得的。

提示　浏览器可以生成伪粗体、伪斜体等样式，但这样做可能会让文字最终看起来有些变形。最佳方式还是使用专门设计的样式。

提示　如果要使用 @font-face 引入字体的不同样式，请打开 Google 字体的导入文件模块，然后复制 @import 语句中的地址，在浏览器中粘贴，便可以看到对应的 @font-face 语句。

用 @font-face 为 CSS 添加自定义字体

(1) 在 style.css 文件的顶部输入 @font-face {，开始一段 @font-face 规则。

这里假设所有字体文件都与 style.css 位于同一文件夹中。

(2) 输入 font-family:。

(3) 输入你要使用的字体家族的名称，例如 'JetBrains Mono';。

可以使用任何你喜欢的字体，并根据需要自定义字体家族的名称。

(4) 输入 src: url('jetbrains-mono.woff2') format('woff2'),。

(5) 输 入 url('jetbrains-mono.woff') format('woff'),。

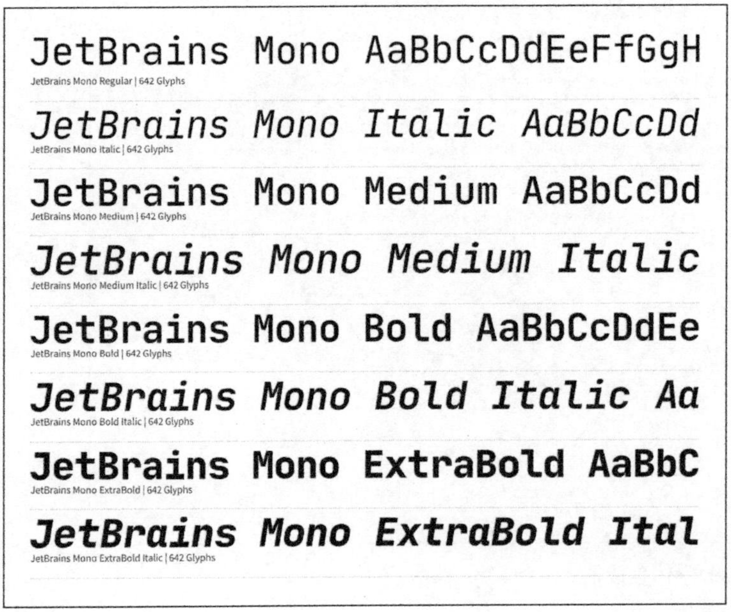

JetBrains Mono AaBbCcDdEeFfGgH
JetBrains Mono Regular | 642 Glyphs

JetBrains Mono Italic AaBbCcDd
JetBrains Mono Italic | 642 Glyphs

JetBrains Mono Medium AaBbCcDd
JetBrains Mono Medium | 642 Glyphs

JetBrains Mono Medium Italic
JetBrains Mono Medium Italic | 642 Glyphs

JetBrains Mono Bold AaBbCcDdEe
JetBrains Mono Bold | 642 Glyphs

JetBrains Mono Bold Italic Aa
JetBrains Mono Bold Italic | 642 Glyphs

JetBrains Mono ExtraBold AaBbC
JetBrains Mono ExtraBold | 642 Glyphs

JetBrains Mono ExtraBold Ital
JetBrains Mono ExtraBold Italic | 642 Glyphs

图 13-9　JetBrains Mono 是一种具有多种样式的字体

(6) 输入 src: url('jetbrains-mono. woff') format('woff');。

(7) 输入 }。

(8) 输入 body {。

(9) 输入 font-family: "Jetbrains Mono", Courier, monospace;。

(10) 输入 }。

现在，你便可以在网站上使用这里自定义的字体了（如图 13-10 所示）。

学会如何选择字体之后，我们来看看文本样式设置的其他方面。

13.4 设置文本大小

可以使用 font-size 属性来调整文本大小，例如：

```
p {
    font-size: 18px;
}
```

使用 font-size 有多种度量单位可供选择。

❑ **像素（px）**：这是一种固定的尺度，意味着 18px 始终为 18px。设计师使用这种方式能最大程度地控制字号大小。

❑ **百分比（%）**：相对于父元素字号大小的百分比。在大多数浏览器中，默认字号大小为 16px，因此，如果希望标题为 32px，那么可以将字号大小指定为 200%。

❑ **em**：在传统的字体排印学中，em 指的是"大写字母 M 的大小"。如今，em 也是一种衡量字号大小的单位，它指的是相对于父元素字号大小的倍数。还是以上面的例子为例，如果想要 32px 的标题，则可以设置 2em（即父元素字号大小的两倍）。

❑ **根 em（rem）**：行为与 em 相似，只是它始终基于根（或默认）大小。在这种情况下，它基于应用于主体选择器的字号大小。这使得相对字号大小更容易掌握，因为你不必担心子代或子代上的倍数。

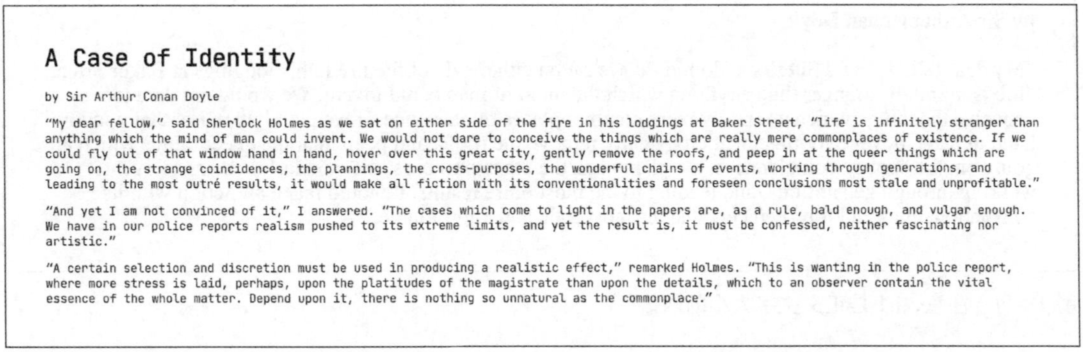

A Case of Identity

by Sir Arthur Conan Doyle

"My dear fellow," said Sherlock Holmes as we sat on either side of the fire in his lodgings at Baker Street, "life is infinitely stranger than anything which the mind of man could invent. We would not dare to conceive the things which are really mere commonplaces of existence. If we could fly out of that window hand in hand, hover over this great city, gently remove the roofs, and peep in at the queer things which are going on, the strange coincidences, the plannings, the cross-purposes, the wonderful chains of events, working through generations, and leading to the most outré results, it would make all fiction with its conventionalities and foreseen conclusions most stale and unprofitable."

"And yet I am not convinced of it," I answered. "The cases which come to light in the papers are, as a rule, bald enough, and vulgar enough. We have in our police reports realism pushed to its extreme limits, and yet the result is, it must be confessed, neither fascinating nor artistic."

"A certain selection and discretion must be used in producing a realistic effect," remarked Holmes. "This is wanting in the police report, where more stress is laid, perhaps, upon the platitudes of the magistrate than upon the details, which to an observer contain the vital essence of the whole matter. Depend upon it, there is nothing so unnatural as the commonplace."

图 13-10　JetBrains Mono 用在了网页里

提示 很多人使用 CSS 重置（见第 12 章）将默认字号大小设为 10px，从而让字号大小更容易计算。

提示 过去，Web 设计师偏爱使用相对字号大小（%、em、rem），因为这样做能适配用户的自定义设置。对于那些视力不佳的人来说，这是无障碍性和包容性设计[①]的重要方面。但是现在，当用户放大页面上的视觉元素时，现代浏览器会对整个页面进行放大。

使用字号大小的一种形式是为标题和正文的文字大小建立和谐的关系（如图 13-11 所示）。

相对于正文文本设置标题的大小

(1) 在 style.css 中输入 h1 {。

(2) 输入 font-size: 2em;。

(3) 输入 }。

字号大小并不是唯一可以更改的样式。实际上，有一整套文本格式相关属性供你选用。

13.5 设置文字格式

有很多用于设置文本格式的属性。下面列举了其中最常见的属性。

13.5.1 font-weight

font-weight（字重）属性用于定义文本笔画的粗细。该属性主要有以下两个值。

❑ normal（常规）：未加粗的文本。
❑ bold（粗体）：可创建粗体文本。

随着 CSS 的发展，也出现了其他一些可以选择的值。

❑ lighter（更细）：可以让文本的笔画比正常情况更细一些。
❑ bolder（更粗）：可以让文本的笔画比粗体更粗一些。
❑ 数值：可以将字重定义为 100、200、300、400、500、600、700、800 或 900。400 等价于 normal，而 700 则为 bold（如图 13-12 所示）。

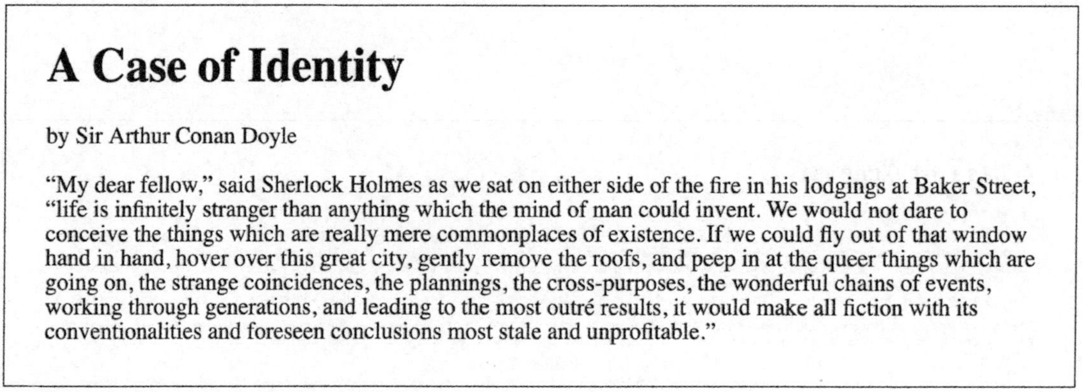

A Case of Identity

by Sir Arthur Conan Doyle

"My dear fellow," said Sherlock Holmes as we sat on either side of the fire in his lodgings at Baker Street, "life is infinitely stranger than anything which the mind of man could invent. We would not dare to conceive the things which are really mere commonplaces of existence. If we could fly out of that window hand in hand, hover over this great city, gently remove the roofs, and peep in at the queer things which are going on, the strange coincidences, the plannings, the cross-purposes, the wonderful chains of events, working through generations, and leading to the most outré results, it would make all fiction with its conventionalities and foreseen conclusions most stale and unprofitable."

图 13-11　注意，h1 是正文文字大小的两倍

---

① 包容性设计指的是有意识地为各种人群（如欠缺某种能力的人群）所做的设计。——译者注

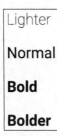

图 13-12　字重不同值的效果

提示　根据字体的不同，以上设置还取决于字型的样式。如果你使用的字体没有 900 字重的样式，那么浏览器将默认使用该字体的最大字重。

例如，想让所有链接变为粗体，可以通过以下方式定义锚元素的样式：

```
a {
        font-weight: bold;
}
```

13.5.2　font-style

接下来是 font-style（字体样式）属性，它可以创建斜体文本（如图 13-13 所示）。它有以下三个值。

- □ normal（常规）：即正常的纯文本。
- □ italic（斜体）：为文本应用斜体样式。
- □ oblique（伪斜体）：如果有这种伪斜体样式，则显示此种样式。如果没有，那么浏览器会将常规文本稍微倾斜，使其看起来像伪斜体的样式。

```
Normal
Italic
Oblique
```

图 13-13　字体样式的不同值的效果

提示　斜体和伪斜体通常看起来一样。如果没有提供斜体样式，则浏览器会默认显示伪斜体样式。如果两者皆未提供，则浏览器会模拟伪斜体样式。

例如：

```
h3 {
        font-style: italic;
}
```

13.5.3　text-decoration

text-decoration（文本装饰）属性用于为文本添加强调线。该属性有以下几个值（如图 13-14 所示）。

- □ none（无）：文本没有变化。
- □ underline（下划线）：在文本下方加一条直线。可以使用此选项为链接强制添加下划线（大多数现代浏览器默认仅在用户将鼠标指针悬停在链接上时为链接添加下划线）。
- □ overline（上划线）：在文本上方加一条直线。
- □ line-through（穿过）：在文本中心穿过一条直线（形如删除线）。

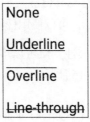

图 13-14　文本装饰的不同值的效果

如果网页里的文章或故事带有署名行，则可以使用 text-decoration 属性让署名行显得突出一点儿。

下面是一个定义 byline 类的样式的
例子：

```
.byline {
    text-decoration: underline;
}
```

text-decoration 属性可以接受多个
值，不同值之间用空格隔开。例如想同时拥
有上划线和下划线，可以这样设置：

```
.byline {
    text-decoration: underline
    →overline;
}
```

实际上，text-decoration 合并了三个
属性。可以按以下顺序编写这些属性的值，
不同值之间用空格隔开。

❑ text-decoration-line（文本装饰
线），该属性的值上文已经介绍过了。

❑ text-decoration-style（文本装饰
线样式），用于设置装饰线的样式。
默认值为 solid（实线），此外还可
以设置为 double（双实线）、dotted
（点状虚线）、dashed（短横线构
成的虚线）以及 wavy（波浪线）（如
图 13-15 所示）。

❑ text-decoration-color（文本装饰
线颜色），可以使用任何颜色值。

通过这些属性，便可以增加署名行的个
性化（如图 13-16 所示）：

```
.byline {
    text-decoration: underline
        wavy blue;
}
```

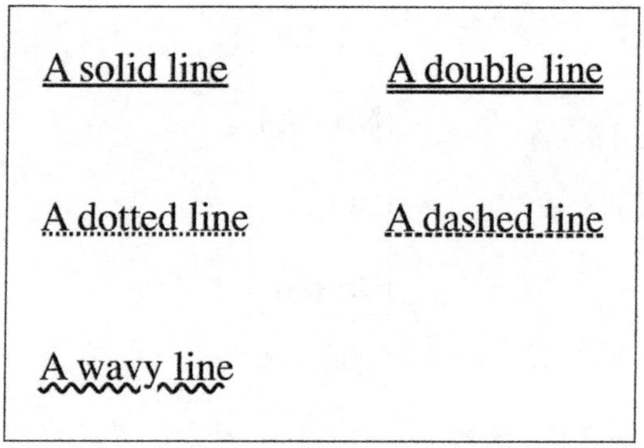

图 13-15　文本装饰样式的不同值的效果

图 13-16　byline 类的样式从标准的黑色实线变
成了蓝色波浪线（另见彩插）

你可以以这个示例为基础进一步研究上
述属性，试验其他一些属性值。

为 byline 类设置样式

(1) 在 style.css 文件中输入 .byline，定
位 byline 类。

(2) 输入 {，开始样式声明。

(3) 输入 font-style: italic;。

(4) 输入 font-weight: bold;。

(5) 输入 text-decoration: underline;。

(6) 输入 }，结束样式声明。

这样便将 byline 类的样式设置成了粗
体、斜体且拥有下划线（如图 13-17 所示）。

A Case of Identity

by Sir Arthur Conan Doyle

"My dear fellow," said Sherlock Holmes as we sat on either side of the fire in his lodgings at Baker Street, "life is infinitely stranger than anything which the mind of man could invent. We would not dare to conceive the things which are really mere commonplaces of existence. If we could fly out of that window hand in hand, hover over this great city, gently remove the roofs, and peep in at the queer things which are going on, the strange coincidences, the plannings, the cross-purposes, the wonderful chains of events, working through generations, and leading to the most outré results, it would make all fiction with its conventionalities and foreseen conclusions most stale and unprofitable."

图 13-17　将 `byline` 类应用于文章署名行的效果

13.6　提高可读性

13.5 节介绍的样式主要用于对文本进行强调，以引起人的注意。还有一些样式则用于提高文本的可读性，如行间距、字间距、对齐方式等。下面是此类样式中最常见的一些。

13.6.1　对齐方式

使用 CSS，可以从水平和垂直两个方向调整文本的对齐方式。

使用 `text-align`（文本对齐）属性，可以将文本的边缘向左对齐、向右对齐、居中对齐或两端对齐。

使用两端对齐会让文本的每一行（除了最后一行）扩展到整行，占据所处容器的整个宽度（如图 13-18 所示）。

使用 `vertical-align`（垂直对齐）属性，则可以对紧邻的元素进行垂直方向上的移动。如果有两个元素彼此相邻，且其中一个元素比另一个元素高一些（如文本旁边的图片），便可以使用 `vertical-align` 将它们的顶部边缘对齐。对于表格里文本的垂直对齐，该属性也很有用。

提示　不要试图使用 `vertical-align` 让文本对齐到所在容器的中间或底部。CSS 的其他功能（如后文将介绍的 Flexbox）可以实现这种效果。

`vertical-align` 的值有以下这些。

❑ `baseline`（基线）：让元素与父元素的基线对齐（基线是字型里面大多数字母底部所对应的横线）。

"My dear fellow," said Sherlock Holmes as we sat on either side of the fire in his lodgings at Baker Street, "life is infinitely stranger than anything which the mind of man could invent. We would not dare to conceive the things which are really mere commonplaces of existence. If we could fly out of that window hand in hand, hover over this great city, gently remove the roofs, and peep in at the queer things which are going on, the strange coincidences, the plannings, the cross-purposes, the wonderful chains of events, working through generations, and leading to the most outré results, it would make all fiction with its conventionalities and foreseen conclusions most stale and unprofitable."

图 13-18　两端对齐的文本

- sub（下标）：让元素与父元素下标的基线对齐（下标的基线比常规文本的基线低大约 50%）。
- super（上标）：让元素与父元素上标的基线对齐（上标的基线比常规文本的基线高大约 50%）。
- text-top（文本顶端）：让元素的顶部与父元素文本的顶端对齐。
- text-bottom（文本底端）：让元素的底部与父元素文本的顶端对齐。

对于表格的单元格，除了可以使用上述值，还可以使用以下这些值。

- top（顶部）：让单元格中的文本与单元格的顶部对齐。
- middle（中部）：让单元格中的文本与单元格的中间对齐。
- bottom（底部）：让单元格中的文本与单元格的底部对齐。

图 13-19 展示了它们的效果。

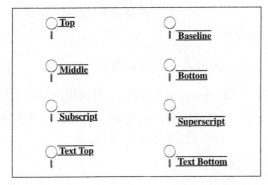

图 13-19　vertical-align 的不同值的效果

13.6.2　文本间距

最后，还有一些用于设置文本间距的属性。它们使用与 font-size 相同的度量单位（不过对于这些属性，em 用得更多）。

- line-height（行高）：一行所占用的空间量，包括字号大小与行间距（行与行之间的空白）。对于大多数字体，该值大约为 1.2em（即字号大小的 1.2 倍）。
- letter-spacing（字母间距）：每个字母之间的间距（即 kerning）。
- word-spacing（单词间距）：每个单词之间的间距。
- text-indent（首行缩进）：让第一行进行一定程度的缩进。这里通常使用 px 为单位。

提示　如果要计算行间距，可以用行高的值减去字号大小的值。例如，若 line-height 为 20px，font-size 为 16px，则行间距为 4px。

提示　如果想将文本移出可见区域，可以使用负的 text-indent 值（如 -9999px）。这样做既可以使用该元素，又没有文本显示出来。如果你想实现当鼠标指针悬停在文本上时出现动画的效果，则可以执行该操作（第 18 章将详细介绍关于动画的知识）。

13.6.3　为段落文本设置内部间距

(1) 输入 {。

(2) 输入 line-height: 1.5em;。

(3) 输入 letter-spacing: 0.1em;。

(4) 输入 word-spacing: 0.2em;。

(5) 输入 }。

图 13-20 展示了效果。这样做了以后，文本会呈现出完全不同的效果。

修改前	"A certain selection and discretion must be used in producing a realistic effect," remarked Holmes. "This is wanting in the police report, where more stress is laid, perhaps, upon the platitudes of the magistrate than upon the details, which to an observer contain the vital essence of the whole matter. Depend upon it, there is nothing so unnatural as the commonplace."
修改后	"A certain selection and discretion must be used in producing a realistic effect," remarked Holmes. "This is wanting in the police report, where more stress is laid, perhaps, upon the platitudes of the magistrate than upon the details, which to an observer contain the vital essence of the whole matter. Depend upon it, there is nothing so unnatural as the commonplace."

图 13-20　调整行间距、字母间距和单词间距前后对比

更多与文本相关的属性

尽管本章已经涵盖了所有与文本样式相关的基础知识，但仍有一些相关属性没有介绍。下面列举了上面没有介绍到但很有用的属性。

- ❑ text-transform：更改元素文本的大小写。
- ❑ hyphen（连字符）：指定文本是否允许在折行时用连字符分割单词。
- ❑ overflow-wrap（换行）：指定浏览器是否对原本不会折行的文本（如很长的单词）进行换行处理。
- ❑ white-space（空格）：指定如何处理元素内的空格。
- ❑ word-break（断字）：指定当单词溢出元素时是否对其进行换行处理。
- ❑ text-shadow（文本阴影）：对文本添加阴影并调整样式。

如果想了解关于这些属性的详细信息，请访问 MDN Web Docs。

13.7　小结

仅仅使用这些属性，无须执行其他任何操作，就能完全改变网站的外观。图 13-21 显示了一个漂亮的页面，而构建该页面所需要的支持，99% 来自本章介绍的技术。

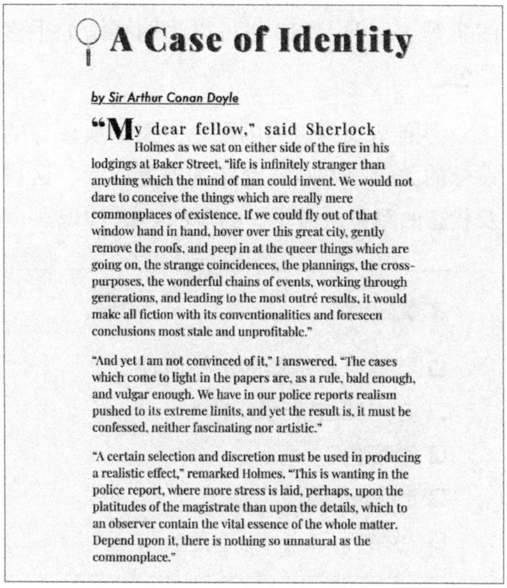

图 13-21　一个漂亮的网站，其设计是通过文本样式实现的

不过，字体排印只是 CSS 工具箱的一小部分。定义网站样式的另一个重要方面是使用颜色，这正是下一章的主题。

第14章

CSS 中的颜色

万维网自诞生以来已经走过了很长一段路。过去如果想在网页里呈现有趣的颜色或复杂的图形,唯一的方法是使用图像。如今的万维网已经支持各种颜色(包括渐变色、图案等),使用 CSS 便可以为网页添加很多颜色。

为网站找到恰当的配色方案是实现好的设计的关键。本章将介绍为设置元素、区块及状态的颜色所需掌握的全部 CSS 知识。

本章内容

□ 计算机显示器的工作原理
□ 在 CSS 中表示颜色
□ 渐变色
□ border 属性
□ 小结

14.1 计算机显示器的工作原理

在开始选择颜色之前,有必要了解一下计算机是如何呈现颜色的。显示器的屏幕是由数百万个被称为**像素**(pixel)的微小正方形组成的。

当你打开屏幕后,光线会透过这些像素以照亮它们。每个像素的光都是红色、绿色和蓝色的组合。使用维恩图(如图 14-1 所示)可以很好地演示**三原色**(primary colors,即红色、绿色和蓝色)以及它们组合时产生的颜色。

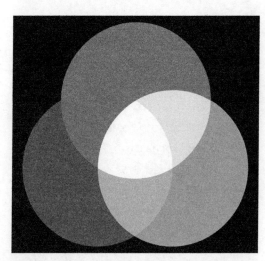

图 14-1　红色、绿色和蓝色相组合的维恩图(另见彩插)

可以看到，当三原色重叠时，就会形成**二次色**（secondary color）。

- ❑ 红色和绿色组合会产生黄色。
- ❑ 绿色和蓝色结合会产生青色。
- ❑ 蓝色和红色组合会产生洋红色。
- ❑ 所有三原色组合在一起会产生白色。
- ❑ 不使用颜色则为黑色。

有了这些信息，就可以用数字的形式表示任何颜色了。

14.2 在 CSS 中表示颜色

在 CSS 中，有四种定义颜色的方法。

- ❑ **RGB**：将红色、绿色和蓝色的量（从 0 到 255）列出来并以逗号分隔。
- ❑ **十六进制值**：以井号（#）开头并用六位代码表示红色、绿色和蓝色的量。
- ❑ **颜色名称**：有一些预先定义好的颜色名称，如 blue（蓝色）、aquamarine（蓝绿色）、rebeccapurple（丽贝卡紫）[①]等。颜色名称的完整列表参见 HTML COLOR CODES 网站。
- ❑ **HSL**：以色相（色轮上的角度）、饱和度（百分比形式）和亮度（百分比形式）定义颜色。这种方法用得较少。

RBG 和 HSL 都可以接受一个 Alpha 值。该值定义颜色的不透明度。

14.2.1 十六进制颜色

图 14-2 是一个非常基本的表。在第一行

中，字母 R、G 和 B（分别代表红色、绿色和蓝色）位于各自所在列的顶部。在它们下面，一共有六个 F，每列有两个 F。第二行代表了如何在 CSS 中表示颜色。

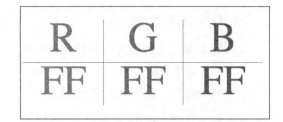

图 14-2　红色、绿色和蓝色各为一列（另见彩插）

其中每一个数值均为十六进制，即以 16 为底的数字。十六进制的值包括以 10 为底的标准数字（0~9），以及字母 A~F（代表 10~15）。两个字符的十六进制数的范围为 00~FF，对应于十进制（以 10 为底）的 0~255。

这些数字的范围很广（超过 1600 万个数值），因此使用它们可以表示几乎任何所需的颜色。前两个字符表示颜色中红色的量，中间两个字符表示绿色的量，最后两个字符表示蓝色的量。如果全为 F，则表示白色；如果全为 0，则表示黑色。你可以将全为 0 视作完全没有任何颜色，而将全为 F 视作三原色均达到最大的量。

例如，"纯"红色是 #FF0000（有最多的红色，根本没有绿色和蓝色）。紫色则是 #FF00FF（有最多的红色，没有绿色，有最多的蓝色）。

[①] 2014 年，Web 标准与 CSS 的先锋 Eric Meyer（埃里克·迈耶）的女儿 Rebecca（丽贝卡）罹患脑瘤去世，随后的 CSS 规范中将 #663399 这种紫色命名为"rebeccapurple"（丽贝卡紫）以悼念 Eric Meyer 的女儿。——译者注

14.2.2 为样式设置颜色

(1) 在 style.css 中输入要应用样式规则的选择器的名称。在本示例中，输入 body。

(2) 输入 {，开始声明块。

(3) 输入要定义的属性名称和该属性的值。在本示例中，输入 background: #000000;，让背景变成黑色的。

(4) 输入要定义的下一个属性及其值。在本示例中，输入 color: #FFFFFF;，让文本变成白色的。

(5) 输入 }，结束声明块和样式规则。

结果如图 14-3 所示。

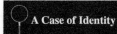

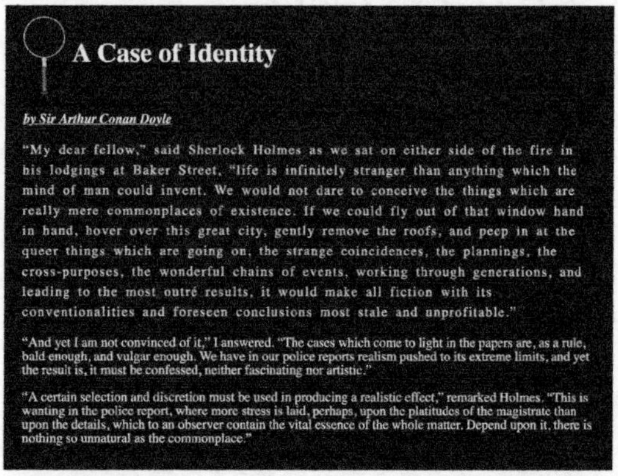

图 14-3　使用 CSS 样式规则为背景和文本指定十六进制的颜色值

色彩的对比度

色彩的对比度（contrast）是一个重要的概念，因为对比度差会导致你的网站难以阅读。对比度差对色盲人士来说也很糟糕。这也是为什么大部分书籍是白底黑字的——在大多数情况下，这是最容易阅读的。

为了增强网页的可读性，背景色和文本颜色之间需要有恰当的对比度。需要调整好颜色、字号大小及行高，以确保文本在页面上足够突出。通常，在浅色背景上使用深色文字是非常稳妥的。如果要使用深色背景，则需要使用较深的灰色，并适当增加行高。

当然，如果你很难确定要使用的颜色的十六进制代码（或 RGB 值、HSL 值），有很多工具可以帮你找到所需颜色的值，例如 HTML Color Codes 网站就很不错，如图 14-4 所示。

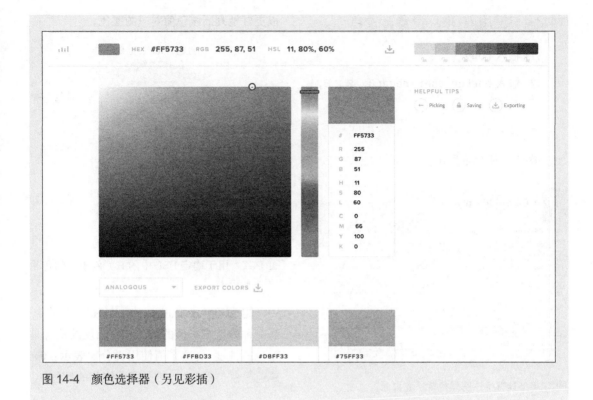

图 14-4　颜色选择器（另见彩插）

14.2.3　使用 RGB 和 RGBA 设置颜色

使用 RGB 设置颜色跟使用十六进制色值非常相似：为红色、蓝色和绿色分别指定色值，只不过使用十进制数而非十六进制数去表示。例如，要指定纯红色，便输入 rgb(255, 0, 0)；要指定紫色（红色和蓝色的组合），则输入 rgb(255, 0, 255)。

使用十六进制色值和 RGB 色值都有一个问题：无法指定颜色的不透明度。而有一个 RGB 的变体可以让你设置不透明度，它就是 RGBA。

RGBA 这个词里面的 A 便表示 Alpha 通道。它通过 0（表示完全透明）和 1（表

示完全不透明，这是默认值）之间的数值为页面上的组件指定不透明度（如图 14-5 所示）。

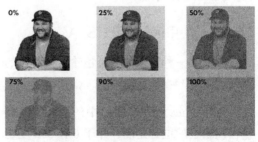

图 14-5　在照片上覆盖具有不同不透明度的红色方块的情形（另见彩插）

例如要定义一个半透明的红色背景，则可以使用 rgba(255, 0, 0, 0.5)。

14.2.4 使用 RGBA 设置背景色

(1) 输入 body {。

(2) 输入 background: rbga(0, 0, 0, 0.25);。

(3) 输入 }。

效果如图 14-6 所示。

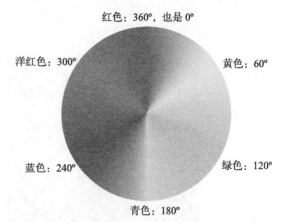

A Case of Identity

by Sir Arthur Conan Doyle

"My dear fellow," said Sherlock Holmes as we sat on either side of the fire in his lodgings at Baker Street, "life is infinitely stranger than anything which the mind of man could invent. We would not dare to conceive the things which are really mere commonplaces of existence. If we could fly out of that window hand in hand, hover over this great city, gently remove the roofs, and peep in at the queer things which are going on, the strange coincidences, the plannings, the cross-purposes, the wonderful chains of events, working through generations, and leading to the most outré results, it would make all fiction with its conventionalities and foreseen conclusions most stale and unprofitable."

"And yet I am not convinced of it," I answered. "The cases which come to light in the papers are, as a rule, bald enough, and vulgar enough. We have in our police reports realism pushed to its extreme limits, and yet the result is, it must be confessed, neither fascinating nor artistic."

"A certain selection and discretion must be used in producing a realistic effect," remarked Holmes. "This is wanting in the police report, where more stress is laid, perhaps, upon the platitudes of the magistrate than upon the details, which to an observer contain the vital essence of the whole matter. Depend upon it, there is nothing so unnatural as the commonplace."

图 14-6　具有半透明黑色背景的页面

还可以使用 opacity（不透明度）属性修改元素的不透明度。该属性接受 0 和 1 之间的数值。不过，这样做会修改整个元素（包括文本、图像和其他任何内容）的不透明度，而不仅仅影响背景色。

14.2.5 使用 HSL 和 HSLA

HSL 是一种较新的基于色轮定义颜色的方法（如图 14-7 所示）。

色相（hue，对应 HSL 中的 H）值是颜色在色轮上的位置角度，介于 0 和 360 度之间。通过判断 H 的值，便可以较为容易地辨认出这是哪种颜色。而对于十六进制色值来说，很难通过看色值代码来判断它属于哪种颜色。对于 HSL，由于有了色相，初学者可

以更好地判断该色值对应的颜色。

红色：360°，也是 0°
洋红色：300°　　　　黄色：60°
蓝色：240°　　　　绿色：120°
青色：180°

图 14-7　用于确定 HSL 中的 H（色相）的色轮（另见彩插）

饱和度（saturation，对应 HSL 中的 S）是一种颜色中灰色的量（与它相反的概念是颜色的纯度）。这个值使用百分比表示：0% 是纯灰色，而 100% 则是完全饱和的颜色。

亮度（lightness，对应 HSL 中的 L）是一种颜色中白色或黑色的量，它也以百分比表示：0% 表示没有光（黑色），100% 表示光线极亮（白色）。无论色调或饱和度是怎样的，这一条都成立。

使用 HSL 表示红色，为 hsl(0, 100%, 50%)。

同 RGB 一样，HSL 也可以附带一个表示不透明度的 Alpha 值。因此，半透明的红色可以表示为 hsla(0, 100%, 50%, 0.5)。

至此，你已经知道了 CSS 中控制颜色最常用的两个属性：background（可设置背景色）和 color（可设置文本颜色或前景色）。除此之外，CSS 里还有其他几种设置颜色的方法。

14.3　渐变色

可以使用 CSS 生成渐变色，即在两种或两种以上的颜色之间产生平滑的过渡（指定的颜色称作**色标**，color stop）。常规的渐变方式有两种：`linear-gradient`（线性渐变，沿着一条直线渐变）和 `radial-gradient`（径向渐变，从中心向四周渐变）。

提示　CSS 还包括 `conic-gradient`（锥形渐变），但截至本书撰写之际，并非所有主流浏览器都支持该属性。

在 CSS 中使用渐变色通常表现为用于生成背景图像的函数。因此，你可以在函数中配置很多信息。

最基本的渐变色只需要指定渐变类型和两种颜色。每个函数都会使用内置的默认值来处理其余参数：

```
background: linear-gradient(red,
orange);
background: radial-gradient(red,
orange);
```

第一行会生成一个从红色到橙色的线性渐变。如果未指定方向，则默认从上到下（如图 14-8 所示）。

图 14-8　一个简单的从红色到橙色的线性渐变（另见彩插）

第二行会生成一个从红色到橙色的径向渐变。默认情况下，列出的第一种颜色在最中间（如图 14-9 所示）。

图 14-9　一个简单的从红色到橙色的径向渐变（另见彩插）

设置渐变时，还有很多参数可供设置：

- 多种颜色；
- 方向；
- 色标位置（例如将红色色标指定在 10% 处，再开始过渡到橙色）；
- 尺寸。

下面我们看看生成渐变色有哪些可配置的信息。

14.3.1　线性渐变

`linear-gradient()` 函数接受两种类型的值：指定方向的值和颜色值的列表。

下面是为线性渐变指定方向的两种方法。

- `angle`（角度）：渐变的起始角度。默认为 180 度。

  角度有四种单位可供使用：`deg`（度）、`grad`（百分度）、`rad`（弧度）和 `turn`（圈数）。关于这些单位的详细介绍，参见 MDN Web Docs。

□ side-or-corner（边或角）：一组指示特定角度的关键字。这个值以单词 to 开头，接着是两个关键字（可以两个都要，也可以只选一个）：一个用于水平方向（left 或 right），一个用于垂直方向（top 或 bottom）。

因此，to bottom、to top、to right 和 to left 分别对应于 180deg、0deg、90deg 和 270deg。

14.3.2　使用 linear-gradient() 创建双色背景

(1) 输入 body {。

(2) 输入 background:。

(3) 输入 linear-gradient(，开始创建函数。

(4) 输入 to right。

这里指定了渐变的方向，即"从左至右"。

(5) 输入 rgba(0,0,0,0.25) 68%,。

这里将第一种颜色定义为不透明度为 25% 的黑色，颜色止于容器宽度 68% 的位置。

(6) 输入 rgb(0,0,0) 69%。

有 1% 的宽度用于过渡到第二种颜色，形成两种颜色分隔的边界。

(7) 输入);，结束函数。

(8) 输入 }，结束样式声明。

这样做便会创建一个双色背景，灰色作为主要内容区域的背景，黑色作为侧边栏的背景（如图 14-10 所示）。

图 14-10　使用 linear-gradient 创建带有侧边栏的背景

完整代码如下：

```
body {
    background: linear-gradient
    (to right, rgba(0,0,0,0.25)
    68%, rgb(0,0,0) 69% );
}
```

14.3.3　径向渐变

使用径向渐变时，跟上述线性渐变相比，色标的定义一样，但对渐变本身的定义则有些不同。定义 radial-gradient() 函数可以使用以下参数。

□ <position>：相对于容器左上角的位置，该值可以是 top（顶部）、bottom（底部）、left（左侧）、right（右侧）或 center（中心）。该值也可以使用数字偏移量（用两个数字分别代表 X 轴和 Y 轴上的位置）。

□ <shape>：绘制渐变的方式，该值可以是 ellipse（椭圆；默认值）或 circle（正圆）。

提示　可以使用 <extent-keyword> 定义径向渐变的尺寸。这属于较为高级的知识点，参见 MDN Web Docs。

14.3.4 创建径向渐变

(1) 输入 body {。

(2) 输入 background:。

(3) 输入 radial-gradient(。

(4) 输入 circle at center,（从中心开始的正圆）。

(5) 输入 red, blue（从红色到蓝色）。

(6) 输入);。

(7) 输入 }。

这样做的结果便是让背景拥有一个从中间开始向外扩散的圆圈，颜色逐渐过渡到边缘的蓝色（如图 14-11 所示）。

图 14-11　径向渐变的效果（另见彩插）

提示　CSS-Tricks 网站上有一篇关于渐变色的全面介绍[①]。

有一些有用的工具可以帮你生成渐变色的 CSS 代码，如 CSS Gradient（如图 14-12 所示）。

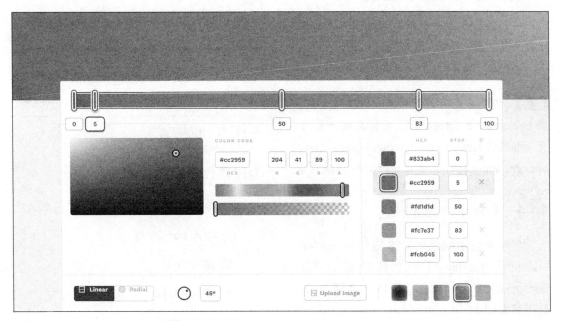

图 14-12　CSS Gradient（另见彩插）

---

① Chris Coyier. CSS Gradients, 2014.

背景图片

在 CSS 中，渐变色被视作背景图片（对应于 background-image 属性）。使用 background 属性是一种简写，浏览器足够聪明，知道你想表达的意思。

实际上，在 CSS 中也可以将图像设置为背景，其语法为：

```
background: url('url/of/image');
```

该属性还可以设置其他一些参数值，其中之一便是位置。默认情况下，该值指的是相对于区域左上角的位置，你可以提供 X 坐标（横坐标）和 Y 坐标（纵坐标）的值，也可以使用关键字，如 top、bottom、left、right、center 等。

此外，你还可以声明背景图片是否要重复显示，等等。

提升 渐变色是背景图片的一种实现方式。除 background-image 外，还有其他一些与背景相关的属性，如 background-position、background-repeat、background-size 等。

14.4 border 属性

另一个使用颜色的 CSS 属性是 border（边框）。border 是三个属性的简写：border-width、border-style（该属性的选项参见图 14-13）和 border-color。边框样式的值包括以下这些：

❏ solid（实线）；
❏ dashed（短横线构成的虚线）；
❏ dotted（点状虚线）；
❏ double（双实线）；
❏ groove（雕刻效果，与 ridge 相反）；
❏ ridge（浮雕效果，与 groove 相反）；
❏ inset（陷入效果，与 outset 相反）；
❏ outset（突出效果，与 inset 相反）；
❏ hidden（隐藏）；
❏ none（无）。

例如：

```
border: 1px solid #000000;
```

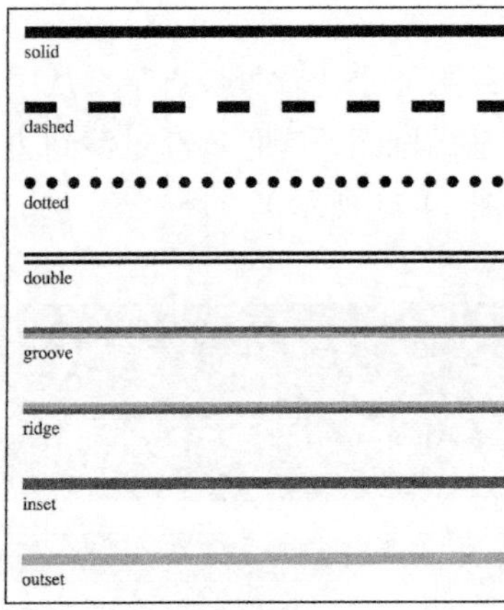

图 14-13 边框样式

为段落元素定义边框

(1) 输入 {。

(2) 输入 border:。

(3) 输入 1px。

(4) 输入 solid。

(5) 输入 red;。

(6) 输入 }。

最终效果如图 14-14 所示。

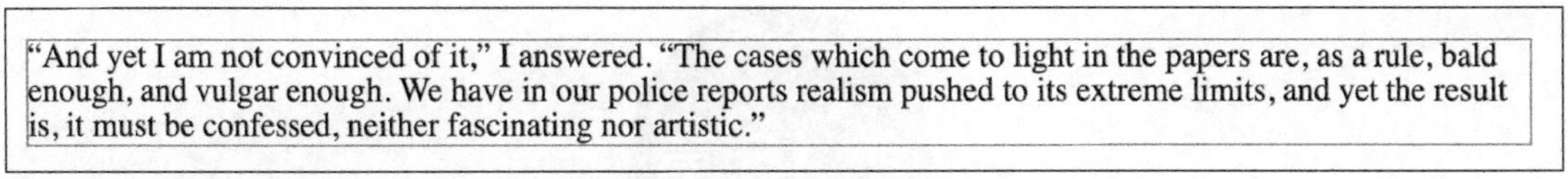

> "And yet I am not convinced of it," I answered. "The cases which come to light in the papers are, as a rule, bald enough, and vulgar enough. We have in our police reports realism pushed to its extreme limits, and yet the result is, it must be confessed, neither fascinating nor artistic."

图 14-14　段落周围的红色边框（另见彩插）

还可以对上下左右每条边框单独使用这些属性，其声明是相同的，语法如下：

```
border-[side]
border-[side]-[property]
```

因此，如果你只想设置上边框的样式，可以使用：

```
p {
    border-top: 1px solid red;
}
```

或者

```
p {
    border-top-style: solid;
}
```

提示　使用 border 而不是使用像 underline（下划线）或 overline（上划线）这样的文本装饰的主要原因是，这些文本装饰仅应用于文本，而边框则是应用于整个容器的。

关于边框以及对元素的装饰效果，还有很多其他操作可以做。除了可以设置边框样式、宽度和颜色，还可以设置 border-radius（边框半径），从而让元素的边框呈现圆角样式，这可用于实现按钮效果。此外，还可以添加 box-shadow（盒阴影）。

14.5　小结

对颜色具有正确的理解是构建网站的重要基础，有很多在线资源可以帮我们简化这一过程。

好的配色方案可以让你设计出栩栩如生甚至引人入胜的页面。当你有了这些基本概念之后，便可以开始操纵元素的位置，并按自己喜欢的方式对其进行布局了。

第 15 章

使用 CSS 进行页面布局

前面介绍了如何使用 CSS 来修改文本的外观，定义颜色。这些可能是你使用 CSS 时最为常见的操作，但 CSS 的功能远不止这些。

你可以在不修改底层 HTML 的情况下将元素放到页面上的任何地方。第 6 章介绍了如何使用 HTML 来建立页面结构。现在，是时候学习如何通过 CSS 修改页面布局了。

本章内容

❑ 盒模型
❑ 内边距与外边距
❑ 元素流
❑ 创建层和叠放元素
❑ 使用 z-index 创建弹窗
❑ 关于网页布局的一些说明
❑ 小结

15.1 盒模型

第 6 章简要介绍过盒模型。理解盒模型最简单的方式，就是想象 CSS 将每个 HTML元素都放在包围该元素自己的"盒子"里。默认情况下，当浏览器呈现网页时，会按照这些盒子在代码中出现的顺序，一个一个地排列这些盒子。这种顺序有时被称作**常规流**（normal flow）。

图 15-1 以《纽约时报》网站为例演示了盒模型。

对于每个元素，你都可以对一系列参数进行设置：

❑ 盒子的宽度和高度；
❑ 盒子边框的颜色和宽度；
❑ 边框是否可见；
❑ 盒子本身是否可见；
❑ 盒子是否脱离其在常规流中原本对应的位置；
❑ 盒子外围的边距（外边距）和盒子内部内容周围的边距（内边距）的大小。

还可以通过选择将元素设置为行内元素还是块级元素来更改元素在页面流中的位置。这会影响盒子周围有多少空间（或可以定义）。

图 15-1　为《纽约时报》网站首页上的元素加上边框，用于演示盒模型

15.1.1　CSS 的 `display` 属性

使用 `display` 属性，可以修改元素在文档流中的显示情况。以下是该属性最常见的值。

- `block`（块级）：使元素从新的一行开始，并占据容器的整个宽度（形成一个内容块）。
- `inline`（行内）：保持元素在内容流中的位置。元素不会从新的一行开始，而只会占用其所需的水平空间。某些属性（如高度和宽度）对行内元素不起作用。

- `inline-block`（行内块）：`inline` 和 `block` 的结合。元素将以行内方式呈现，但又具有块级元素的属性，如高度、宽度和边距。
- `none`（不显示）：完全隐藏元素并将其从文档流中删除。只能在源代码中看见该元素。

提示　还有一个属性可以隐藏元素，即 `visibility`（可见性）。如果设置该属性为 `hidden`（隐藏），那么用户将无法看到该元素，但该元素仍会占据页面上相对应的空间，并未从文档流中删除该元素。

提示 display 属性还有其他一些不太常见的值，第 16 章将进一步介绍其中两个——flex 和 grid。

15.1.2　将链接设置为块级元素

(1) 在样式表中输入要操作的选择器。在这个例子中，先输入 a。

(2) 如果你想要将样式应用于特定的类，则输入一个句点并紧随着类的名称，再添加左半边大括号。在这个例子中，输入 .button {①。

(3) 输入要为选择器设置的属性。在这个例子中，输入 display: block;。

(4) 输入 }，结束样式声明。

这样，便会将 button（按钮）类的链接（<a> 标签）从行内元素转变成块级元素（如图 15-2 所示）。

15.1.3　高度和宽度

如果不明确地定义高度和宽度，那么它们的默认值便是足以容纳内容的自然大小（注意块级元素的宽度是其父元素的整个宽度）。要定义特定的高度和宽度，可以使用 height（高度）和 width（宽度）属性。它们可以接受的单位与用来定义文本大小的单位是一样的：px、em、rem 以及 %。

提示 使用 % 将让目标元素的宽度等于其父元素构成的容器宽度的对应百分比。因此，如果容器的宽度为 100px，而你定义 width 为 50%，那么目标元素的宽度将为 50px。

15.1.4　为元素指定高度和宽度

(1) 在样式表中定位要应用样式规则的元素，再跟着输入一个左括号。在这个例子中，输入 aside {。

(2) 输入 width:，再输入要指定的宽度的值，在这个例子中为 400px;。

(3) 输入 height:，再输入要指定的高度的值，在这个例子中为 200px;。

(4) 输入 }，结束样式声明。

这样便为所有 aside（旁注）元素创建了一个 400px × 200px 大小的盒子（如图 15-3 所示）。

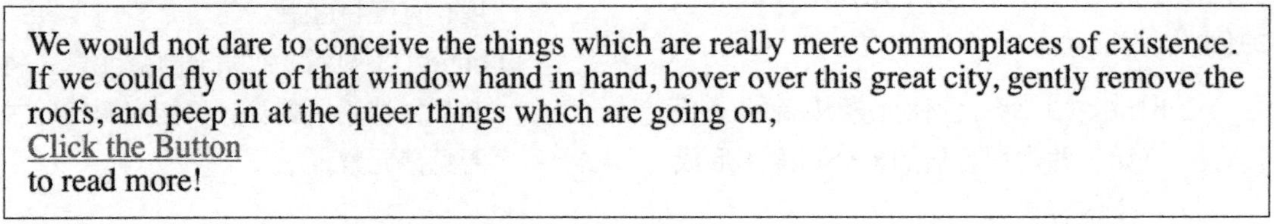

We would not dare to conceive the things which are really mere commonplaces of existence. If we could fly out of that window hand in hand, hover over this great city, gently remove the roofs, and peep in at the queer things which are going on,
Click the Button
to read more!

图 15-2　现在，button 类的 <a> 标签位于单独的行

① 此任务中第 (1) 步和第 (2) 步输入的内容之间不能有空格，两步共同构成 a.button 选择器，表示 button 类的 a。
——译者注

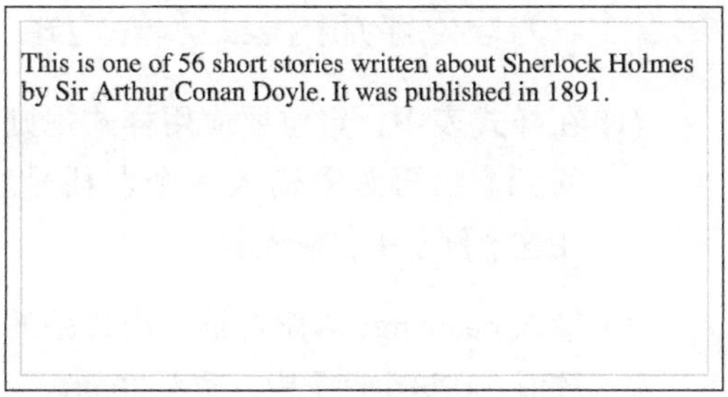

This is one of 56 short stories written about Sherlock Holmes by Sir Arthur Conan Doyle. It was published in 1891.

图 15-3　设置了宽度和高度的 `aside` 元素。此处为其加了一个边框，以表示容器的大小

提示　`height` 或 `width` 的值也可以是 `auto`（自动）。调整图像大小时，这个值特别有用。如果你想让图像的宽度为 600px，则可以设置高度的值为 `auto`，从而让图像仍然保持原有宽高比。

最后，你可以为高度和宽度设置最小值和最大值。

最小值属性包括 `min-width`（最小宽度）和 `min-height`（最小高度）。它们的含义是："不要让容器的尺寸降到该值以下"。如果你设置 `min-width: 300px;`，那么容器宽度将始终不小于 300px（取决于内容）。

而 `max-width` 和 `max-height` 则表示："不要让容器的尺寸超过此大小"。因此，`max-height: 500px` 表示容器的高度永远不会超过 500px。

根据上下文的不同，每种方法都有特定的含义。需要记住的是，`height` 和 `width` 属性设定的盒子是固定的。无论浏览器窗口或父元素构成的容器的大小如何，它们都始终是你指定的大小（如图 15-4 所示）。

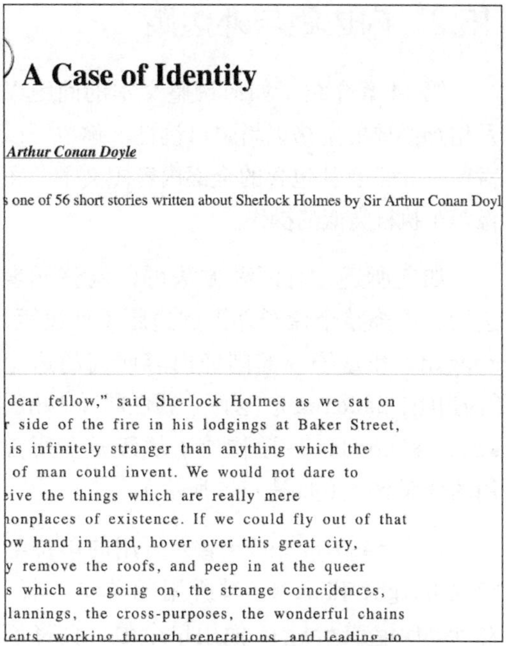

A Case of Identity

Arthur Conan Doyle

s one of 56 short stories written about Sherlock Holmes by Sir Arthur Conan Doyl

dear fellow," said Sherlock Holmes as we sat on
r side of the fire in his lodgings at Baker Street,
is infinitely stranger than anything which the
of man could invent. We would not dare to
ive the things which are really were
onplaces of existence. If we could fly out of that
ow hand in hand, hover over this great city,
y remove the roofs, and peep in at the queer
s which are going on, the strange coincidences,
lannings, the cross-purposes, the wonderful chains
ents working through generations, and leading to

图 15-4　此时，元素的宽度已超过浏览器的宽度，从而导致其内容超出了用户的可视区域

使用 overflow

你可能会遇到这样的情况：设置了特定的高度或宽度之后，文本会溢出到盒子之外，从而使盒子的尺寸遭到破坏。

而 overflow（溢出）属性可以解决这样的问题，将该属性设为以下值即可。

- ❑ hidden（隐藏）：将任何超出容器的内容进行隐藏。
- ❑ scroll（滚动）：如果有内容超出容器，则为容器添加滚动条。

15.2 内边距与外边距

第 14 章介绍了如何调整文本的间距以及增加必要的空格以增强可读性。你也可以对整个元素及其包含的全部内容（文本、图像等）执行类似的操作。

如前所述，有两种方法可以调整元素边距：围绕整个盒子外围的边距（外边距，`margin`）和盒子内部围绕内容四周的边距（内边距，`padding`）。这两个属性同 `height`、`width` 和 `border` 一道构成了块级元素所占用的全部空间（如图 15-5 所示）。

定义 `padding` 和 `margin` 所用的单位与定义 `height` 和 `width` 时所用的单位一样。对 `padding` 或 `margin` 使用单个值，会将该值应用于元素的上下左右四个方向。

15.2.1 为段落添加内边距和外边距

(1) 在样式表中，定位要应用样式规则的元素，再跟着输入一个左括号。在这个例子中，输入 p {。

(2) 输入 `padding`: 紧跟着输入内边距的数值。在这个例子中，输入 **20px;**。

(3) 输入 `margin`: 和外边距的值。在这个例子中，输入 **20px;**。

(4) 输入 }，结束声明。

这样会为段落增加一些额外的边距（如图 15-6 所示）。

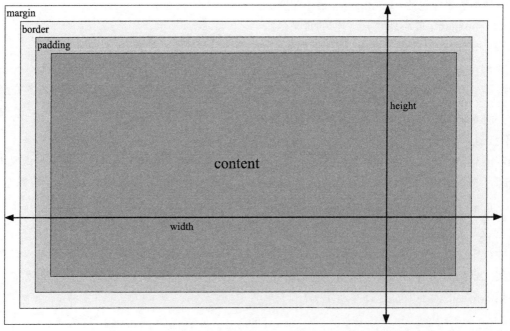

图 15-5 `padding`、`margin`、`height`、`width` 和 `border` 属性是如何影响块级元素的

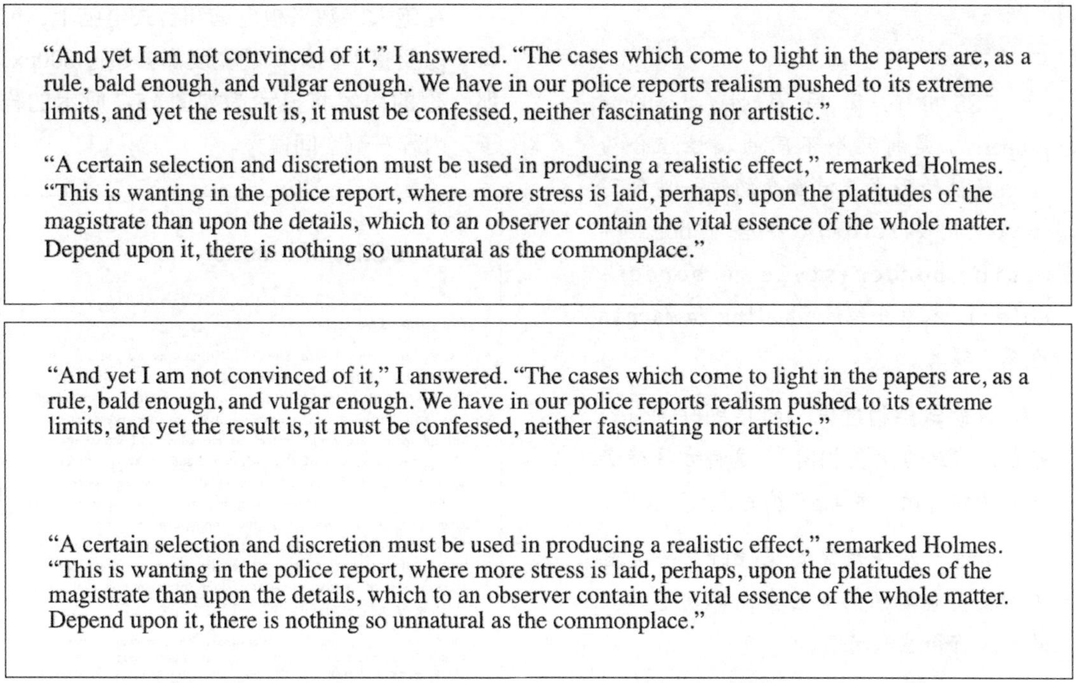

> "And yet I am not convinced of it," I answered. "The cases which come to light in the papers are, as a rule, bald enough, and vulgar enough. We have in our police reports realism pushed to its extreme limits, and yet the result is, it must be confessed, neither fascinating nor artistic."
>
> "A certain selection and discretion must be used in producing a realistic effect," remarked Holmes. "This is wanting in the police report, where more stress is laid, perhaps, upon the platitudes of the magistrate than upon the details, which to an observer contain the vital essence of the whole matter. Depend upon it, there is nothing so unnatural as the commonplace."

> "And yet I am not convinced of it," I answered. "The cases which come to light in the papers are, as a rule, bald enough, and vulgar enough. We have in our police reports realism pushed to its extreme limits, and yet the result is, it must be confessed, neither fascinating nor artistic."
>
> "A certain selection and discretion must be used in producing a realistic effect," remarked Holmes. "This is wanting in the police report, where more stress is laid, perhaps, upon the platitudes of the magistrate than upon the details, which to an observer contain the vital essence of the whole matter. Depend upon it, there is nothing so unnatural as the commonplace."

图 15-6　上图里的段落既没有设置 padding 也没有设置 margin，下图里的段落则同时设置了这两个属性

15.2.2　更精细地控制内外边距的值

对于 padding 和 margin，并非只能使用一个值。我们可以为盒子的上下左右四条边指定不同的内外边距的值，有多种实现方法。

可以显式定义每一个方向上的内外边距，如表 15-1 所示。

表 15-1　内外边距属性

内 边 距	外 边 距
padding-left	margin-left
padding-top	margin-top
padding-right	margin-right
padding-bottom	margin-bottom

也可以使用简写版本，即在一条声明中分别指定四条边上的值：

```
padding: [top] [right] [bottom] [left];
margin: [top] [right] [bottom] [left];
```

属性值是按从顶部开始的顺时针方向应用的。更短的简写版本则是：

```
padding: [top/bottom] [left/right];
margin: [top/bottom] [left/right];
```

这里用两个值取代四个值。第一个值设置的是顶部和底部的边距，第二个值则是左侧和右侧的边距。

最后，还有一种包含三个值的声明方式：

```
padding: [top left/right bottom];
margin: [top left/right bottom];
```

这时，第一个值设置的是顶部的边距，中间的值用于左侧和右侧，最后一个值用于底部。

15.2.3　使用 margin: auto

有时，当为一个容器设置了宽度之后，你还希望让该容器在页面上水平居中。对于这一需求，使用 margin 属性很容易实现。当你将 margin 的值设为 auto 之后，浏览器将计算父容器的宽度，减去目标元素的宽度，将差值平均分配到元素两侧。

假设有一个宽度为 800px 的 wrapper 类：

```
.wrapper {
    width: 800px;
}
```

在绝大多数平板电脑和台式电脑上，窗口（以及整个网站）的宽度都会超过 800px，那么你的内容将显示为如图 15-7 所示的样子，内容右侧空间偏大。

A Case of Identity

by Sir Arthur Conan Doyle

"My dear fellow," said Sherlock Holmes as we sat on either side of the fire in his lodgings at Baker Street, "life is infinitely stranger than anything which the mind of man could invent. We would not dare to conceive the things which are really mere commonplaces of existence. If we could fly out of that window hand in hand, hover over this great city, gently remove the roofs, and peep in at the queer things which are going on, the strange coincidences, the plannings, the cross-purposes, the wonderful chains of events, working through generations, and leading to the most outré results, it would make all fiction with its conventionalities and foreseen conclusions most stale and unprofitable."

"And yet I am not convinced of it," I answered. "The cases which come to light in the papers are, as a rule, bald enough, and vulgar enough. We have in our police reports realism pushed to its extreme limits, and yet the result is, it must be confessed, neither fascinating nor artistic."

"A certain selection and discretion must be used in producing a realistic effect," remarked Holmes. "This is wanting in the police report, where more stress is laid, perhaps, upon the platitudes of the magistrate than upon the details, which to an observer contain the vital essence of the whole matter. Depend upon it, there is nothing so unnatural as the commonplace."

图 15-7　不 使 用 margin: auto 时 的 容 器（.wrapper）：内容会居左

对 margin 属性使用关键字 auto 便可以让内容自动在窗口中居中显示。

使用 auto 关键字有两种方式：一种是只 使 用 auto 作 为 margin 的 值（margin: auto），另一种是将左右外边距设为 auto 的同时也设置上下外边距（如 margin: 30px auto）。两种情况都会让元素水平居中，只不过后者在容器的上边和下边还加上了 30px 的外边距。

15.2.4 使用 `margin: auto` 让元素自动居中显示

(1) 在样式表中定位要应用样式规则的元素，再跟着输入一个左括号。在这个例子中，输入 `.wrapper {`。

(2) 在新的一行输入 `width:`，再输入宽度的值。在这个例子中，输入 `800px;`。严格来说，为容器设置宽度并不是必需的，但如果不设置宽度，就看不到使用 `auto` 关键字的效果。

(3) 在新的一行输入 `margin:`，再输入外边距的值，可以选择性包含上下外边距的值。在这个例子中，输入 `30px auto;`。

(4) 在新的一行输入 `}`。

完整的规则集如下所示：

```
.wrapper {
    width: 800px;
    margin: 30px auto;
}
```

这样会让所有类名为 `wrapper` 的元素在页面上居中显示（如图 15-8 所示）。

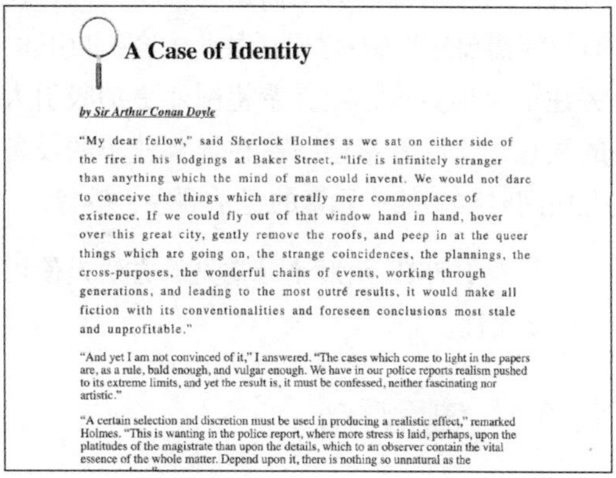

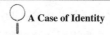

图 15-8　使用 `margin: auto` 让容器居中显示

15.3　元素流

默认情况下，元素是按照它们在 HTML 中出现的顺序，以块级或行内的形式流动到页面上的。图 15-9 显示了页面上的元素是如何自然流动的，其中块级元素用外框线框出来了。可以看到，块级元素会占据页面的整个宽度，它们决定了元素自然流动的整体框架。链接和其他格式化的文本则在这些块级元素内部以行内方式显示（例如无序列表中的链接）。

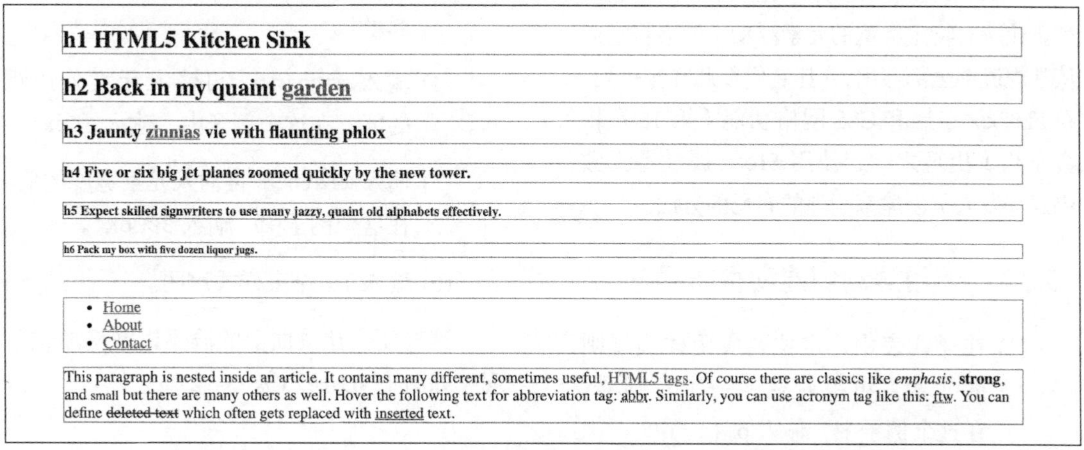

图 15-9　这张出色的截图来自 Chris Coyier 的 CodePen 页面

但是，有一些方法可以改变元素流动的方式。当你遇到诸如下面这样的情况时，便有可能需要这样做：你想让某些内容（如引述、旁注）突出显示，或者希望图片更加吸引人的注意，又或者希望网站在屏幕较小的设备上访问时改变某些元素的显示顺序，等等。

修改 HTML 元素流最常见的方法是使用 float 属性。

15.3.1　使用浮动

float（浮动）属性可以让元素脱离常规流程，将其置于容器的右侧或左侧，例如：

```
aside {
        float: right;
}
```

这样会将 aside 元素移到右侧，并让其他元素在其周围流动（如图 15-10 所示）。完整的代码见代码清单 15-1。

注意，浮动的元素会让它下面的元素包围着它，因此，如果你希望浮动的元素出现在容器顶部，就要让它成为容器里的第一个元素。

float 属性还可以用于让元素呈网格状排列。让所有特定类型的元素浮动，便会将它们从常规流中全部移出，并让它们彼此并排排列。在 Flexbox 布局和 CSS 网格功能（第 16 章将会介绍）出现之前，使用 float 属性是无数 Web 开发人员创建基于列的布局的方法。

15.3.2　使用浮动创建网格布局

(1) 在样式表中，定位要应用样式规则的元素，再跟着输入一个左括号。在这个例子中，输入 p {。

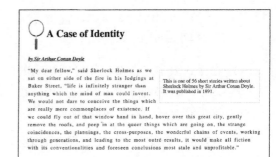

图 15-10　旁注向右浮动，其他内容则围绕着它

代码清单 15-1　用于产生图 15-10 效果的 CSS 代码

```
main {
    width: 800px;
    margin: 0 auto;
}

aside {
    border: 1px solid #333333;
    padding: 30px;
    width: 200px;
    float: right;
}
```

(2) 输入 float:。

(3) 输入 left;，从而让元素向容器的左侧浮动。

　　如果要让元素向右侧浮动，则使用 right。

(4) 输入 margin:，再输入元素外边距的值。在这个例子中，输入 15px;。

(5) 输入 width:，再输入元素宽度的值。在这个例子中，输入 300px;。

(6) 输入 }，结束样式声明。

这样便会让页面上的段落以网格形式呈现（如图 15-11 所示）。

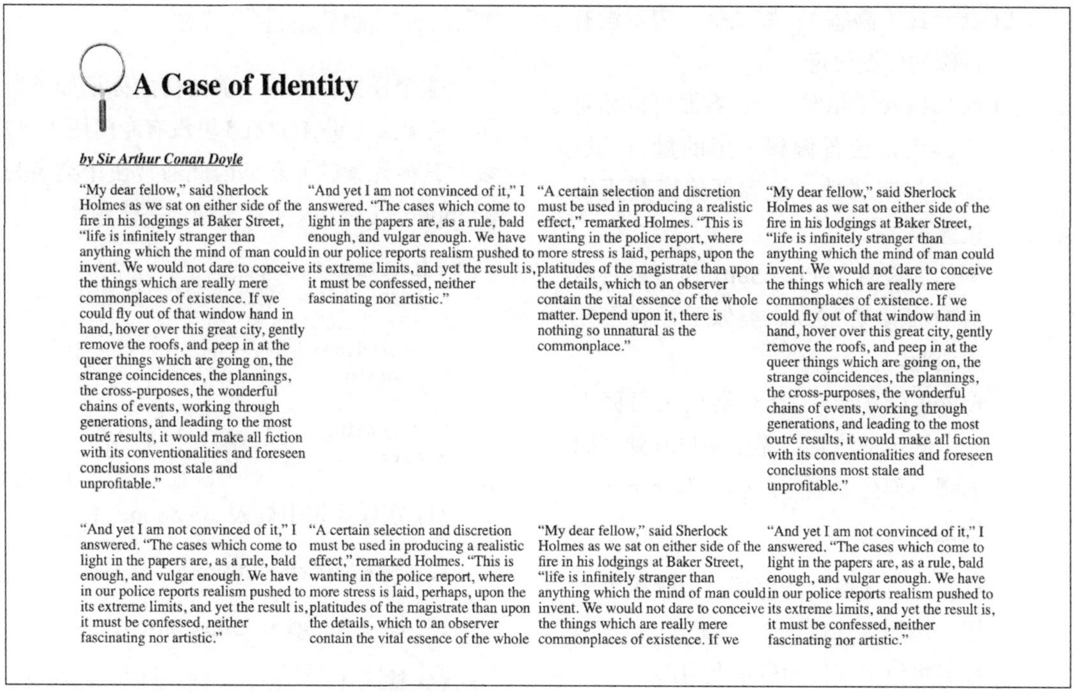

A Case of Identity

by Sir Arthur Conan Doyle

"My dear fellow," said Sherlock Holmes as we sat on either side of the fire in his lodgings at Baker Street, "life is infinitely stranger than anything which the mind of man could invent. We would not dare to conceive the things which are really mere commonplaces of existence. If we could fly out of that window hand in hand, hover over this great city, gently remove the roofs, and peep in at the queer things which are going on, the strange coincidences, the plannings, the cross-purposes, the wonderful chains of events, working through generations, and leading to the most outré results, it would make all fiction with its conventionalities and foreseen conclusions most stale and unprofitable."

"And yet I am not convinced of it," I answered. "The cases which come to light in the papers are, as a rule, bald enough, and vulgar enough. We have in our police reports realism pushed to its extreme limits, and yet the result is, it must be confessed, neither fascinating nor artistic."

"A certain selection and discretion must be used in producing a realistic effect," remarked Holmes. "This is wanting in the police report, where more stress is laid, perhaps, upon the platitudes of the magistrate than upon the details, which to an observer contain the vital essence of the whole matter. Depend upon it, there is nothing so unnatural as the commonplace."

"My dear fellow," said Sherlock Holmes as we sat on either side of the fire in his lodgings at Baker Street, "life is infinitely stranger than anything which the mind of man could invent. We would not dare to conceive the things which are really mere commonplaces of existence. If we could fly out of that window hand in hand, hover over this great city, gently remove the roofs, and peep in at the queer things which are going on, the strange coincidences, the plannings, the cross-purposes, the wonderful chains of events, working through generations, and leading to the most outré results, it would make all fiction with its conventionalities and foreseen conclusions most stale and unprofitable."

"And yet I am not convinced of it," I answered. "The cases which come to light in the papers are, as a rule, bald enough, and vulgar enough. We have in our police reports realism pushed to its extreme limits, and yet the result is, it must be confessed, neither fascinating nor artistic."

"A certain selection and discretion must be used in producing a realistic effect," remarked Holmes. "This is wanting in the police report, where more stress is laid, perhaps, upon the platitudes of the magistrate than upon the details, which to an observer contain the vital essence of the whole

"My dear fellow," said Sherlock Holmes as we sat on either side of the fire in his lodgings at Baker Street, "life is infinitely stranger than anything which the mind of man could invent. We would not dare to conceive the things which are really mere commonplaces of existence. If we

"And yet I am not convinced of it," I answered. "The cases which come to light in the papers are, as a rule, bald enough, and vulgar enough. We have in our police reports realism pushed to its extreme limits, and yet the result is, it must be confessed, neither fascinating nor artistic."

图 15-11　使用 `float` 属性让段落以网格形式呈现

15.3.3　清除浮动

尽管上面介绍的使用浮动创建布局的方法是可行的，但使用浮动也会对常规流中的元素造成破坏。常规流中的元素在围绕浮动元素时，可能会出现在意想不到的地方。尽管有更好的方法来实现网格布局（第 16 章会讲到），但只需要使用 `clear` 属性就可以解决上述问题。该属性会让对应元素位于任何浮动内容的下方，例如：

```
.next-section {
    clear: left;
}
```

该属性的值除 `left`（清除左浮动）外，还包括 `right`（清除右浮动）和 `both`（清除左右浮动）。

提示　在构建页面布局时，使用 `clear` 属性通常被称作"clearfix"。甚至为实现该目的而构建的类也被命名为 `clearfix`。

15.3.4　使用 `position` 属性

另一种用于改变元素和容器位置的方法是使用 `position` 属性。稍后将列出该属性可以接受的值。

使用该属性时，通常还会同时使用一组用于指定元素具体位置的属性：`left`（左）、`right`（右）、`top`（上）、`bottom`（下）。这些属性的值都可以使用常规单位（`px`、`em`、`rem` 和 `%`）。根据 `position` 属性值的不同，上面这些属性的含义也略有不同。下面列举了 `position` 属性的值以及与定位相关的属性。

- static（静态）：默认值，表示没有特殊的位置设定。
- relative（相对）：让容器可以相对于其正常位置偏移一定的量。通过设置方向属性，让容器偏离其正常位置。

  例如，设置 left: 50px 便可以将容器向右移动 50px，类似于设置了左外边距。
- fixed（固定）：让容器处于页面上一个固定的位置，无论用户看到页面的哪一部分，固定的容器都处于同一位置。

  这时，方向属性的值便可以理解为坐标，例如，left: 0; top: 0; 表示容器将位于窗口的最左上角。
- absolute（绝对）：让容器可以相对于其父元素构成的容器偏移一定的量。这时，对方向属性的设置类似于使用固定位置时对方向属性的设置。
- sticky（黏性）：容器将呈现为相对状态（与常规流一样），直到用户滚动页面让容器到达特定位置，便固定在屏幕上的某个位置。

  例如，若设置 top: 0，那么元素将在常规流中处理相对定位，直到页面滚动一定距离后，当元素要向上移出窗口时，它会保持在那里，元素的顶部边缘紧贴着网页可见区域的顶部。一旦超过了某个阈值，该元素的行为就好像使用了固定定位一样，且固定的位置为距离顶端 0 像素。

15.3.5 制作黏性侧边栏

这个任务在开始之前的初始标记如下所示。从语义上讲，HTML5 里没有专门用于"包装"其他元素的元素，因此通常使用类名为 wrapper 的 <div> 元素实现这一作用：

```
<div class="wrapper">
    <aside>
        ...
    </aside>
    <main>
        ...
    </main>
</div>
```

(1) 在样式表中输入 .wrapper {。

(2) 输入 width: 800px;。

(3) 输入 margin: 30px auto;。

(4) 输入 }。

(5) 输入 main {。

(6) 输入 width: 500px;。

(7) 输入 }。

(8) 输入 aside {。

(9) 输入 width: 260px;。

(10) 输入 padding: 15px;。

(11) 输入 float: right;。

(12) 输入 position: sticky;。

(13) 输入 top: 0;。

(14) 输入 }。

这段代码会生成带有黏性侧边栏的两栏布局。你可以为侧边栏添加背景、边框等样式，从而让它看起来有些不同（如图 15-12 所示）。完整的代码见代码清单 15-2 和代码清单 15-3。

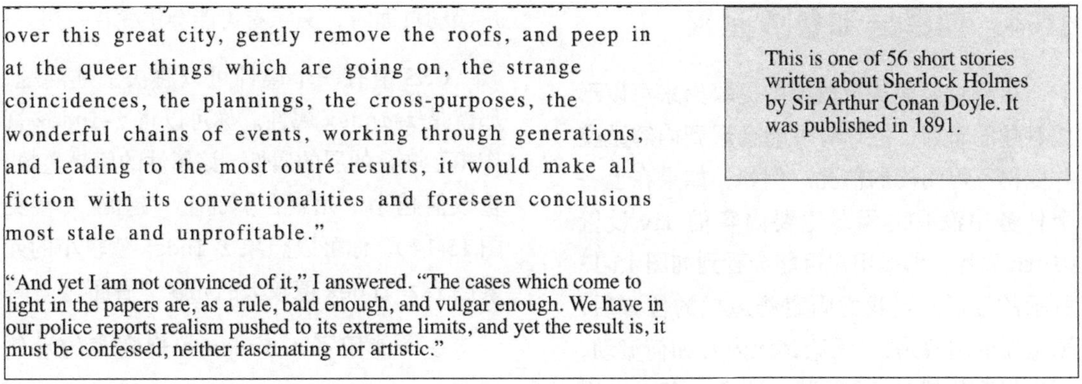

over this great city, gently remove the roofs, and peep in at the queer things which are going on, the strange coincidences, the plannings, the cross-purposes, the wonderful chains of events, working through generations, and leading to the most outré results, it would make all fiction with its conventionalities and foreseen conclusions most stale and unprofitable."

"And yet I am not convinced of it," I answered. "The cases which come to light in the papers are, as a rule, bald enough, and vulgar enough. We have in our police reports realism pushed to its extreme limits, and yet the result is, it must be confessed, neither fascinating nor artistic."

> This is one of 56 short stories written about Sherlock Holmes by Sir Arthur Conan Doyle. It was published in 1891.

图 15-12　带有黏性侧边栏的两栏布局

代码清单 15-2　图 15-12 所示页面的 HTML 代码

```
<div class="wrapper">
    <aside>
        This is one of 56 short stories
        → written about Sherlock Holmes by
        → Sir Arthur Conan Doyle. It was
        → published in 1891.
    </aside>
    <main>
        <p>"My dear fellow," said Sherlock
        → Holmes as we sat on either
        → side of the fire in his lodgings
        → at Baker Street, "life is
        → infinitely stranger than
        → anything which the mind of
        → man could invent. We would not
        → dare to conceive the things
        → which are really mere
        → commonplaces of existence.
        → If we could fly out of that
        → window hand in hand, hover
        → over this great city, gently
        → remove the roofs, and peep in
        → at the queer things which
        → are going on, the strange
        → coincidences, the plannings,
        → the cross-purposes, the
        → wonderful chains of events,
        → working through generations,
        → and leading to the most outré
        → results, it would make
        → all with its conventionalities
        → and foreseen conclusions most
        → stale and unprofitable."</p>
```

```
        <p>"And yet I am not convinced of it," I
        → answered. "The cases which come to
        → light in the papers are, as a rule,
        → bald enough, and vulgar enough. We have
        → in our police reports realism pushed to
        → its extreme limits, and yet the
        → result is, it must be confessed, neither
        → fascinating nor artistic."</p>
    </main>
</div>
```

代码清单 15-3　图 15-12 所示页面的 CSS 代码

```
.wrapper {
    width: 800px;
    margin: 30px auto;
}

main {
    width: 500px;
}

aside {
    width: 260px;
    padding: 15px;
    float: right;
    position: sticky;
    top: 0;
    background:rgba(0,0,0,0.085);
    border: 1px solid #333333;
}

p:nth-of-type(1) {
    line-height: 1.5em;
    letter-spacing: 0.1em;
    word-spacing: 0.2em;
}
```

15.4 创建层和叠放元素

尽管将元素从自然流中提取出来可以形成有趣的布局，但你有可能会遇到内容重叠并变得不可阅读的情况。例如，如果在上一个任务中没有对承载主要内容的 div 设置 width 属性，那么用户可能会看到如图 15-13 所示的情形。当我们固定侧边栏的位置后，浏览器的理解是："无论其他内容如何流动，侧边栏都始终位于这里"。这意味着，当用户滚动页面时，文字有可能会重叠在一边。

CSS 中有一个属性可以解决上述问题，那就是 z-index 属性。你可以将 z-index 视作相互堆叠的层的属性。该属性的值是整数。整数值越小，元素在页面上"越低"（参见图 15-14）。你可以想象 z-index 值较小的元素位于 z-index 值较大的元素"后面"。

一个使用了 z-index 的规则集的示例如下：

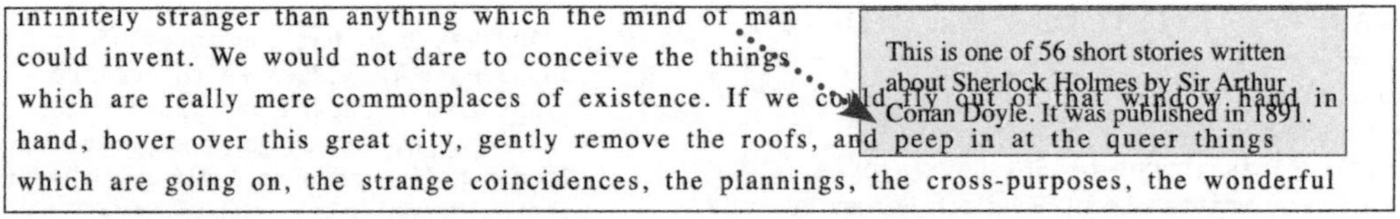

infinitely stranger than anything which the mind of man could invent. We would not dare to conceive the things which are really mere commonplaces of existence. If we could fly out of that window hand in hand, hover over this great city, gently remove the roofs, and peep in at the queer things which are going on, the strange coincidences, the plannings, the cross-purposes, the wonderful

This is one of 56 short stories written about Sherlock Holmes by Sir Arthur Conan Doyle. It was published in 1891.

图 15-13　修改元素位置后内容相互重叠

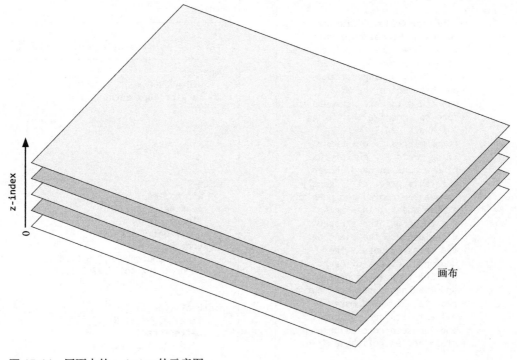

图 15-14　网页中的 z-index 的示意图

```
aside {
    position: fixed;
    top: 0;
    z-index: 10;
}
```

提示 只有当元素的 position 属性值不是 static 时,z-index 才起作用。

提示 将 z-index 的值设置为 10 或 100 的倍数是一个良好的习惯。特别是在较大的项目中,这样做可以留下一些回旋的余地——你可能在项目推进过程中意识到需要在已有的两个值之间添加一个中间值。

15.5 使用 z-index 创建弹窗

使用 z-index 的一个实际案例是创建一块内容并让它显示在其余内容的上面。例如,你可能见过请你加入某个邮件列表的弹窗。

通过下面这个任务,你将学习构建弹窗的基础知识。在现实世界中,你需要用到一些 JavaScript 来控制弹窗的可见性。不过,通过这个任务你将清楚地了解 z-index 的工作原理。

使用 z-index 创建弹窗

要应用样式的 HTML 代码如下:

```
<div class="overlay">
    <h3>This is an important alert!
    ↪</h3>
</div>
<header>
    <h1>A Case of Identity</h1>
</header>
<main>
    (这里是页面的主体内容)
</main>
```

(1) 在样式表中,定位要应用样式规则的元素,再跟着输入一个左括号。在这个例子中,输入 .overlay {。

(2) 在新的一行输入 position: absolute;,让元素使用绝对定位。

(3) 由于元素使用绝对定位,因此现在可以使用位置属性来移动它。在新的一行输入 top: 10%;,将其向下移动一点儿。

(4) 使用 z-index 让元素显示在其他所有元素的上面。所有元素的 z-index 值默认为 0,因此,在新的一行输入 z-index: 1000;。

只要没有 z-index 值超过 1000 的元素,我们的弹窗都将位于其他所有元素之上。

(5) 为了更好地观察结果,我们为元素添加一个背景色。在新的一行输入 background: #cfcfcf;。

(6) 还可以让弹窗中的文本居中,在新的一行输入 text-align: center;。

(7) 最后,添加一些内边距,从而让弹窗显得更加突出。在新的一行输入 padding: 40px;。

(8) 在新的一行输入 }。

这样做的结果是在页面主体内容之上叠放了一块文本内容,如图 15-15 所示。

A Case of Identity

"My dear fellow," said Sherlock Holmes as we sat on either side of the fire in his lodgings at Baker Street, "life is infinitely stranger than anything which the ~~~ to conceive the things which are ~~~ could fly out of that window ~~~ remove the roofs, and peep in

This is an important alert!
~~~range coincidences, the
~~~chains of events, working
~~~toutré results, it would make all
~~~ conclusions most stale and
unprofitable."

"And yet I am not convinced of it," I answered. "The cases which come to light in the papers are, as a rule, bald enough, and vulgar enough. We have in our police reports realism pushed to its extreme limits, and yet the result is, it must be confessed, neither fascinating nor artistic."

图 15-15　使用 `position: absolute` 和 `z-index` 构建的弹窗

15.6　关于网页布局的一些说明

近年来，使用 CSS 创建布局的方法取得了长足进步。在网页上创建布局一开始采用的是 HTML 表格，后来是让元素浮动并用 CSS 清除浮动。有很多用于帮你创建漂亮网格布局的框架。**框架**（framework）是一组结构化的文件（包括 HTML、CSS 甚至 JavaScript），能为你提供构建新网站的基础。关于框架的更多信息，见侧边栏"使用 CSS 框架"。

如今，CSS 网格和 Flexbox（第 16 章将介绍这两套布局方案）已经有了广泛的浏览器支持，因此应该使用它们代替浮动元素和清除浮动的布局方案。这些方法能让代码具有很好的语义，使其更简洁并易于维护。不过，本章介绍的技术（通过浮动和位置改变元素的常规流）在 Web 设计领域仍然占有一席之地。

至此，你已经有了足够的工具和方法来创建美观的布局。

使用 CSS 框架

CSS 框架包含一组预先定义好的样式，可以帮你实现快速开发。它们不仅涉及布局，还包含一组通用的组件，这对简化 Web 设计工作流非常有用。

而且，好的框架会持续更新，以支持新出现的方法。例如，流行的 CSS 框架 Bootstrap 现已支持使用 Flexbox 进行布局。

Rachel Andrews 撰写的一篇文章[1]权衡了使用框架的优缺点。

我推荐两个流行的框架：Bootstrap 和 Foundation。

15.7　小结

现在，你已经学会了如何修改页面及元素 / 容器的常规流，并且掌握了常见的方法，包括让元素浮动（以及清除浮动），改变元素的位置，使用 `z-index`，等等。

你可能想得到，当试着使用这些属性创建较为复杂的布局时，可能会遇到不少麻烦，实际上这也正是当初那些 CSS 框架流行起来的原因。不过，CSS 本身已经通过引入 CSS 网格和 Flexbox 这两个重要的新功能解决了上述问题。

---

① 参见 "CSS Frameworks Or CSS Grid: What Should I Use For My Project?"。

第 16 章

CSS 网格和 Flexbox 布局

第 15 章介绍了盒模型及相关样式，以及对网页进行布局的一些方法。

不过，CSS 已经引入了一些新工具，让你可以更好地控制标记，并为其赋予更多语义。这些工具就是 CSS 网格布局模块和 CSS 弹性盒子布局模块，二者通常简称为 CSS 网格和 Flexbox。本章将介绍它们是什么，如何使用它们，以及何时该使用它们。

本章内容

- ❑ 一个重要问题的现代解决方案
- ❑ 使用 Flexbox
- ❑ 使用 CSS 网格布局
- ❑ 浏览器支持情况
- ❑ 小结

16.1　一个重要问题的现代解决方案

Flexbox 和 CSS 网格（简称网格）之所以出现，部分原因是它们是一个重要问题的现代解决方案。这个问题便是创建可以在不同尺寸的屏幕上正常工作的灵活布局。

随着**响应式 Web 设计**（responsive web design，RWD）的出现，通过浮动元素构建的布局有一个严重的问题：无法控制堆叠顺序。这个问题对 SEO 也有影响。

这意味着，如果像在第 15 章中所做的那样浮动 aside 元素，那么该元素就需要位于主要内容的前面。这样对于搜索引擎来说，侧边栏的优先级更高。同时，对内容逐个堆叠的时候，侧边栏始终排在前面。

响应式 Web 设计

随着移动设备的广泛出现和日益普及，让网站在小屏幕上也能良好显示的重要性日益提升，这也成了 RWD 流行起来的催化剂。RWD 确保无论用户使用哪种设备浏览网站，网站都能呈现良好的外观。

借助第 17 章将要介绍的 CSS 媒体查询功能，你可以根据不同的屏幕尺寸创建不同的 CSS 规则。

RWD 有一系列优点，主要包括：

☐ 不需要专门为移动设备创建单独的网站；

☐ 网站的加载速度更快；

☐ 网站的布局得到了优化。

CSS 网格和 Flexbox：应该使用哪个

CSS 网格和 Flexbox 在本章都会讲到，但在讲解它们之前，有必要了解它们之间的区别，从而在学习时做到心里有数。

对于这个问题，最常见的答案是：Flexbox 仅在一个维度上（要么按行，要么按列）组织内容，而 CSS 网格则在行和列两个维度上组织内容。

当前，浏览器都能很好地支持它们，Can I Use 网站给出了浏览器对它们的支持情况的表格（如图 16-1 和图 16-2 所示）。

如图 16-3 和图 16-4 所示，Flexbox 和 CSS 网格能提供相似的结果。

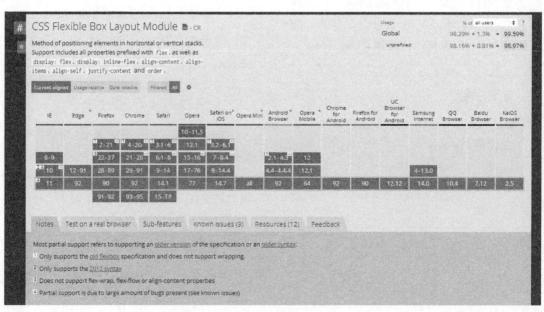

图 16-1　浏览器对 Flexbox 的支持情况

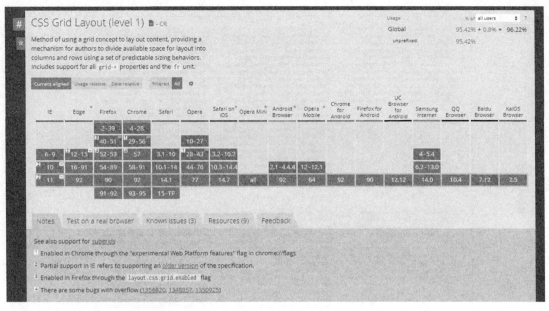

图 16-2 浏览器对 CSS 网格的支持情况

Lorem ipsum dolor sit amet, consectetur adipisicing elit, sed do eiusmod tempor incididunt ut labore et dolore magna aliqua. Ut enim ad minim veniam, quis nostrud exercitation ullamco laboris nisi ut aliquip ex ea commodo consequat. Duis aute irure dolor in reprehenderit in voluptate velit esse cillum dolore eu fugiat nulla pariatur. Excepteur sint occaecat cupidatat non proident, sunt in culpa qui officia deserunt mollit anim id est laborum.

Sed ut perspiciatis unde omnis iste natus error sit voluptatem accusantium doloremque laudantium, totam rem aperiam, eaque ipsa quae ab illo inventore veritatis et quasi architecto beatae vitae dicta sunt explicabo. Nemo enim ipsam voluptatem quia voluptas sit aspernatur aut odit aut fugit, sed quia consequuntur magni dolores eos qui ratione voluptatem sequi nesciunt. Neque porro quisquam est, qui dolorem ipsum quia dolor sit amet, consectetur, adipisci velit, sed quia non numquam eius modi tempora incidunt ut labore et dolore magnam aliquam quaerat voluptatem. Ut enim ad minima veniam, quis nostrum exercitationem ullam corporis suscipit laboriosam, nisi ut aliquid ex ea commodi consequatur? Quis autem vel eum iure reprehenderit qui in ea voluptate velit esse quam nihil molestiae consequatur, vel illum qui dolorem eum fugiat quo voluptas nulla pariatur?

At vero eos et accusamus et iusto odio dignissimos ducimus qui blanditiis praesentium voluptatum deleniti atque corrupti quos dolores et quas molestias excepturi sint occaecati cupiditate non provident, similique sunt in culpa qui officia deserunt mollitia animi, id est laborum et dolorum fuga. Et harum quidem rerum facilis est et expedita distinctio. Nam libero tempore, cum soluta nobis est eligendi optio cumque nihil impedit quo minus id quod maxime placeat facere possimus, omnis voluptas assumenda est, omnis dolor repellendus. Temporibus autem quibusdam et aut officiis debitis aut rerum necessitatibus saepe eveniet ut et voluptates repudiandae sint et molestiae non recusandae. Itaque earum rerum hic tenetur a sapiente delectus, ut aut reiciendis voluptatibus maiores alias consequatur aut perferendis doloribus asperiores repellat.

图 16-3 一个简单的 Flexbox 的示例

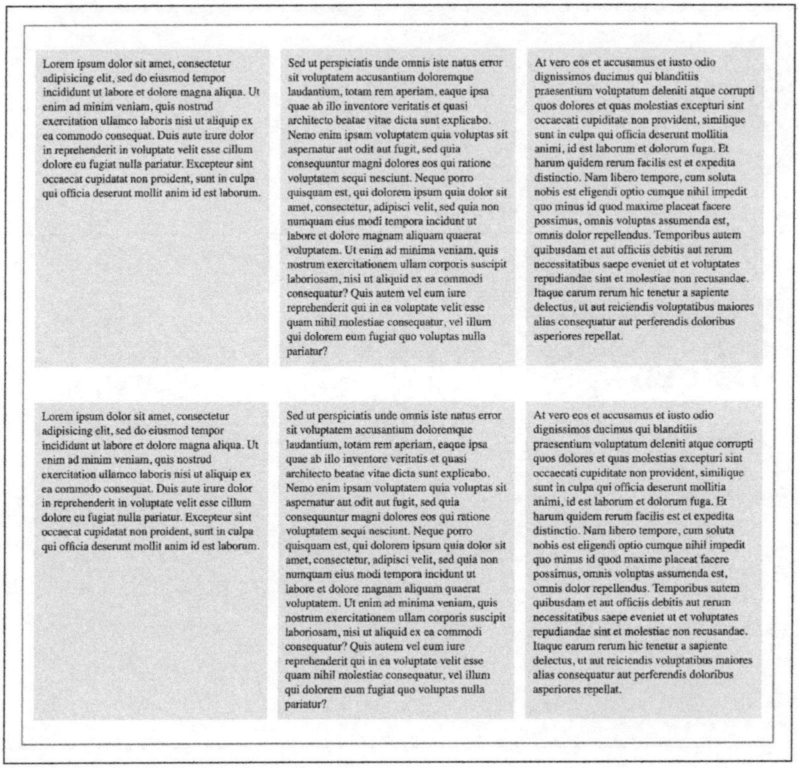

图 16-4　一个简单的 CSS 网格的示例

你很快便会发现，CSS 网格比 Flexbox 更加精细。在深入探讨这一点之前，我们先看看 Flexbox。

丰富的相关资源

　　本章将介绍 Flexbox 和 CSS 网格，但无法兼顾全部内容，还有很多值得了解的内容没有谈及。下面列举了一些不错的资源，其中还有一些很有帮助的互动式教程。

- CSS-Tricks 网 站 的 "Flexbox 完 全 指 南"（"A Complete Guide to Flexbox"）。
- CSS-Tricks 网站的"网格完全指南"（"A Complete Guide to Grid"）。
- Grid by Example 网站。
- Flexbox Froggy[①]网站。
- Grid Garden 网站。

---

① "Froggy" 是该网站创建的一个卡通形象（青蛙），该网站让访问者以互动的形式学习 Flexbox。——译者注

16.2　使用 Flexbox

我们首先将元素 `display` 属性的值设为 `flex`，这样便会让该元素及其子元素按照 CSS 弹性盒子布局模块（即 Flexbox）的规则进行排列。

本质上说，这样做之后，便为该元素及其子元素激活了一系列包含 `flex` 一词的属性。

所有这些属性都有默认值，因此，当你使用 `display` 属性激活了 Flexbox 之后，立刻就能看到效果。下面假设在一个 `div` 容器中有一些段落（如图 16-5 所示）。

提示　"Flexbox" 一词通常指的是 CSS 中的这项功能，但并不存在一个名为 "flexbox" 的属性。

16.2.1　为元素启用 Flexbox

(1) 输入要定位的元素或其他选择器。这里我们输入 `div {`。

(2) 在新的一行输入 `display: flex;`。

(3) 在新的一行输入 `}`，结束样式声明。

这样做之后，效果如图 16-6 所示（已经添加一点儿样式，以便更好地呈现效果）。

Lorem ipsum dolor sit amet, consectetur adipisicing elit, sed do eiusmod tempor incididunt ut labore et dolore magna aliqua. Ut enim ad minim veniam, quis nostrud exercitation ullamco laboris nisi ut aliquip ex ea commodo consequat. Duis aute irure dolor in reprehenderit in voluptate velit esse cillum dolore eu fugiat nulla pariatur. Excepteur sint occaecat cupidatat non proident, sunt in culpa qui officia deserunt mollit anim id est laborum.

Sed ut perspiciatis unde omnis iste natus error sit voluptatem accusantium doloremque laudantium, totam rem aperiam, eaque ipsa quae ab illo inventore veritatis et quasi architecto beatae vitae dicta sunt explicabo. Nemo enim ipsam voluptatem quia voluptas sit aspernatur aut odit aut fugit, sed quia consequuntur magni dolores eos qui ratione voluptatem sequi nesciunt. Neque porro quisquam est, qui dolorem ipsum quia dolor sit amet, consectetur, adipisci velit, sed quia non numquam eius modi tempora incidunt ut labore et dolore magnam aliquam quaerat voluptatem. Ut enim ad minima veniam, quis nostrum exercitationem ullam corporis suscipit laboriosam, nisi ut aliquid ex ea commodi consequatur? Quis autem vel eum iure reprehenderit qui in ea voluptate velit esse quam nihil molestiae consequatur, vel illum qui dolorem eum fugiat quo voluptas nulla pariatur?

At vero eos et accusamus et iusto odio dignissimos ducimus qui blanditiis praesentium voluptatum deleniti atque corrupti quos dolores et quas molestias excepturi sint occaecati cupiditate non provident, similique sunt in culpa qui officia deserunt mollitia animi, id est laborum et dolorum fuga. Et harum quidem rerum facilis est et expedita distinctio. Nam libero tempore, cum soluta nobis est eligendi optio cumque nihil impedit quo minus id quod maxime placeat facere possimus, omnis voluptas assumenda est, omnis dolor repellendus. Temporibus autem quibusdam et aut officiis debitis aut rerum necessitatibus saepe eveniet ut et voluptates repudiandae sint et molestiae non recusandae. Itaque earum rerum hic tenetur a sapiente delectus, ut aut reiciendis voluptatibus maiores alias consequatur aut perferendis doloribus asperiores repellat.

Lorem ipsum dolor sit amet, consectetur adipisicing elit, sed do eiusmod tempor incididunt ut labore et dolore magna aliqua. Ut enim ad minim veniam, quis nostrud exercitation ullamco laboris nisi ut aliquip ex ea commodo consequat. Duis aute irure dolor in reprehenderit in voluptate velit esse cillum dolore eu fugiat nulla pariatur. Excepteur sint occaecat cupidatat non proident, sunt in culpa qui officia deserunt mollit anim id est laborum.

Sed ut perspiciatis unde omnis iste natus error sit voluptatem accusantium doloremque laudantium, totam rem aperiam, eaque ipsa quae ab illo inventore veritatis et quasi architecto beatae vitae dicta sunt explicabo. Nemo enim ipsam voluptatem quia voluptas sit aspernatur aut odit aut fugit, sed quia consequuntur magni dolores eos qui ratione voluptatem sequi nesciunt. Neque porro quisquam est, qui dolorem ipsum quia dolor sit amet, consectetur, adipisci velit, sed quia non numquam eius modi tempora incidunt ut labore et dolore magnam aliquam quaerat voluptatem. Ut enim ad minima veniam, quis nostrum exercitationem ullam corporis suscipit laboriosam, nisi ut aliquid ex ea commodi consequatur? Quis autem vel eum iure reprehenderit qui in ea voluptate velit esse quam nihil molestiae consequatur, vel illum qui dolorem eum fugiat quo voluptas nulla pariatur?

At vero eos et accusamus et iusto odio dignissimos ducimus qui blanditiis praesentium voluptatum deleniti atque corrupti quos dolores et quas molestias excepturi sint occaecati cupiditate non provident, similique sunt in culpa qui officia deserunt mollitia animi, id est laborum et dolorum fuga. Et harum quidem rerum facilis est et expedita distinctio. Nam libero tempore, cum soluta nobis est eligendi optio cumque nihil impedit quo minus id quod maxime placeat facere possimus, omnis voluptas assumenda est, omnis dolor repellendus. Temporibus autem quibusdam et aut officiis debitis aut rerum necessitatibus saepe eveniet ut et voluptates repudiandae sint et molestiae non recusandae. Itaque earum rerum hic tenetur a sapiente delectus, ut aut reiciendis voluptatibus maiores alias consequatur aut perferendis doloribus asperiores repellat.

图 16-5　应用 Flexbox 之前的段落

图 16-6 应用了 Flexbox 之后的段落

16.2.2 Flexbox 中的宽度

你可能已经发现了，这些段落的宽度并不相等，而且六个段落全部呈现在同一行，显得非常局促。

这是因为在设置了 display: flex 之后，所有子元素都会被转换为一列一列的内容。实际上，它们甚至不一定是同一类型的元素。图 16-7 展示了另一个示例，这里面并不只有段落元素。

但这一规则并不会应用于所有后代，它只会应用于直接的子元素。因此，很容易完成一个两栏或三栏布局的工作。

默认情况下，display: flex 会操纵所有子元素，将它们平均分配到不同的列。不过，在应用 Flexbox 时，也有一些定义列的宽度的方法可供使用。

首先是直接设置 width 属性。Flexbox 会遵循自定义的宽度（这意味着它将使用你定义的宽度，不会覆盖你的设置）。由于 Flexbox 可以很好地适应多种屏幕尺寸（这意味着容器的整体宽度会根据屏幕尺寸的不同而变化），因此本书使用百分比定义宽度。

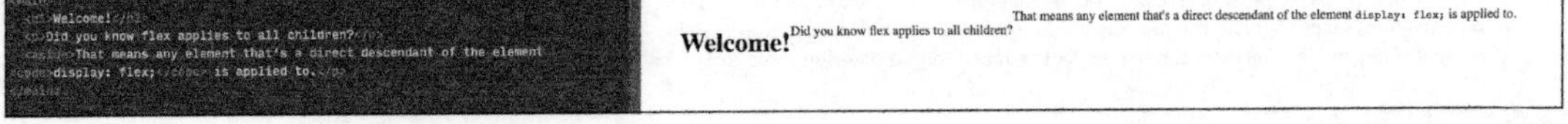

图 16-7 Flexbox 应用于所有子元素

当然，你可以使用任何想用的单位。

稍后将介绍一种更好的定义子元素宽度的方法，即 flex-basis，请留意。

在下面的任务中，我们的目标是为现有标记构建一个两栏布局，其中，`<article>` 元素占据 `<main>` 容器宽度的 70%，而 `<aside>` 占据剩余的 30%。

16.2.3　使用 Flexbox 创建两栏布局

这是现有标记：

```
<main>
    <article>
        ...
    </article>
    <aside>
        ...
    </aside>
</main>
```

(1) 在样式表中定位要使用 Flexbox 的元素。在这个示例中，输入 main {。

(2) 在新的一行输入 display: flex;。

(3) 在新的一行输入 }，结束样式声明。

(4) 定位要使用 Flexbox 的元素的子元素。输入 main article {。

(5) 在新的一行输入 width: 68%;。

由于 width 属性不考虑边距，因此需要考虑边距问题，以免 main 容器中的元素溢出边界。因此，这里我们用 `<article>` 元素总共占用的 70% 减去 2%，从而留出边距。

(6) 在新的一行输入 padding: 2%;。

(7) 在新的一行输入 }。

(8) 现在定位另一个子元素。在新的一行输入 main aside {。

同 `<article>` 一样，为了防止内容溢出容器，需要从元素占据的总宽度中减去内边距的宽度。

(9) 在新的一行输入 width: 28%;。

(10) 在新的一行输入 padding: 2%;。

(11) 在新的一行输入 }。

这样便创建了一个排列恰当的两栏布局（如图 16-8 所示）。

16.2.4　元素折行

如果你希望子元素（也称弹性项目）保持其自定义的宽度不变，并在需要时可以自然地换到新的一行，而不是被迫排在一行，便可以使用 flex-wrap 属性。该属性有三个值。

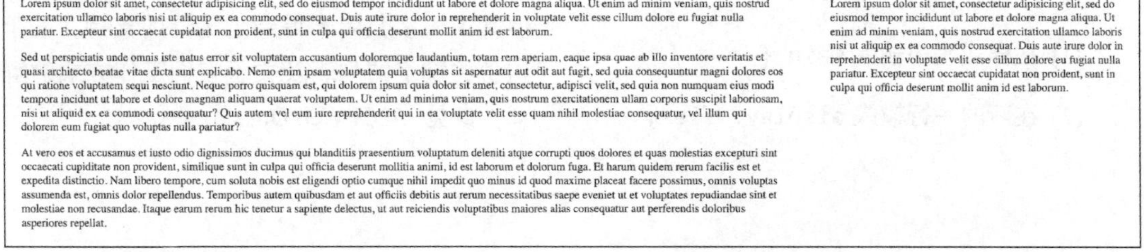

图 16-8　通过 flex 创建的两栏布局

❑ nowrap 是默认值。这时，所有弹性
项目会被强行排成一行。如果没有定
义弹性项目的宽度，那么每个项目的
宽度都将等于其父元素的宽度；如果
定义了宽度，那么使用 nowrap 可能
会导致溢出边界。

❑ wrap 可将弹性项目分成多行。

❑ wrap-reverse 的行为类似于 wrap，
只不过会颠倒弹性项目的顺序。

这里有一个简单的语法示例：

```
main {
    display: flex;
    flex-wrap: wrap;
}
```

使用这个属性时，有必要为其子元素设
置宽度（或最大宽度）。这是因为，如果那
些子元素是块级元素，那么它们会自然地占
据整个父容器的宽度。

16.2.5 使用 flex-wrap 创建三栏布局

初始标记是 `<main>` 元素内有六个 `<p>`
标签：

```
<main>
    <p>...</p>
    <p>...</p>
    <p>...</p>
    <p>...</p>
    <p>...</p>
    <p>...</p>
</main>
```

(1) 在样式表中输入 main {。

(2) 在新的一行输入 display: flex;。

(3) 在新的一行输入 flex-wrap: wrap;。

(4) 在新的一行输入 }。

(5) 在新的一行输入 main p {。

(6) 在新的一行输入 width: 30%;。

(7) 在新的一行输入 padding: 1.5%;。

这样，左右内边距总共为 3%，使得
每一栏的总宽度为 33%，将 `<main>`
元素整齐地分成了三个等宽的列。

(8) 输入 }。

这样甚至可以将每列分成两行（如图 16-9
所示）。

提示 使用 float 属性创建列的时候，需
要对浮动元素以下的元素使用 clear 属
性，以确保它们能正确对齐。注意，使用
Flexbox 时不需要在任何元素上使用 clear
属性。Flexbox 相关属性就是用来创建多个
内容栏的。

还可以使用 flex-basis 属性为弹性项
目设置基础尺寸，从而设置更加动态的宽度，
以配合其他参数（如外边距、间距等）的使用。
该属性接受的数值单位包括 width 属性可以
接受的任何单位（px、em、% 等）。

flex-basis 属性还接受一系列关键字，
但其中大多数尚未得到浏览器的支持。关于
这份关键字的列表及关于它们工作方式的解
释，参见 MDN Web Docs。

Lorem ipsum dolor sit amet, consectetur adipisicing elit, sed do eiusmod tempor incididunt ut labore et dolore magna aliqua. Ut enim ad minim veniam, quis nostrud exercitation ullamco laboris nisi ut aliquip ex ea commodo consequat. Duis aute irure dolor in reprehenderit in voluptate velit esse cillum dolore eu fugiat nulla pariatur. Excepteur sint occaecat cupidatat non proident, sunt in culpa qui officia deserunt mollit anim id est laborum.

Sed ut perspiciatis unde omnis iste natus error sit voluptatem accusantium doloremque laudantium, totam rem aperiam, eaque ipsa quae ab illo inventore veritatis et quasi architecto beatae vitae dicta sunt explicabo. Nemo enim ipsam voluptatem quia voluptas sit aspernatur aut odit aut fugit, sed quia consequuntur magni dolores eos qui ratione voluptatem sequi nesciunt. Neque porro quisquam est, qui dolorem ipsum quia dolor sit amet, consectetur, adipisci velit, sed quia non numquam eius modi tempora incidunt ut labore et dolore magnam aliquam quaerat voluptatem. Ut enim ad minima veniam, quis nostrum exercitationem ullam corporis suscipit laboriosam, nisi ut aliquid ex ea commodi consequatur? Quis autem vel eum iure reprehenderit qui in ea voluptate velit esse quam nihil molestiae consequatur, vel illum qui dolorem eum fugiat quo voluptas nulla pariatur?

At vero eos et accusamus et iusto odio dignissimos ducimus qui blanditiis praesentium voluptatum deleniti atque corrupti quos dolores et quas molestias excepturi sint occaecati cupiditate non provident, similique sunt in culpa qui officia deserunt mollitia animi, id est laborum et dolorum fuga. Et harum quidem rerum facilis est et expedita distinctio. Nam libero tempore, cum soluta nobis est eligendi optio cumque nihil impedit quo minus id quod maxime placeat facere possimus, omnis voluptas assumenda est, omnis dolor repellendus. Temporibus autem quibusdam et aut officiis debitis aut rerum necessitatibus saepe eveniet ut et voluptates repudiandae sint et molestiae non recusandae. Itaque earum rerum hic tenetur a sapiente delectus, ut aut reiciendis voluptatibus maiores alias consequatur aut perferendis doloribus asperiores repellat.

Lorem ipsum dolor sit amet, consectetur adipisicing elit, sed do eiusmod tempor incididunt ut labore et dolore magna aliqua. Ut enim ad minim veniam, quis nostrud exercitation ullamco laboris nisi ut aliquip ex ea commodo consequat. Duis aute irure dolor in reprehenderit in voluptate velit esse cillum dolore eu fugiat nulla pariatur. Excepteur sint occaecat cupidatat non proident, sunt in culpa qui officia deserunt mollit anim id est laborum.

Sed ut perspiciatis unde omnis iste natus error sit voluptatem accusantium doloremque laudantium, totam rem aperiam, eaque ipsa quae ab illo inventore veritatis et quasi architecto beatae vitae dicta sunt explicabo. Nemo enim ipsam voluptatem quia voluptas sit aspernatur aut odit aut fugit, sed quia consequuntur magni dolores eos qui ratione voluptatem sequi nesciunt. Neque porro quisquam est, qui dolorem ipsum quia dolor sit amet, consectetur, adipisci velit, sed quia non numquam eius modi tempora incidunt ut labore et dolore magnam aliquam quaerat voluptatem. Ut enim ad minima veniam, quis nostrum exercitationem ullam corporis suscipit laboriosam, nisi ut aliquid ex ea commodi consequatur? Quis autem vel eum iure reprehenderit qui in ea voluptate velit esse quam nihil molestiae consequatur, vel illum qui dolorem eum fugiat quo voluptas nulla pariatur?

At vero eos et accusamus et iusto odio dignissimos ducimus qui blanditiis praesentium voluptatum deleniti atque corrupti quos dolores et quas molestias excepturi sint occaecati cupiditate non provident, similique sunt in culpa qui officia deserunt mollitia animi, id est laborum et dolorum fuga. Et harum quidem rerum facilis est et expedita distinctio. Nam libero tempore, cum soluta nobis est eligendi optio cumque nihil impedit quo minus id quod maxime placeat facere possimus, omnis voluptas assumenda est, omnis dolor repellendus. Temporibus autem quibusdam et aut officiis debitis aut rerum necessitatibus saepe eveniet ut et voluptates repudiandae sint et molestiae non recusandae. Itaque earum rerum hic tenetur a sapiente delectus, ut aut reiciendis voluptatibus maiores alias consequatur aut perferendis doloribus asperiores repellat.

图 16-9　使用 `flex-wrap` 建立三栏布局

16.2.6　元素对齐

比起人工计算所需的内边距的量，还有更聪明的方法来对齐和分隔不同的列。一种方式是水平对齐，另一种是垂直对齐。

在上一个示例中，我们使用 `padding` 属性来设置不同列之间的间隔。不过，实现这一效果有一种更好的方法，就是使用 `justify-content` 属性。不过，在开始介绍该属性之前，有必要先了解另一个属性：`flex-direction`。

`flex-direction` 属性用于告诉浏览器如何对齐项目。该属性有四个值。

- ❑ `row`（行，默认值）：从左到右水平显示项目。

- ❑ `row-reverse`（行—反向）：从右到左水平显示项目。
- ❑ `column`（列）：从上到下垂直显示项目。
- ❑ `column-reverse`（列—反向）：从下到上垂直显示项目。

提示　如果已对浏览器设置从右到左显示文本（某些语言——如希伯来语和阿拉伯语——要求从右到左），那么 HTML 元素也会以从右到左的方向在页面上流动。如果设置 `flex-direction` 为 `row-reverse` 便会改变流向。你还可以在 HTML 中使用 `dir` 属性或在 CSS 中使用 `direction` 属性来设置方向。

16.2.7　将项目从水平排列转为垂直排列

(1) 在样式表中输入 main {。

(2) 输入 display: flex;。

(3) 输入 flex-direction: column;。

(4) 输入 }。

这样就形成了一个垂直排列内容的列（如图 16-10 所示）。为了更好地演示该属性的工作原理，这里设置子元素的宽度为 45%。

Lorem ipsum dolor sit amet, consectetur adipisicing elit, sed do eiusmod tempor incididunt ut labore et dolore magna aliqua. Ut enim ad minim veniam, quis nostrud exercitation ullamco laboris nisi ut aliquip ex ea commodo consequat. Duis aute irure dolor in reprehenderit in voluptate velit esse cillum dolore eu fugiat nulla pariatur. Excepteur sint occaecat cupidatat non proident, sunt in culpa qui officia deserunt mollit anim id est laborum.

Sed ut perspiciatis unde omnis iste natus error sit voluptatem accusantium doloremque laudantium, totam rem aperiam, eaque ipsa quae ab illo inventore veritatis et quasi architecto beatae vitae dicta sunt explicabo. Nemo enim ipsam voluptatem quia voluptas sit aspernatur aut odit aut fugit, sed quia consequuntur magni dolores eos qui ratione voluptatem sequi nesciunt. Neque porro quisquam est, qui dolorem ipsum quia dolor sit amet, consectetur, adipisci velit, sed quia non numquam eius modi tempora incidunt ut labore et dolore magnam aliquam quaerat voluptatem. Ut enim ad minima veniam, quis nostrum exercitationem ullam corporis suscipit laboriosam, nisi ut aliquid ex ea commodi consequatur? Quis autem vel eum iure reprehenderit qui in ea voluptate velit esse quam nihil molestiae consequatur, vel illum qui dolorem eum fugiat quo voluptas nulla pariatur?

At vero eos et accusamus et iusto odio dignissimos ducimus qui blanditiis praesentium voluptatum deleniti atque corrupti quos dolores et quas molestias excepturi sint occaecati cupiditate non provident, similique sunt in culpa qui officia deserunt mollitia animi, id est laborum et dolorum fuga. Et harum quidem rerum facilis est et expedita distinctio. Nam libero tempore, cum soluta nobis est eligendi optio cumque nihil impedit quo minus id quod maxime placeat facere possimus, omnis voluptas assumenda est, omnis dolor repellendus. Temporibus autem quibusdam et aut officiis debitis aut rerum necessitatibus saepe eveniet ut et voluptates repudiandae sint et molestiae non recusandae. Itaque earum rerum hic tenetur a sapiente delectus, ut aut reiciendis voluptatibus maiores alias consequatur aut perferendis doloribus asperiores repellat.

Lorem ipsum dolor sit amet, consectetur adipisicing elit, sed do eiusmod tempor incididunt ut labore et dolore magna aliqua. Ut enim ad minim veniam, quis nostrud exercitation ullamco laboris nisi ut aliquip ex ea commodo consequat. Duis aute irure dolor in reprehenderit in voluptate velit esse cillum dolore eu fugiat nulla pariatur. Excepteur sint occaecat cupidatat non proident, sunt in culpa qui officia deserunt mollit anim id est laborum.

图 16-10　使用 flex-direction 的实际效果

提示　可以将 flex-flow 用作 flex-direction 和 flex-wrap 属性的简写形式。可以像这样编写规则：flex-flow: [*flex-direction* 的值] [*flex-wrap* 的值]。

使用 justify-content 属性可以让内容均匀地分布，也可以让内容偏向一侧。该属性有多个值，下面列出了其中一部分。这些值会根据 flex-direction 设定的方向来排列内容。

- ❑ flex-start（起始端；默认值）：让项目从容器的开端开始排列（当方向为水平时类似于左对齐）。
- ❑ flex-end（末端）：让项目从容器的末端开始排列（当方向为水平时类似于右对齐）。
- ❑ center（居中）：让项目在父元素中居中排列。
- ❑ space-between（中间等距）：让项目在父元素中均匀分布，且项目与父元素的边缘之间没有空隙。
- ❑ space-around（两端等距）：让项目在父元素中均匀分布，它们之间的距离相等，但两边和边缘之间的距离与它们彼此之间的距离不相等。
- ❑ space-evenly（均匀分布）：让项目在父元素中均匀分布，且它们两边和边缘之间的距离与它们彼此之间的距离相等。

16.2.8　在不借助内边距的情况下创建均匀分布的列

(1) 在样式表中输入 main {。

(2) 输入 display: flex;。

(3) 输入 `justify-content: space-evenly;`。

(4) 输入 `flex-wrap: wrap;`。

(5) 输入 `}`。

(6) 输入 `main p {`。

(7) 输入 `flex-basis: 30%;`。

这里我们使用 `flex-basis` 而不是 `width`，因为前者更"聪明"一些，它可以基于 `flex-direction` 来控制宽度或高度。

(8) 输入 `}`。

这样无须借助 `padding` 属性即可得到如图 16-9 所示的效果。

16.2.9 `flex-grow`、`flex-shrink` 和 `flex`

`flex-basis` 通常与 `flex` 一起使用。实际上，`flex` 是 `flex-grow`、`flex-shrink` 和 `flex-basis` 这些属性的简写属性。这些属性都将应用于弹性项目。

`flex-grow` 可以用来定义元素相对于父容器中剩余空间（尽可能地）向外延伸的量。该属性的值没有单位。因此，`flex-grow: 2` 的意思是"如果可以延伸，该项目应占据相对于其他项目两倍的空间"。

相反，`flex-shrink` 表示项目相对于父容器中剩余空间应向内收缩的量。因此，`flex-shrink: 2` 的意思是"如果可以收缩，该项目应占据相对于其他项目一半的空间"。

这些属性都可以组合进 `flex`。`flex` 也是对弹性项目进行设置的推荐属性。以上一个任务中的示例为例，我们可以将 CSS 改写为：

```
main {
    flex: 1 1 30%;
}
```

其三个数值分别表示 `flex-grow`、`flex-shrink` 和 `flex-basis` 的值。

此外，也可以在规则中省略 `flex-shrink`，例如：

```
main {
    flex: 1 30%;
}
```

使用 `flex` 时，浏览器会智能地确定未明确指定的值，它也足够"聪明"，知道如何解析你提供给它的值。

16.2.10 垂直对齐

可以使用 Flexbox 在垂直方向上对元素进行对齐。虽然第 13 章中提到在某些情况下可以使用 `vertical-align` 属性进行垂直对齐，但有时这种方法并不奏效。`align-items` 属性是对 `vertical-align` 属性的改进。

对于弹性项目，请使用 `align-items` 属性实现垂直对齐。该属性有以下值。

- ❑ `stretch`（延伸，默认值）：让内容填充容器的整个高度。
- ❑ `flex-start`（起始端）：从容器顶部开始排列内容。
- ❑ `flex-end`（末端）：从容器底部开始排列内容。
- ❑ `center`（居中）：让内容在容器中垂直居中。

❑ baseline（基线）：让内容与"基线"（文本所在的位置）对齐。

align-items 属性还可以接受很多其他的值，详情参见 MDN Web Docs。

16.2.11　创建一组底端对齐的列

（1）在样式表中输入 main {。

（2）输入 display: flex;。

（3）输入 align-items: flex-end;。

（4）输入 }。

结果如图 16-11 所示。我对这些子元素应用了一些样式，以突出显示我们所做的更改。

这些属性及相关示例是你进入 Flexbox 世界的很好的开始。如果要深入学习 Flexbox，请参阅前文"丰富的相关资源"。

接下来，是时候看看另一种更加灵活的布局方法了，即 CSS 网格。

16.3　使用 CSS 网格布局

CSS 网格布局（常简称为网格）也需要用到 display 属性，但同时还需要用到另一个属性：grid-template-columns。该属性用于告诉浏览器你要创建多少列，以及各个列该有多宽。如果要创建三个等宽的列，则代码为：

```
main {
    display: grid;
    grid-template-columns: 30% 30% 30%;
}
```

结果如图 16-12 所示。

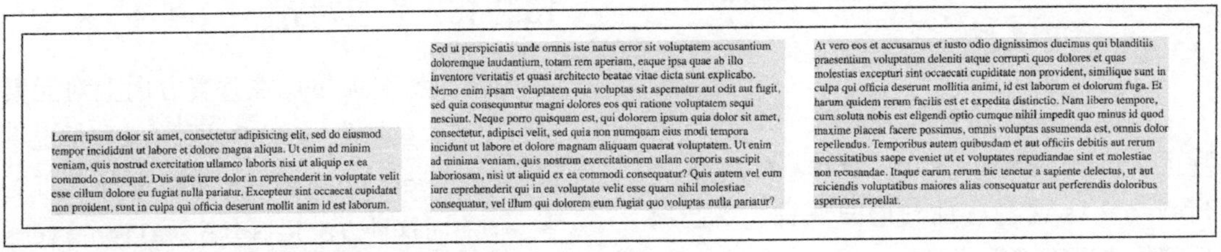

图 16-11　使用 Flexbox 实现的底端对齐的列

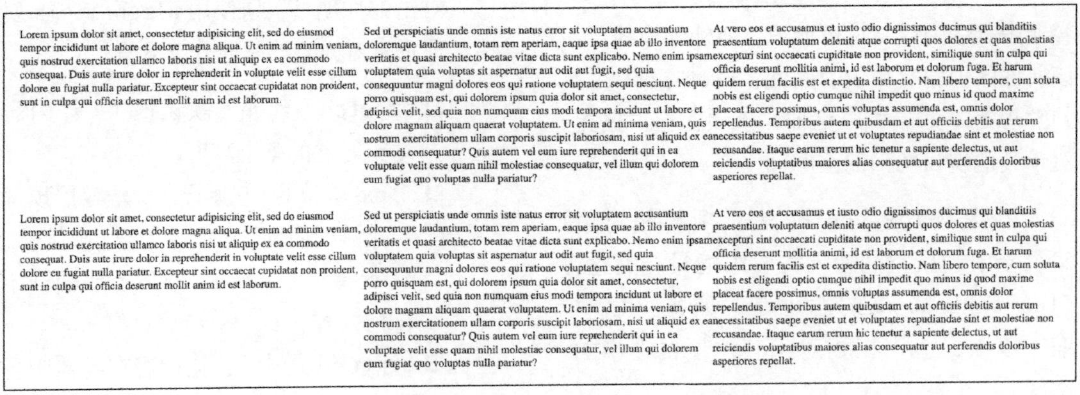

图 16-12　应用于网格的段落

还可以使用 grid-gap 让它们彼此隔开一些，类似于 padding 的效果。不过 grid-gap 属性接受两个值，分别用于表示行间距和列间距，例如：

```
main {
    display: grid;
    grid-template-columns: 30% 30% 30%;
    grid-gap: 10px 20px;
}
```

如果只使用一个值（例如 grid-gap: 15px），那么这个值会同时应用于行间距和列间距。

提示 可以使用 grid-template-rows 属性建立基于行的网格，该属性的用法类似于使用 grid-template-columns 创建基于列的网格。

提示 关于网格的内容很多，足以写一整本书了。实际上已经有这样的书了——Rachel Andrew 的 *The New CSS Layout*。

提示 Flexbox 处理子元素和后代元素的规则也适用于网格。

16.3.1 使用网格创建两栏布局

初始标记如下：

```
<main>
    <article>
        ...
    </article>
    <aside>
        ...
    </aside>
</main>
```

(1) 在样式表中输入 main {。

(2) 输入 display: grid;。

(3) 输入 grid-template-columns: 68% 28%;。

(4) 输入 grid-gap: 15px;。

(5) 输入 }。

这样便创建了一个漂亮的两栏布局（如图 16-13 所示）。

16.3.2 使用 fr 单位

你可能注意到了，在上一个任务中，为了让元素按我们设想的方式进行排列，我们使用了一些奇怪的数学计算。实际上，CSS 网格已经引入了一种更好的方法，即用 fr（表示 fractional，分数）作单位。例如：

```
grid-template-columns: 1fr 2fr 1fr;
```

fr 单位使用整数。使用该单位时，可以像这样在脑袋中读："这一列应占据剩余空

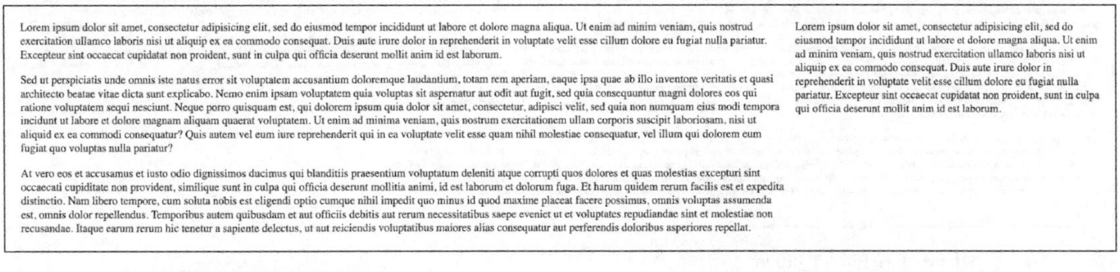

图 16-13　使用网格创建的两栏布局

间（即可用空间）的 1 份，这一列应占据 2 份，最后一列应占据 1 份”。

使用 fr 单位的妙处在于，它已经考虑了已经占用的空间（如 padding 和 grid-gap 产生的空间），因此就没必要进行数学计算了。因此，我们可以将 main 的规则集更新成下面这样，仍然形成一个两栏布局：

```
main {
    display: grid;
    grid-template-columns: 2fr 1fr;
    grid-gap: 15px;
    padding: 15px;
}
```

这样便形成了一个简洁且均匀分布的两栏布局（如图 16-14 所示）。

16.3.3　创建网格模板

网格另一个神奇的功能点，是可以在 CSS 中定义网格模板。这里我们会对网格模板作简单的说明。

代码清单 16-1 和代码清单 16-2 是我们要使用的示例代码（包含 HTML 标记和 CSS 语句）。在 HTML 中，我们定义了三个主要元素，并放在 wrapper 类的元素中（如代码清单 16-1 所示）。

代码清单 16-1　HTML 标记

```
<div class="wrapper">
    <header>
        ...
    </header>

    <main>
        ...
    </main>

    <aside>
        ...
    </aside>
</div>
```

CSS 如代码清单 16-2 所示。

代码清单 16-2　CSS 语句

```
header {
    grid-area: header;
}

main {
    grid-area: main;
}

aside {
    grid-area: sidebar;
}

.wrapper {
    display: grid;
    grid-template-columns: 1fr 1fr 1fr;
    grid-template-areas:
        "header header header"
        "main main sidebar";
    grid-gap: 20px;
    width: 900px;
    margin: 0 auto;
}
```

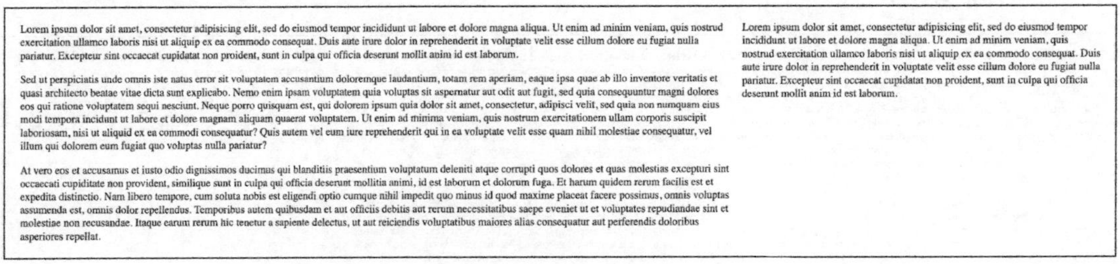

图 16-14　使用 fr 单位的两栏布局

第一组规则（对 header、main 和 aside 设置的规则）在这里很重要，grid-area 属性用于告诉 CSS 在网格布局中用什么名称引用这些元素。通过该属性，你就可以在 grid-template-areas 中以较为友好的名称引用相应的选择器。

在 .wrapper 的规则中，与本章其他示例代码相比，这里的区别是使用了 grid-template-areas 属性。该属性可以引用通过 grid-area 创建的名称，并设置每个 grid-area 跨越的列或行。注意，grid-template-areas 并不要求 grid-area 名称与 HTML 元素或选择器的名称相匹配。你可以使用任何字符串(阿拉伯数字除外)。例如，我为 aside 元素分配的名称是 sidebar。

这里形成的是一个三列的网格（正如我们使用 grid-template-columns 属性构建的那样），因此 grid-template-areas 的语句应像下面这样编写：

- ❏ 代码中的一行对应网格中的一行；
- ❏ 一行中的每个字符串对应网格中的一列（或者说一个单元格）。

我们的 CSS 语句表示的是："在第一行，header 占据整个三列。在第二行中，main 占据前两列，而 sidebar 占据最后一列"。最终的结果如图 16-15 所示。

可以想见，这是为内容创建灵活布局的一种非常有效的方法。下一章的内容证实了这一点。

提示 如果要让某一列或某个单元格留空，请使用句点 (.)。

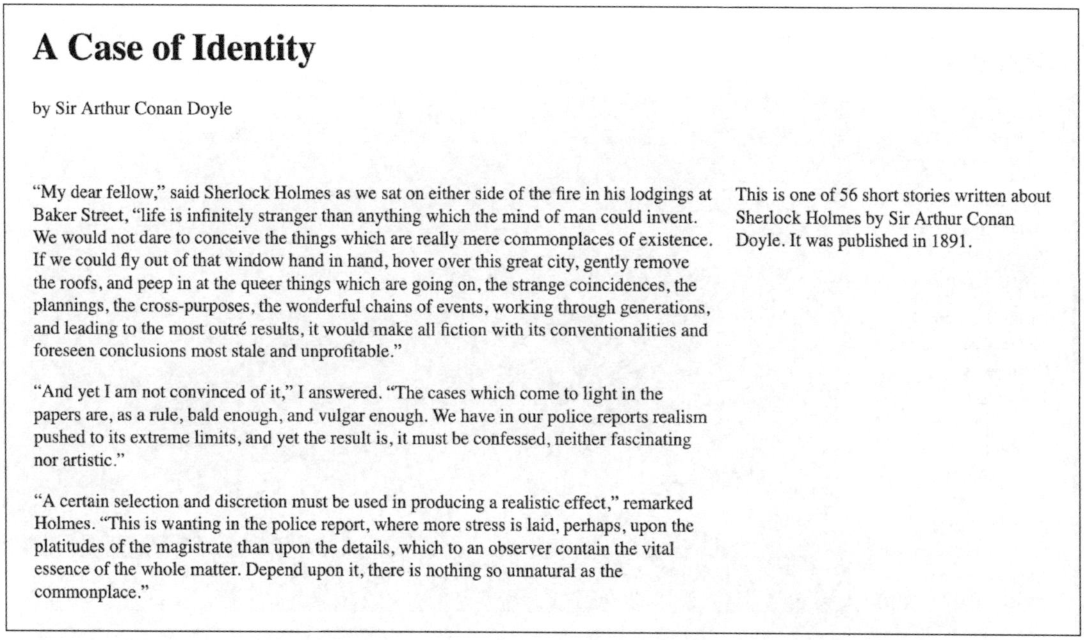

A Case of Identity

by Sir Arthur Conan Doyle

"My dear fellow," said Sherlock Holmes as we sat on either side of the fire in his lodgings at Baker Street, "life is infinitely stranger than anything which the mind of man could invent. We would not dare to conceive the things which are really mere commonplaces of existence. If we could fly out of that window hand in hand, hover over this great city, gently remove the roofs, and peep in at the queer things which are going on, the strange coincidences, the plannings, the cross-purposes, the wonderful chains of events, working through generations, and leading to the most outré results, it would make all fiction with its conventionalities and foreseen conclusions most stale and unprofitable."

"And yet I am not convinced of it," I answered. "The cases which come to light in the papers are, as a rule, bald enough, and vulgar enough. We have in our police reports realism pushed to its extreme limits, and yet the result is, it must be confessed, neither fascinating nor artistic."

"A certain selection and discretion must be used in producing a realistic effect," remarked Holmes. "This is wanting in the police report, where more stress is laid, perhaps, upon the platitudes of the magistrate than upon the details, which to an observer contain the vital essence of the whole matter. Depend upon it, there is nothing so unnatural as the commonplace."

This is one of 56 short stories written about Sherlock Holmes by Sir Arthur Conan Doyle. It was published in 1891.

图 16-15　用网格模板实现的两栏布局

16.4 浏览器支持情况

使用 CSS 时,一个重要的考虑因素便是浏览器支持情况。在第 10 章中,你已经通过 Can I Use 网站了解到了,一些浏览器先于其他浏览器实现了某项新功能。在这方面,CSS 比 HTML 更为明显,不同浏览器对不同 CSS 特性的实现情况存在更大差异。

图 16-16 显示了主要浏览器的最新版本(不包含 Internet Explorer 11,因为相关开发力量已经转移到了 Edge)对一些新的 CSS 特性的支持情况。可以看到,不支持、部分支持和完全支持的情形混杂在一起。

你可能注意到了,某些单元格的右上角出现了一小块文字。这些文字便是所谓的厂商前缀(vendor prefix)。

厂商前缀

厂商前缀(又称浏览器前缀)是为处于实验阶段或 Beta 阶段的功能创建的仅供特定浏览器使用的 CSS 属性。使用厂商前缀的理由如下。

□ 它们不使用 CSS 规范中任何既有属性,相反,它们使用的是某些属性的"进行中的版本"。例如,有一个名为 transition 的属性,该属性可能具有有效的定义,但尚未最终确定。这时,浏览器使用带前缀的属性,便可以根据当前仍在进行中的规范来实现一个过渡版本。

□ 它们让 Web 设计人员可以使用仅有部分浏览器实现的 CSS 特性,又不必担心在不支持该特性的浏览器中出现意外情况。

Supported (some prefix)	Edge 79		Firefox 72		Chrome 79		Safari 13	
CSS color-adjust	Yes	-webkit-	Yes		Yes	-webkit-	Yes	-webkit-
CSS line-clamp	Yes	-webkit-	Yes	-moz-	Yes	-webkit-	Yes	-webkit-
CSS :read-only and :read-write selectors	Yes		Yes	-moz-	Yes		Yes	
CSS text-orientation	Yes		Yes		Yes		Yes	-webkit-
CSS text-stroke and text-fill	Yes	-webkit-	Yes	-moz-	Yes	-webkit-	Yes	-webkit-
CSS user-select: none	Yes		Yes		Yes		Yes	-webkit-
Media Queries: resolution feature	Yes		Yes		Yes		Partial	-webkit-
CSS Backdrop Filter	Yes		No		Yes	-webkit-	Yes	-webkit-
CSS Cross-Fade Function	Yes	-webkit-	No		Yes	-webkit-	Yes	-webkit-
CSS image-set	Yes	-webkit-	No		Yes	-webkit-	Yes	-webkit-
CSS Reflections	Yes	-webkit-	No		Yes	-webkit-	Yes	-webkit-
CSS position:sticky	Partial		Yes		Partial		Yes	-webkit-
CSS Masks	Partial	-webkit-	Yes		Partial	-webkit-	Partial	-webkit-
:matches() CSS pseudo-class	Partial		Partial	-moz-	Partial		Yes	
CSS Appearance	Partial	-webkit-	Partial	-moz-	Beta	-webkit-	Partial	-webkit-
CSS scrollbar styling	Partial	-webkit-	Partial		Partial	-webkit-	Partial	-webkit-
:focus-visible CSS pseudo-class	No		Yes	-moz-	No		No	
CSS Canvas Drawings	No		No		No		Yes	-webkit-
CSS Initial Letter	No		No		No		Partial	-webkit-

图 16-16 Can I Use 网站提供的表格显示了浏览器对一些最新的 CSS 特性的支持情况

□ 一旦 CSS 属性被完全实现，带厂商前缀的属性将被忽略，而且它们的存在也不会破坏网站。这意味着厂商前缀可以让网站向后兼容和向前兼容。当然，即便这样，还是应该在用不到它们的时候将它们删除。

提示 在撰写本书之际，使用厂商前缀仍然是一种常见的做法，但正如 MDN Web Docs 中指出的那样，浏览器正在"致力于消除将厂商前缀用于实验性功能的情形"，因为需要禁止在生产网站上使用高度实验性的功能。更多信息参见 MDN Web Docs。

使用厂商前缀工具

有很多工具可以帮你自动添加所需的厂商前缀，因此你不必完全知道有哪些厂商前缀可用，以及何时该使用什么厂商前缀。这样的工具包括：

□ CSS-Tricks 网站上的文章 "How To Deal With Vendor Prefixes"；
□ Autoprefixer 网站；
□ Should I Prefix 网站。

还可以使用像 Sass 这样的 CSS 预处理器来添加厂商前缀。第 20 章将介绍 CSS 预处理器。

主要的浏览器前缀包括以下这些。

□ -webkit- 用于 Chrome、Safari、新版 Opera 和所有 iOS 浏览器。
□ -moz- 用于 Firefox。
□ -o- 用于旧版 Opera。
□ -ms- 用于 Internet Explorer 和 Edge。

提示 为了提高兼容性，Edge 除了支持 -ms- 前缀，还支持很多 -webkit- 前缀的属性。

在对 CSS 声明进行格式化的时候，由于层叠的关系，要注意不同语句的排序，确保所有厂商前缀位于无前缀属性的前面。

下面针对 CSS 过渡动画的代码便是一个例子。当 a 元素的任何属性有变化时（例如，当鼠标指针悬停时背景色发生变化），都会创建一个简单的过渡效果。关于 CSS 动画，第 18 章会详细讲解。

```
a {
    background: #880000;
    -webkit-transition: all 1s linear;
    -moz-transition: all 1s linear;
    -ms-transition: all 1s linear;
    -o-transition: all 1s linear;
    transition: all 1s linear;
}
```

后文还将介绍更多关于测试的知识。就厂商前缀而言，最好先了解一下浏览器对新特性的支持情况，再相应地进行使用。

为简单起见，本书的示例代码均不使用厂商前缀。

16.5 小结

尽管本章只介绍了一些入门级知识，但有很多内容需要你消化。无论如何，本章内容已经提供了一个绝佳的起点，让你可以在 CSS 中构建很棒的布局。

这些内容之所以如此重要，完全是因为下一章的内容：响应式设计。当我们可以在不修改 HTML 标记的情况下灵活地修改内容布局的方式时，无论用户使用什么样的屏幕浏览我们的网站，都会看到出色的内容。

第 17 章

响应式设计与媒体查询

如今，访问网站的设备包括计算机、平板电脑、手机、智能手表、智能眼镜甚至厨房电器。针对每种情况进行单独设计是不现实的，这正是响应式 Web 设计（RWD）诞生的原因。RWD 可以确保你的网站无论在什么设备上访问都拥有不错的外观。

RWD 是通过媒体查询实现的——我们编写的 CSS 会向浏览器问一些问题，然后根据这些问题的答案给出相应的样式。

本章内容

❑ 定义媒体查询
❑ 响应式布局
❑ 创建响应式全宽布局
❑ 不只是屏幕宽度
❑ 小结

17.1 定义媒体查询

跟你目前为止见过的大多数 CSS 声明不同，媒体查询不仅仅是属性和值的集合，它

们是规则集的容器。这些规则集的执行取决于媒体查询的结果。所有媒体查询的格式都是这样的：

```
@media [媒体类型] and ([媒体特性]) {
    [规则集]
}
```

稍后将讲到，有很多不同的媒体类型和媒体特性供你查询。下面先给出一个常见的媒体查询的例子：

```
@media screen and (min-width: 600px) {
    main {
        display: flex;
    }
}
```

这段代码的意思是："如果用户在可视区域不小于 600px 宽的屏幕上查看此页面，则将所有 <main> 元素的显示方式设为 flex"。

贯穿全书，你会看屏幕尺寸、窗口宽度、浏览器尺寸等术语。实际上，这些术语指的都是可供呈现网站的区域的宽度。更简洁的术语叫作视口（viewport），它指的就是屏幕上呈现网站的确切区域。

除 screen（屏幕）外，其他媒体类型还包括 all（全部）、print（用于打印网页）和 speech（用于屏幕阅读器）。

使用断点

RWD 中的一个常用的术语是**断点**（breakpoint）。断点指的是让布局产生变化的视口临界点。使用断点便可以根据用户查看网站的设备大小来构建布局了。

例如，如果你有一个 601px 宽的导航条，那么，在视口宽度小于 601px 的设备上浏览页面时，导航条看起来效果不佳。你可以使用一个断点："一旦视口宽度超过此大小，请改变导航条的布局"。

因此，如果使用最小宽度为 600px 的媒体查询，那么断点就是 600px。

选择恰当的断点非常重要，因为只有做出好的选择才能确保布局不会遭到破坏。很多断点是基于特定设备（通常是 iOS 设备）来设置的，但是随着屏幕尺寸的种类不断增加，这并不是一个好办法。

更好的做法是，根据内容开始变差的点来设置断点。

如果使用移动优先策略，那么意味着你要增加的断点是为适应更大尺寸的屏幕产生的。当视口扩大到断点时，页面便切换到另一种布局，如分成多列的布局、居于屏幕中间的布局。

如果你首先考虑的是为大屏幕（大的平板电脑或台式机）而做的设计，那么可以通过缩小浏览器窗口大小（同时缩小了视口），查看内容何时变得难以阅读，从而确定为较小屏幕设计的断点位置。

最终，你可能需要三个主要断点（遇到主要断点时内容会发生较大变化）和三四个次要断点（遇到次要断点时内容只有较小的变动）。但这只是一种建议，实际情况完全由你自己决定。你需要的是对自己的设计而言最好的选择。

提示 由于本书创建的是比较基本的布局，因此只涉及两三个断点。

17.2 响应式布局

那么，应该如何制作响应式布局呢？该从哪里开始，又如何组织代码呢？我建议将所有基础样式都放在全部媒体查询语句的上面（即在样式表中先编写基础样式），并从针对最小屏幕的布局开始——当视口变大时，媒体查询会让网页有所变化。下面是一个简单的示例。

在 600px 断点处修改背景色

(1) 在样式表中输入 body，开始建立页面的默认样式。

(2) 输入 {，开始规则集。

(3) 输入 background:，然后是十六进制的初始背景色。在这个例子中，输入 #FF0000;。

(4) 输入 color:，然后是十六进制的文本颜色。在这个例子中，输入 #FFFFFF;。

(5) 输入 }，结束规则集。

(6) 输入 @media，开始媒体查询。

(7) 输入要定位的媒体类型的名称。由于我们的目标是在用户浏览器窗口发生变化时应用不同的样式规则，因此这里使用 screen（屏幕）。

(8) 输入 and。

(9) 输入要触发背景色变更的媒体特性的名称和值，并放在一对括号里面。这里的值便是页面的断点，我们希望在浏览器窗口宽度大于等于 600px 时发生变化，因此这里输入 (min-width: 600px) {。

(10) 输入样式规则要影响的元素。在这个示例中，输入 body {。

(11) 输入要在断点处变化的属性和值。在这个示例中，输入 background: #0000FF;。

(12) 输入 }。

(13) 输入 }，结束媒体查询。

现在调整浏览器窗口大小。当窗口宽度小于 600px 时，背景为红色（如图 17-1 所示）；当窗口宽度大于等于 600px 时，背景为蓝色（如图 17-2 所示）。

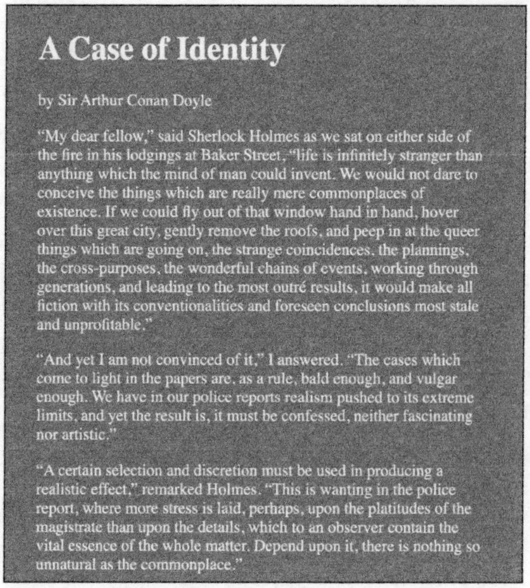

A Case of Identity

by Sir Arthur Conan Doyle

"My dear fellow," said Sherlock Holmes as we sat on either side of the fire in his lodgings at Baker Street, "life is infinitely stranger than anything which the mind of man could invent. We would not dare to conceive the things which are really mere commonplaces of existence. If we could fly out of that window hand in hand, hover over this great city, gently remove the roofs, and peep in at the queer things which are going on, the strange coincidences, the plannings, the cross-purposes, the wonderful chains of events, working through generations, and leading to the most outré results, it would make all fiction with its conventionalities and foreseen conclusions most stale and unprofitable."

"And yet I am not convinced of it," I answered. "The cases which come to light in the papers are, as a rule, bald enough, and vulgar enough. We have in our police reports realism pushed to its extreme limits, and yet the result is, it must be confessed, neither fascinating nor artistic."

"A certain selection and discretion must be used in producing a realistic effect," remarked Holmes. "This is wanting in the police report, where more stress is laid, perhaps, upon the platitudes of the magistrate than upon the details, which to an observer contain the vital essence of the whole matter. Depend upon it, there is nothing so unnatural as the commonplace."

图 17-1　浏览器窗口宽度小于 600px 时的页面（另见彩插）

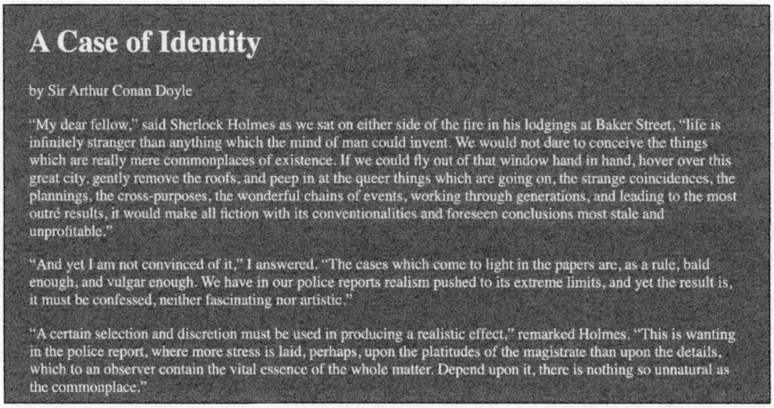

图 17-2　浏览器窗口宽度大于等于 600px 时的页面（另见彩插）

请注意，文本颜色的设置放在媒体查询之外。这样做旨在避免代码重复，重复会导致样式表难以维护。位于媒体查询内部的任何样式都只在媒体查询结果为真时才会起作用。因此，如果你有多条媒体查询，并希望文本颜色有所变化，那么就要在每个媒体查询里对文本颜色进行设置。

这是移动优先策略的另一个好处。先为较小的屏幕设置默认样式，再为较大的视口设置要变化的样式，从而可以在变化之前设置尽可能多的默认样式。

例如，这里有一个简单的 CSS 网格布局的例子（见代码清单 17-1），显示了先针对较大屏幕进行设计的弊端。这里实现的样式是在视口宽度大于 599px 时，按列显示 div 的子元素；在宽度小于或等于 599px 时，则将 div 显示为块级元素。

在媒体查询中，实际上做的是将 div 重置为其默认的显示模式。

如果要避免这种情况，只需要将较大的屏幕视作特殊情况，让较小的屏幕使用浏览器的默认样式。

代码清单 17-1　应用了 CSS 网格布局的样式：优先针对较大的屏幕进行设计

```
div {
    display: grid;
    grid-template-columns: 1fr 1fr 1fr;
    grid-gap: 15px;
    padding: 15px;
}
@media screen and (max-width: 599px) {
    div {
        display: block;
        padding: 0;
    }
}
```

下面我们用移动优先策略定义媒体查询（如代码清单 17-2 所示）。这时，不需要在某个时候将 div 重置为其默认状态，因为在遇到更大的视口之前，它都会保持默认状态（display: block）。

代码清单 17-2　更简洁的网格代码，首先针对较小的屏幕进行设计

```
@media screen and (min-width: 600px) {
    div {
        display: grid;
        grid-template-columns: 1fr 1fr
1fr;
        grid-gap: 15px;
        padding: 15px;
    }
}
```

这个示例看似微不足道，但实际上，使用移动优先策略时，无须对视口较小的情况定义任何特殊样式，因为这时浏览器的默认样式就足够了。使用桌面优先策略时，需要将一些样式重置为默认状态。可以想象，如果使用的断点较多，或者样式和布局的变化较大，都会让重置样式变得更加复杂。

> **提示** 注意，在桌面优先的布局中，我们用的是 max-width: 599px；在移动优先的布局中，用的是 min-width: 600px。如果你的设计对像素精度要求很高，就有可能遇到这种“偏移 1 像素”的问题。如果你希望在 600px 处让设计产生变化，那么使用 min-width 会让这一点显得更加清晰，因为在实际的语句中用的就是 600px。

创建布局时要考虑如何减少要覆盖的样式的数量，以及如何让样式表更容易管理。

17.3　创建响应式全宽布局

那么，如何制作响应式的完整布局呢？对于这个问题，我们将分成几个小节逐步进行构建。代码清单 17-3 是需要用到的 HTML 标记。代码清单 17-4 则是初始的 CSS 样式，位于 style.css 文件中。这两份代码都包含在随书资源中。

代码清单 17-3　本章其余部分要用到的 HTML 标记

```html
<div class="wrapper">
    <header>
        <h1>A Case of Identity</h1>
        <p class="byline">by Sir Arthur Conan Doyle</p>
    </header>
    <main>
        <p> "My dear fellow," said Sherlock Holmes as we sat on either side of the fire in his
        → lodgings at Baker Street, "life is infinitely stranger than anything which the
        → mind of man could invent. We would not dare to conceive the things which are really
        → mere commonplaces of existence. If we could fly out of that window hand in hand,
        → hover over this great city, gently remove the roofs, and peep in at the queer things
        → which are going on, the strange coincidences, the plannings, the cross-purposes,
        → the wonderful chains of events, working through generations, and leading to the most
        → outré results, it would make all fiction with its conventionalities and foreseen
        → conclusions most stale and unprofitable."</p>
    </main>
    <aside>
        This is one of 56 short stories written about Sherlock Holmes by Sir Arthur Conan
        → Doyle. It was published in 1891.
    </aside>
    <footer>
        <p>The <i>Sherlock Holmes</i> series is in the public domain.</p>
    </footer>
</div>
```

代码清单 17-4　为代码清单 17-3 的 HTML 准备的初始 CSS（基础样式）

```
@import url('https://fonts.googleapis.com/css?family=Playfair+Display:400,400i,500,500i,600,
→ 600i,700,700i,800,800i,900,900i&display=swap');
body {
    font-family: 'Playfair Display', serif;
    background-color:#fcf6e7;
    margin: 0;
    padding: 0;
}
header,
footer {
    background: #282009;
    color: #FFFFFF;
    padding: 30px;
    text-align: center;
}
h1 {
    font-weight: 900;
}
main,
aside {
    margin: 30px;
}
aside {
    background: #272727;
    color: #FFFFFF;
    padding: 30px;
}
.byline {
    font-family: Futura, sans-serif;
    font-style: italic;
}
p {
    font-size: 18px;
    margin: 30px 0;
}
```

图 17-3 展示了网页在较小屏幕上显示的样子，图 17-4 则是在较大屏幕上显示的样子。

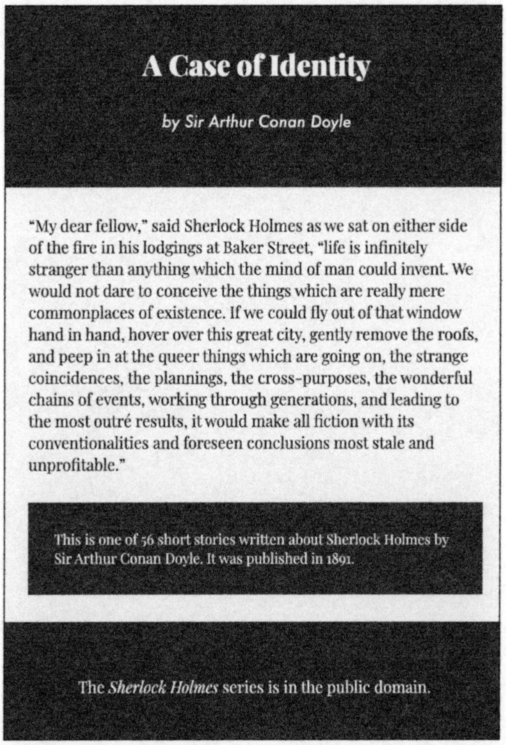

A Case of Identity

by Sir Arthur Conan Doyle

"My dear fellow," said Sherlock Holmes as we sat on either side of the fire in his lodgings at Baker Street, "life is infinitely stranger than anything which the mind of man could invent. We would not dare to conceive the things which are really mere commonplaces of existence. If we could fly out of that window hand in hand, hover over this great city, gently remove the roofs, and peep in at the queer things which are going on, the strange coincidences, the plannings, the cross-purposes, the wonderful chains of events, working through generations, and leading to the most outré results, it would make all fiction with its conventionalities and foreseen conclusions most stale and unprofitable."

This is one of 56 short stories written about Sherlock Holmes by Sir Arthur Conan Doyle. It was published in 1891.

The *Sherlock Holmes* series is in the public domain.

图 17-3　移动布局

提示　为了让源代码尽可能简洁，我们只定义了最核心的样式。

17.3.1　从小处着手：移动优先的样式

代码清单 17-4 中的大多数样式是常规的外观，与布局无关。在最小的屏幕上，所有内容都只有一列，因此浏览器使用默认样式就足够了。这里设置的外边距、内边距、字体、文本颜色只是为了增加页面的个性，或为了让布局的变化更加明显（例如让旁注的背景色与正文的背景色不一样）。

那么，接下来就要回答何时开始更改布局这个问题了——何时开始可以放置更多内容呢？

尝试为这个问题寻找答案时，最好的办法就是调整浏览器窗口的大小。由于这个布局是简单的单栏样式，因此调整的时候不需要做太多事情。复杂的布局需要更复杂的媒体查询。

不过，还是可以采取一些措施以利用更大的屏幕空间。

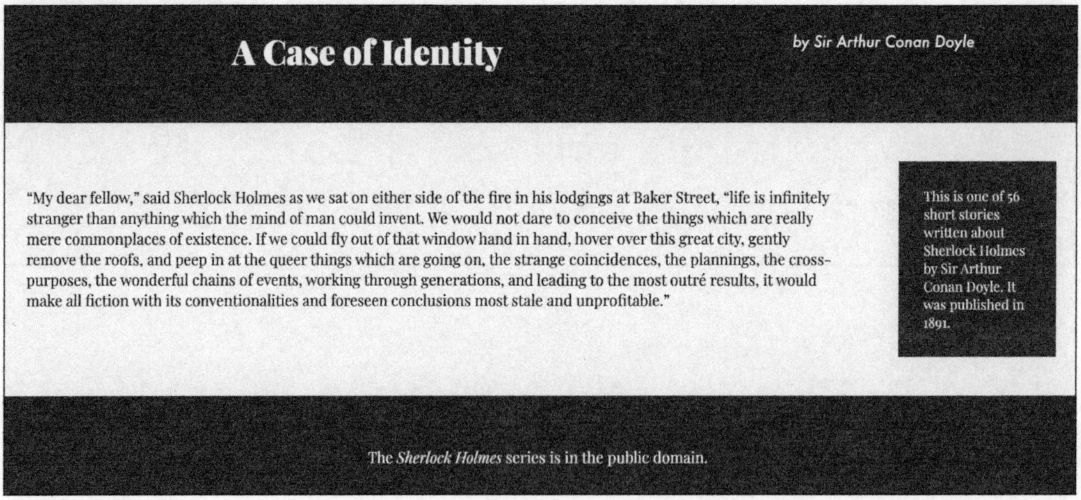

A Case of Identity

by Sir Arthur Conan Doyle

"My dear fellow," said Sherlock Holmes as we sat on either side of the fire in his lodgings at Baker Street, "life is infinitely stranger than anything which the mind of man could invent. We would not dare to conceive the things which are really mere commonplaces of existence. If we could fly out of that window hand in hand, hover over this great city, gently remove the roofs, and peep in at the queer things which are going on, the strange coincidences, the plannings, the cross-purposes, the wonderful chains of events, working through generations, and leading to the most outré results, it would make all fiction with its conventionalities and foreseen conclusions most stale and unprofitable."

This is one of 56 short stories written about Sherlock Holmes by Sir Arthur Conan Doyle. It was published in 1891.

The *Sherlock Holmes* series is in the public domain.

图 17-4　桌面布局

17.3.2　中等大小屏幕上的布局

使用较大的设备查看页面时，可以对更大的屏幕空间加以利用，例如可以对页眉的文本进行适当延伸。一种方式就是在 `<header>` 元素上建立一个网格，并将其子元素放在不同的列里面。

提示　本章的示例均使用代码清单 17-4 的样式。应该将那段代码添加到 style.css 文件中，作为一个起点，并将后续每个任务中用到的新样式添加到同一个文件的末尾。

17.3.3　在断点处创建两栏布局

(1) 首先，基于引起布局变化的断点来定义媒体查询。输入 `@media screen and (min-width: 768px) {`。

将这段代码放在样式表的末尾（假设你使用的是代码清单 17-4）。

(2) 定位要在已经确定的断点处改变样式的元素，这里输入 `header {`。

(3) 为特定断点添加元素的样式，每行输入一条样式。这里先输入 `display: grid;`。

(4) 输入 `grid-template-columns: 2fr 1fr;`。

(5) 输入 `grid-gap: 15px;`。

(6) 输入 `justify-items: center;`。

(7) 输入 `}`，结束元素的规则集。

(8) 输入 `}`，结束媒体查询。

当你将浏览器窗口的宽度拉大到 768px 以上之后，页眉里的署名行就会从标题下方移动到标题右侧（如图 17-5 所示）。

第一步做得很好，但真正的乐趣始于下一个断点：1000px。

17.3.4　大屏幕上的布局

在较大的屏幕上，可以更加充分地利用屏幕空间。既然在大屏幕上有足够的空间，那么这时使用多列布局便是向用户显示更多信息的好方法。这时，包装容器（类名为 `wrapper` 的 div）就派上用场了。这个 div 用于将一些元素（`header`、`main`、`aside`、`footer`）"装起来"，从而让这些元素变成兄弟元素。这意味着你可以为包装容器设置 `display: grid`，然后就可以轻松地控制每个子元素（即网格项目）的显示方式了。

由于针对大屏幕的布局是以先前添加到 style.css 的所有样式为基础的，因此请将下面的样式添加到 style.css 的末尾。

A Case of Identity　　　*by Sir Arthur Conan Doyle*

图 17-5　视口扩大到 768px 以上时的页眉

17.3.5　在特定的断点处设置网格布局

(1) 我们想让这个布局应用于已经确定的最大断点以上，因此输入 @media screen and (min-width: 1000px) {。

(2) 我们需要创建 grid-area，基于代码清单 17-3，输入 header { grid-area: header; }。

由于层叠的关系，因此这条规则实际上会被添加到之前为页眉定义的规则集上。

(3) 在新的一行输入 main { grid-area: main; }。

(4) 在新的一行输入 aside { grid-area: sidebar; }。

(5) 在新的一行输入 footer { grid-area: footer; }。

注意不要输入结束媒体查询的 }，因为我们还没有完成全部代码。

定义好这些内容之后，就可以将包装容器转换为使用模板布局的网格了。

17.3.6　将包装容器转换为网格布局

(1) 现在，在当前断点处定位影响整个布局的元素。这里输入 .wrapper {。

(2) 网格非常适合控制布局的每个元素。在新的一行输入 display: grid;。

(3) 在新的一行输入 grid-gap: 15px;。

(4) 确定布局需要包含多少列。在这个示例中，选择五列足矣。我们的 main 区块和 aside 区块拥有不同的宽度。

在新的一行输入 grid-template-columns: 1fr 1fr 1fr 1fr 1fr;。

(5) 输入 grid-template-areas:。

(6) 输入 "header header header header header"。

注意，在上文为中等大小屏幕构建布局的任务中，header 也使用了 grid。这控制了 header 元素的宽度，我们希望将其扩展到整个页面。

(7) 输入 "main main main main sidebar"。

(8) 输入 "footer footer footer footer footer";。

(9) 输入 }，结束 .wrapper 的规则集。

(10) 在新的一行输入 }，结束媒体查询。

现在，侧边栏会显示在主要内容右侧，如图 17-4 所示。

下面到了最有趣的地方：调整浏览器窗口的大小，查看布局的变化。

你还可以进行其他一些样式上的调整，如增大标题的字号大小，强调某些样式，等等。但无论如何，你都已经实现了一个完整的响应式布局。

后文将继续探讨 CSS 媒体查询的其他功能。

17.4　不只是屏幕宽度

到目前为止，你所用到的唯一的媒体类型是 screen，而且唯一的媒体特性是 width。尽管这是媒体查询最为常见的应用情形，但并不是唯一的情形。对于初学者来说，还有一种常见的媒体类型值得学习，即 print（打印）。

17.4.1　创建打印样式表

由于计算机打印网页时的效果同页面在浏览器窗口中呈现的效果几乎一样，因此这样打印出来的效果对于读者来说就不太友好了（如图 17-6 所示）。

图 17-6　尝试打印网页

我们可以通过媒体查询为页面添加用于打印的样式。下面，接着上一节的代码，开始接下来的操作。

17.4.2　为网站添加打印样式

(1) 在样式表的末尾输入 @media print {，定位打印的情形。

(2) 输入要包含在打印输出中的元素。在这个示例中，要打印整个页面，因此这里输入 body, header, aside, footer {。

(3) 在 新 的 一 行 输 入 background: #FFFFFF;。

这一步与下一步一起设置了白底黑字的样式，这样打印出来的效果最易于阅读。

(4) 在新的一行输入 color: #000000;。

(5) 在新的一行输入 }。

(6) 在新的一行输入 .wrapper {。

从这里开始设置打印样式。

(7) 在新的一行输入 display: block;。

只需将显示模式设为 block 就可以让浏览器忽略所有与网格相关的属性（如 grid-template-columns），并将内容排在一列之中。

(8) 在新的一行输入 width: 75%;。

设置这样的宽度只是一种风格上的决定，但这样做确实会让内容的两边都有足够多的留白。

(9) 在新的一行输入 margin: 0 auto;。

(10) 在新的一行输入 }，结束 .wrapper 的规则集。

(11) 在新的一行输入 }，结束媒体查询。

这样便会创建白底黑字且显示为居中的一列的效果，打印时看起来非常漂亮（如图 17-7 所示）。

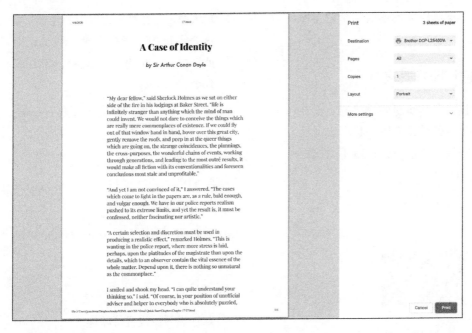

图 17-7　打印页面的效果

除了可以使用各种媒体类型（all、print、screen、speech），还可以定位特定媒体特性。

关于隐藏元素

响应式设计的一种非常普遍的做法是隐藏不适合在较小屏幕上显示的元素。尽管使用移动优先策略时根本不存在这种问题，但仍有必要提醒你，如果你在考虑为小屏幕隐藏某个元素，那么不妨问问自己是否真的需要该元素。

这条建议有一种例外的情形，那就是打印样式。如果你的目标是确保主要内容在打印稿中具有较高的可读性，那么最好在打印时隐藏某些元素，如评论、图像等。

17.4.3　定位特定的媒体特性

提示　媒体特性的完整列表参见 MDN Web Docs。不过值得注意的是，特定的设备可能对此有其自身的实现方式。

你可能想针对触摸屏设备上的某项特性设置样式，例如，检查设备当前是纵向的还是横向的。这就是扩展媒体特性发挥作用的地方了。一个很好的例子就是检查用户是否启用了深色模式。

17.4.4　为深色模式应用样式

(1) 在样式表的末尾输入 @media screen。

(2) 要指定一个或多个媒体特性，先输入 and，再输入媒体特性的名称和值，并放在一对括号里。要检查用户是否启用了深色模式，请输入 (prefers-color-scheme: dark) {。

(3) 输入要应用样式的选择器。在这个示例中，输入 body, header, aside, footer {。

(4) 为了让网页外观与用户深色模式的界面协调一致，这里将常规的白底黑字模式进行反转。先输入 background: #272727;，让页面背景变成深灰色的。

(5) 输入 color: #FFFFFF;，使文本变成白色的。

(6) 由于现在是在深色背景上显示浅色文本，因此有必要稍微增大行间距，让文本更易于阅读。输入 line-height: 2em;。

(7) 输入 }。

(8) 再输入一个 }。

现在，当你使用开启了深色模式的设备访问网站时，效果将如图 17-8 所示。

你还可以尝试使用更多媒体特性，如下面这些：

❑ 检测指针设备（如鼠标）的配置情况（媒体特性为 any-pointer）；

❑ 检测是否有支持悬停的输入设备（媒体特性为 any-hover）；

❑ 检测是否为视网膜显示屏（媒体特性为 resolution、min-resolution）；

❑ 检测是否将颜色反转（媒体特性为 prefers-color-scheme）。

此外还有很多其他媒体特性。对网站体验进行定制的可能性正在快速增长。

17.5　小结

无论用户使用什么设备，都要提供良好的用户体验。对于这一点，媒体查询至关重要。从根据宽度调整布局，到适配深色模式，你已经可以根据用户的偏好和浏览器的特性来定制样式了。

现在，从 CSS 最基础的知识到布局方法，你都已经很熟悉了。接下来，我们开始学习一种更加高级的特性——CSS 动画。

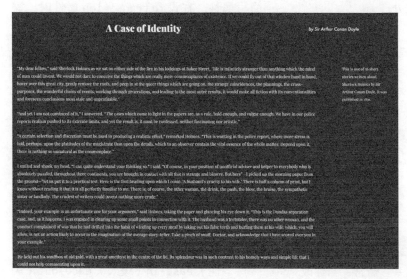

图 17-8　对网页应用深色模式的样式

第 18 章

CSS 变形与动画

过去，如果你想在网页上添加一些动态效果，就需要借助 JavaScript，在更早以前，就需要使用 Flash。这里所谓的动态效果包括简单的过渡效果，也包括动画。现在的 CSS 已经能为属性添加过渡效果，甚至能创建逐帧的动画了。

虽然你不可能在浏览器中做出下一部《玩具总动员》，但很容易做出一些交互效果，以改善网站的用户体验。本章将带你初步领略 CSS 在这方面的强大之处。

本章内容

- □ CSS 过渡
- □ CSS 变形
- □ CSS 动画
- □ 小结

18.1　CSS 过渡

CSS 过渡是你可以为元素添加的最简单而又最令人愉悦的效果之一。通常，当你改

变 CSS 属性值的时候,页面会立即发生变化。而 CSS 过渡可以让这种变化在一段时间内发生，从而为你的用户界面增加一些微妙的视觉效果。这种过渡效果常见于用户交互（如鼠标指针悬停）发生的时候。

这里最主要的属性是 transition，这个属性实际上是 transition-property、transition-duration、transition-timing-function 和 transition-delay 的简写属性。在设置 transition 属性时，需要指定以下四种值。

- □ property（属性）：要设置过渡动画的 CSS 属性。它可以是支持动画的任何 CSS 属性（涵盖了大多数属性，但并非全部）。支持动画的属性的完整列表见 MDN Web Docs。
- □ duration（持续时间）：过渡所花费的时间（以秒为单位）。
- □ timing-function（定时函数）：属性变化节奏的数学描述。常见的值包括 ease（缓动，默认值）、linear（线性）、ease-in（缓入）、ease-out（缓

出）和 ease-in-out（缓入缓出）。
甚至可以用 cubic-bezier（三次方
贝塞尔曲线）函数自定义过渡节奏。

❑ delay（延迟）：过渡开始之前的延
迟时间（以秒为单位）。

编写 transition 属性时，它将按照以
下顺序接受四个值：

```
transition: [property] [duration]
→[timing-function] [delay]
```

此外，除 property 外，每个选项的
值都可以是 0 或 1。property 的值只能是
none、all 或特定的 CSS 属性。如果只列
出 property，那么其他三个值都会使用
默认值：duration 默认为 0 秒，timing-
function 默认为 ease（缓动），delay 默
认为 0 秒。如果提供两个数字（表示以秒为
单位的时间），意味着 timing-function 会
取默认值 ease。

提示 过渡还可以应用于其他很多地方，
例如通过 JavaScript 添加类。

过渡的一种常见应用是背景色的变化。
代码清单 18-1 显示了一段定义按钮样式的
CSS（按钮效果如图 18-1 所示）。

代码清单 18-1　当用户将鼠标指针悬停在该按钮
上时，按钮的背景色将会变化

```
<!-- 按钮的 HTML 代码 -->
<a class="button" href="#">Click Here</
a>

/* 以下是定义按钮样式的 CSS 代码 */
a.button {
    background: #880000;
    border-radius: 40px;
    color: #ffffff;
```

```
    display: block;
    font-size: 1.5rem;
    max-width: 150px;
    padding: 15px;
    text-align: center;
    text-decoration: none;
}
/* 我们为按钮添加一个鼠标悬停时的样式 */
a.button:hover {
    background: #008800;
}
```

图 18-1　代码清单 18-1 生成的按钮的初始状态

在这个例子中，当用户将鼠标指针悬
停在按钮上时，只有一个地方会发生变化：
background 属性将从深红色变为深绿色。但
这一变化是立即发生的，而添加过渡则可以
让这一变化显得更加平滑。

18.1.1　用 CSS 向元素添加背景色
过渡效果

(1) 以 CSS 示例代码为起点，在 a.button
规则集中的 text-decoration 后面
输入 transition:。

(2) 紧跟着 transition: 输入 background
1s easy-in;。意思是说：“为
background 属性添加 1 秒钟的缓入
过渡”。

这样就可以了。将鼠标指针悬停到按钮
上，就可以看从深红色到深绿色的平滑过渡。
更棒的是，当你将鼠标指针移走时，浏览器
会添加一个相反的过渡，因此鼠标指针悬停
和移走时都有很好的过渡效果。

提示 为了让过渡正常运转，必须在两种状态下都定义好目标属性，且这些属性必须具有不同的值。

提示 在这个示例中，为了让你看清楚过渡的效果，我有意将过渡时间拉长了。更常见的持续时间是半秒。

前面提到，还可以在过渡开始之前添加一段停滞时间。为实现这一效果，只需要向 transition 属性添加第四个值就可以了。该值是以秒为单位的数字。图 18-2 展示了鼠标指针悬停时具有过渡效果的图像，代码如下：

```
img {
    padding: 20px;
    width: 250px;
    transition: width 2s ease 0.5s
}
img:hover {
    width: 350px;
}
```

图 18-2　鼠标指针悬停前后的图像

最后需要指出的是，可以使用关键字 all 为样式声明中的所有属性添加过渡效果。

18.1.2　让输入框在获得焦点时变大

(1) 在样式表中输入 input {。

(2) 输入 font-size: 1.5rem;。

(3) 输入 padding: 5px;。

(4) 输入 transition: all 1s ease-out;。

这段声明为所有在两种状态下具有不同值的属性添加过渡效果，过渡时长为 1 秒，节奏为 ease-out（开始很快，随后变慢）。

(5) 输入 }。

(6) 输入 input: focus {。

(7) 输入 font-size: 2rem;。

(8) 输入 padding: 10px;。

(9) 输入 }。

现在，当用户单击或轻触输入框，或者通过按 Tab 键将其激活时，它就会放大一些。

18.2　CSS 变形

可以向网页添加的另一种简单的动态效果是 CSS 变形。虽然它通常是由用户的某个动作（如鼠标指针悬停、单击、激活表单元素等）触发的，但不限于此，下文会谈到。

提示 本章将大量谈及二维模型和三维模型。简单回顾一下：X 轴是水平轴，从左向右延伸；Y 轴是垂直轴，向上向下延伸；Z 轴是深度轴，从前向后（后面即远离视线的方向）延伸。

通过 transform 属性，你可以对 HTML 元素进行旋转、缩放、倾斜，以及在水平方向、垂直方向或两个方向一起进行移动。你甚至可以组合多种变形效果，以实现有趣的视觉效果。

- scale(x, y)（缩放）：改变元素的大小。它会影响 font-size、height、width 和 padding。使用 scaleX() 和 scaleY() 可以仅在单个轴向上进行缩放。函数的值表示倍数，如 0.5 表示缩小一半，2 表示放大两倍，以此类推。
- skew(x, y)（倾斜）：让整个容器按照指定的值向一边倾斜。使用 skewX() 和 skewY() 可以仅在一个方向上倾斜。值的单位是度。
- translate()（平移）：将容器进行水平方向、垂直方向，或同时两个方向上的移动。通常与 animate 属性一起使用。值的单位是贯穿本书的标准度量单位（px、em 等），以及浏览器中可以表示数值的其他高级单位。
- rotate()（旋转）：从当前位置开始顺时针旋转元素。值的单位是度。

提示　除此以外还有两个函数：matrix()（二维矩阵变换）和 perspective()（三维透视变换）。但它们用起来更复杂一些。关于它们的详细说明参见 CSS-Tricks 网站上的介绍[①]。

提示　实现变形非常容易，因为它们会自动帮你实现那些很不错的效果。不过，除非要创建高级动画，否则请谨慎使用它们，以防页面过于跳脱。

18.2.1　编写变形代码

CSS 变形代码的语法比 CSS 过渡的语法要简单一些，不过后文会讲到变形还能用于高级动画。下面是一个包含基本变形的样式声明：

```
div.diamond {
    background: #FF0000;
    width: 200px;
    height: 200px;
    margin: 50px;
    transform: rotate(45deg);
}
```

这段代码会让这个 200px × 200px 的正方形旋转 45 度，从而看起来像个菱形（如图 18-3 所示）。注意这只是一个静态变换，可以将它用作设计元素。其他一些变形方式，如 scale()，可以与用户事件或动画更好地结合在一起使用。

图 18-3　对一个正方形进行旋转之后的效果

---

① Sara Cope. transform, 2011.

你可能会注意到，使用 transform 属性会将元素从它原始的文档流中抽取出来。当你继续学习时，有必要记住这一点。

18.2.2 在鼠标指针悬停时让 div 稍微倾斜

(1) 在样式表中，输入 div {。

(2) 输入 background: #FF0000;。

(3) 输入 width: 200px;。

(4) 输入 height: 200px;。

(5) 输入 transition: transform 1s linear;。

这样可以让元素在倾斜时有一个平滑的动画，而不是一下就跳到倾斜状态。

(6) 输入 }。

(7) 输入 div: hover {。

(8) 输入 transform: skewX(-20deg);。

指定度数时，值也可以是负数。

(9) 输入 }。

现在，当用户将鼠标指针悬停在正方形上方时，它就会向右倾斜（如图 18-4 所示）。

图 18-4　鼠标指针悬停时用 skewX() 变形后的正方形

三维变形

下面是变形功能的三维版本：

❑ scale3d(x, y, z)（三维缩放）
❑ rotate3d(x, y, z)（三维旋转）
❑ translate3d(x, y, z)（三维位移）
❑ matrix3d()（三维矩阵变换）

这些函数可以让变形发生在 Z 轴上。此外，还有一个好用的 perspective()（三维透视变换）函数，它可以为所有子元素设置透视效果，从而确保所有三维动画都基于相同的方向。

虽然本书没有过多地介绍三维变形，但是它们很值得学习，特别是如果你想实现高级动画或者其他酷炫效果的话。

18.3 CSS 动画

为网页添加动态效果的终极可靠的方法是 CSS 动画。CSS 动画是通过两个属性完成的：animation（动画）和 @keyframes（关键帧）。

@keyframes 用于为动画设定每一步的时间戳。它将你的动画关联到一条时间轴上。因此，你可以说："在开始时（时间轴 0% 处），容器应该是这样的；在时间轴 50% 处，应该变成这样；最后，在时间轴 100% 处，应该变成这样。"你可以为时间轴（及关键帧）命名，从而可以相互引用。代码清单 18-2 给出了一个简单的示例，效果如图 18-5 所示。

代码清单 18-2　一个带有动画的 div。animation 属性创建的名称（switch）被 @keyframes 引用

```
div {
    width: 200px;
    height: 200px;
    background: red;
    animation: switch 4s infinite;
}
@keyframes switch {
    0% {
        background: red;
    }
```

```
    50% {
        background: blue;
    }
    100% {
        background: red;
    }
}
```

提示　如果有两个步骤使用相同的值，那么可以使用逗号分隔的简写形式，例如：`@keyframes switch { 0%, 100% { background: red; } }`。

代码清单 18-2 生成了这样一个动画：背景色从红色变为蓝色，再变成红色，并如此循环。animation 是一种简写属性，它可以包含多个属性的值。下面是代码清单 18-2 中用到的分拆属性。

❑ animation-name（动画名称）：与 @keyframes 名称匹配。

❑ animation-duration（动画持续时长）：动画过程耗时多久（以秒为单位）。

❑ animation-iteration-count（循环次数）：动画应该执行多少次。关键字 infinite 表示无限次。

图 18-5　switch 动画的两种状态（另见彩插）

还有其他一些动画属性可以用于 animation 简写属性。下面是按预期顺序排列的全部动画属性的列表：

- animation-name（动画名称）
- animation-duration（动画持续时长）
- animation-timing-function（动画定时函数）
- animation-delay（动画延迟）
- animation-iteration-count（动画循环次数）
- animation-direction（动画方向）
- animation-fill-mode（动画填充模式）
- animation-play-state（动画播放状态）

关于动画，本书仅介绍基础知识，不会涵盖全部内容。如果你想了解更多信息，参见 MDN Web Docs。

提示 还有其他一些动画属性可以使用，如延迟时间和定时函数。动画属性的完整列表参见 CSS-Tricks 网站上的介绍[1]。

18.3.1　组合动画

可以一次性添加多个动画。为了演示组合动画，我们在已有的 switch 动画中添加从正方形变成圆形的动画。这个任务需要用到 border-radius 属性，该属性可以为矩形设置圆角，其值为一个百分数，表示圆角的大小。将该属性值设为 50%，就会将正方形变成圆形。

18.3.2　将正方形变成圆形

(1) 在 0% 关键帧中，在 background: red; 下方输入 border-radius: 0%;。

(2) 在 50% 关键帧中，在 background: blue; 下方输入 border-radius: 50%;。

(3) 在 100% 关键帧中，在 background: red; 下方输入 border-radius: 0%;。

这样就会形成一个红色正方形变为蓝色圆形的动画（如图 18-6 所示）。

图 18-6　红色正方形变成蓝色圆形（另见彩插）

---

① Chris Coyier. animation, 2011

18.3.3　使用 transform 属性的动画

在动画中使用 transform 属性可以很方便地实现移动元素等行为，同时这也是节省性能的好方法。在这里要介绍的案例中，前面介绍过的 translate() 函数便可以发挥作用了。以下面的 CSS 定义的圆形为基础，我们将创建一个上下反复弹跳的球的动画（如图 18-7 所示）。先在 HTML 中添加以下内容：

```
<p class="ball"></p>
```

再在 CSS 中添加以下内容：

```
p.ball {
    width: 50px;
    height: 50px;
    border-radius: 50%;
    background: #000000;
}
```

图 18-7　为接下来的任务制作的弹跳球的样式

18.3.4　制作弹跳球

(1) 在 p.ball 的规则集中，在 background: #000000; 后面输入 animation: bounce 1s infinite alternate;。

bounce 是我们为即将定义的动画起的名称。infinite 表示循环往复地播放该动画。alternate 表示"先执行一遍动画，再反向播放一遍动画"。

关于性能

在页面上添加过多动画可能会导致浏览器出现性能问题。因为动画对 CPU（中央处理器）有很高的要求，所以动画过多可能会导致浏览器崩溃。

有一些动画你可以放心地使用，因为它们是由浏览器本身实现的，所以可以借助 GPU（图形处理器）的作用。它们就是 CSS 内置的标准变形属性，外加不透明度属性：

☐ opacity（不透明度）
☐ translate（位移）
☐ rotate（旋转）
☐ scale（缩放）

要了解更为详细的信息，参见 Paul Lewis 和 Paul Irish 撰写的一篇精彩的文章"High Performance Animations"。

(2) 输入 animation-timing-function: linear;。

将计时函数定义为 linear（线性），表示项目的移动将始终保持匀速。

(3) 输入 }，结束 p.ball 声明。

(4) 输入 @keyframes bounce {。

我们将从这里开始定义动画。注意这里的名称与第 (1) 步中 animation 属性中定义的名称相同。

(5) 输入 0% {。

(6) 输入 transform: translate(0px, 0px);。

我们没有在时间轴上 0% 处（动画的第一步）设置任何位移，这里代表球的起始状态。

(7) 输入 }。

(8) 输入 100% {。

这里要设置的是动画最后的关键帧（时间轴上 100% 处）。

(9) 输入 transform: translate(0px, 400px);。

translate 函数可以让元素在 X 轴和 Y 轴方向上移动，这里的语句表示"沿 Y 轴将球移动 400px"。由于起点在 Y 轴上是 0px，因此球将向下移动 400px。

(10) 输入 }。

(11) 输入 }。

完整的 CSS 见代码清单 18-3。代码运行结果见图 18-8。

代码清单 18-3 弹跳球的 CSS

```css
p.ball {
    width: 50px;
    height: 50px;
    border-radius: 50%;
    background: #000000;
    animation: bounce 1s infinite
    ↪ alternate;
    animation-timing-function: linear;
}

@keyframes bounce {
    0% {
        transform: translate(0px,0px);
    }
    100% {
        transform: translate(0px, 400px);
    }
}
```

图 18-8 球从父元素的顶部开始移动到底部，再反弹回顶部，如此反复

18.4 小结

真是精彩！现在，你已经学会了如何为元素添加动画及其他动态效果。这对构建动态网页非常有用，而且，更为平滑的过渡也可以让用户更好地感知页面上正在发生的事情。

当然，本章内容只涉及了皮毛。还有大量关于 CSS 动画的知识以及很多不错的案例无法在本书中呈现。如果你想深入了解 CSS 动画，可以查看 CSS-Tricks 网站上的一篇文章①。

此外，如果你想更为直观地看到自己可以实现的效果，我推荐使用 CodePen 进行尝试。

你可能已经注意到了，无论是在本章还是在其他章，都有不少重复的 CSS 属性（如字体、文本颜色和背景色）。下一章将展示如何使用 CSS 变量删除某些重复的项目。

---

① Chris Coyier. animation, 2011.

第 19 章

CSS 变量

当构建更为复杂的网站时，样式表的复杂性也会随之增加，但有一些方法可用于管理和控制复杂的 CSS。

第 20 章将介绍 **CSS 预处理器**（CSS preprocessor）。它们本质上是为 CSS 赋能的编程语言。在不借助这些工具的情况下，CSS 本身就支持变量。使用变量对管理 CSS 来说非常有用。

提示 变量的正式名称是自定义属性。

本章内容

- 什么是变量
- 用变量简化样式
- 对变量进行计算
- 小结

19.1　什么是变量

到目前为止，当你编写 CSS 时，每次都需要手动输入全部样式。例如，假设你将

#EB1DFE 这种颜色用作网站上的强调色，你可以将其应用于按钮、边框、链接，等等。但是，对于每个实例，你都需要输入 #EB1DFE。

这时，如果你想将强调色改成其他颜色，要怎么办？你需要找到所有引用了先前强调色的地方，然后手动修改色值。而且，如果你只想修改其中一部分，就无法在整个文件范围内进行"查找 / 替换"操作。实际上，有更好的方法。你可以使用自定义属性，即**变量**（variable）。

变量的作用类似于占位符。它们可以存储一些信息，以便以后可以引用。每种编程语言都有变量的概念。变量有两个部分：名称和值。定义或设置变量时，要为其分配一个值。然后，你就可以使用变量名引用该值，而不是直接使用该值。

在 CSS 中，要引用变量，请使用 var() 函数，并将变量名放在括号里面。函数是提供一段可执行代码的方法。在这种情况下，该函数的含义是让浏览器"获取那个变量的值并使用它"。

提示 作为一种惯例，变量的名称使用**驼峰式大小写**（camel case）格式，即变量名称中的每个单词（第一个单词除外）都以大写字母开头，且单词之间没有空格，例如：`thisIsCamelCase`。

使用变量的好处在于，你只需要在一个地方修改强调色的色值，所有引用它的地方都会自动更新。

19.1.1 分配和使用 CSS 变量

(1) 在样式表的顶部输入 `:root {`。

这里定义了变量的作用域（稍后会详细解释）。

(2) 下面分配变量。输入 `--accentColor: #EB1DFE;`。

每个变量都以双连字符（`--`）开头。变量的名称应该反映其代表的含义。变量的值可以是任何有效的 CSS 属性值。这里我们用的是十六进制的色值。

(3) 输入 `}`。

(4) 在新的一行输入 `a {`，开始为链接设置样式。

(5) 输入 `color: var(--accentColor);`。

(6) 输入 `}`。

这会让所有链接都变成漂亮的紫色（如图 19-1 所示）。

> ## Look at Me!

图 19-1 这个链接使用的是由 CSS 变量指定的颜色（另见彩插）

完整的代码见代码清单 19-1。

代码清单 19-1 创建和使用变量 `--accentColor` 的代码

```
:root {
    --accentColor: #EB1DFE;
}

a {
    color: var(--accentColor);
}
```

这看起来有些微不足道，但设想一下，如果你在多个样式表中使用该颜色达数十次呢？要记住所有实例的位置，然后更新所有实例，这可能是一项艰巨的任务，特别是无法借助简单的查找/替换功能的时候（假设需要保留其中一部分值，而不是全部值）。

由于变量是原生 CSS 的一部分，因此它们的工作原理跟其他属性和规则集一样。

- ❑ 适配层叠规则，这意味着它们可以被覆盖。
- ❑ 可以通过 JavaScript 来操纵它们（但这不在本书的讨论范围之内）。
- ❑ 不需要借助任何其他工具就可以使用它们。

提示 可以在 `var()` 函数中指定一个备选值。当你使用的变量没有被分配任何值的时候，如果指定了备选值，就将使用该备选值。例如设置了 `color: var(--primaryColor, #FF0000)`，那么当 `--primaryColor` 变量无效时，就使用 `#FF0000` 这个颜色。

19.1.2 变量作用域

谈论变量的时候，不能忽略作用域的概念。变量的作用域决定了变量"可见"（可被引用）的上下文范围。在设置强调色的任务中，我们使用了关键字 :root，它代表"此变量的作用域是整个文档"。你也可以使用像 div 或 p 这样的名称，表示作用域仅限于那些元素。你还可以在特定的规则集中再次定义变量，从而改变它的作用域（如图 19-2 所示）。

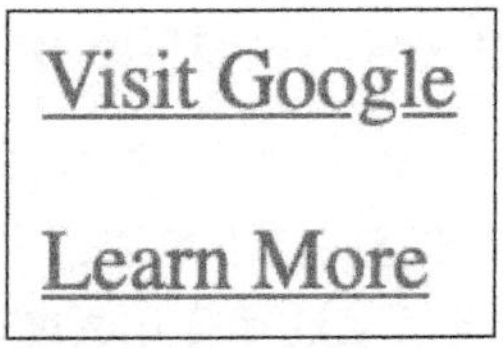

Visit Google

Learn More

图 19-2　修改变量的作用域也改变了样式
（另见彩插）

19.1.3　更改 CSS 变量的作用域

本示例的 HTML 标记如下：

```
<main>
<a href="https://google.com">
→Visit Google</a>
</main>
<aside>
    <a href="https://casabona.org">
    →Learn More</a>
</aside>
```

(1) 在样式表中输入 :root {。

(2) 输入 --accentColor: #EB1DFE;。

(3) 输入 }。

(4) 在新的一行输入要更改其属性的元素的名称。在这个示例中，输入 aside {。

(5) 输入用于要更改的属性的变量名称。在这个示例中，输入 --accentColor: #008800;。

(6) 输入 }。

(7) 在新的一行输入 a {。

(8) 输入 color: var(--accentColor);。

仅需这样一条声明，如果 <a> 标签是 <aside> 元素的后代，那么它的 --accentColor 值将是 #008800，否则就仍是 #EB1DFE。

(9) 输入 }。

你可以将变量想象成电话号码，那么作用域就对应于电话区号。两个美国人可以拥有相同的电话号码，只要它们的区号不同（请问有哪些人的电话号码是 867-5309？这个电话号码出现在 Tommy Tutone 的歌曲 *Jenny* 中）。

如果不拨区号，就会使用本地区号。如果拨了区号，就改变了查找电话号码的范围。变量的工作方式也是这样的。

> **跨越多个文件**
>
> 　　一个网站可以使用多个 CSS 文件，尽管本书并没有对此做太多讨论。你可以拥有多个 CSS 文件，用不同的文件来组织样式的不同方面。
>
> 　　一个巨大的 CSS 文件和多个小的 CSS 文件，哪一种方法的加载速度更快？尽管对这个问题还存在争议，但使用多个 CSS 文件有一些好处，尤其是使用变量的时候。你可以将所有变量保存在一个文件里面（如 variables.css），并在其他所有 CSS 文件之前加载该文件，即在 HTML 中将对该文件的引用放在最前面。浏览器会按照它遇到文件的顺序来加载 CSS 文件（以及其他所有文件）。
>
> 　　接下来，便可以明确定义变量及其作用域，再将实际的规则集放在另一个单独的 CSS 文件中（常命名为 main.css 或 style.css）。

19.2　用变量简化样式

由于我们可以控制 CSS 变量的作用域，因此可以编写更加简洁的 CSS。在讲解作用域的任务中，有两个变量定义，但 <a> 标签只有一条规则集。变量作用域的这一特性不仅适用于元素规则集，你还可以通过媒体查询来修改变量的值。

这使得你可以在编写 CSS 的早期定义几乎所有样式，而无须创建专门用于媒体查询的大部分代码。如果仅更改变量值，而不更改整个样式，则媒体查询将大大缩短，浏览器的工作量也将减少，从而使你的网站更加高效。

用变量和媒体查询创建网格

要用到的 HTML 代码如下：

```
<div>
    <p>This is grid item 1</p>
    <p>This is grid item 2</p>
    <p>This is grid item 3</p>
</div>
```

(1) 在样式表的开头输入 :root {。

这里我们要定义 CSS 变量的默认值。我们使用移动优先的策略，因此网格模板只有一列。

(2) 在新的一行输入 --gridTemplate: 1fr;。

注意，这里我们只定义了变量，并没有建立样式，稍后将建立样式。

(3) 在新的一行输入 --gridGap: 0;。

(4) 在新的一行输入 }。

(5) 在新的一行输入 @media screen and (min-width: 600px) {。

这是引用媒体查询的唯一一处，旨在修改变量的值，而不是设置实际样式。在 600px 的断点处，我们对变量进行修改。

(6) 在新的一行输入 :root {。第 (1) 步中变量的作用域是 :root，这里我们需要在媒体查询中引用相同的作用域。

(7) 在新的一行输入 --gridTemplate: 1fr 1fr 1fr;。

在 600px 断点处，我们希望网格布局从一列变成三列，因此我们需要修改变量的值。

(8) 在新的一行输入 --gridGap: 10px;。

同样地，我们要修改列与列之间的距离。这里修改的样式将在 600px 断点处生效。

(9) 在新的一行输入 }，结束 :root 变量声明。

(10) 在新的一行输入 }，结束媒体查询。

(11) 在新的一行输入 div {。

由于 CSS 变量的存在，因此我们只需要这一个设置 div 样式集的地方。

(12) 在新的一行输入 display: grid;。

(13) 在新的一行输入 grid-gap: var(--gridGap);。

变量 --gridGap 将根据上面媒体查询的情况确定具体的值。就这样，我们实现了响应式 div，却无须将样式集显式放入不同的媒体查询规则集中。

(14) 在新的一行输入 `grid-template-columns: var(--gridTemplate);`。

类似地，`--gridTemplate` 的值也将根据断点而变化。

(15) 在新的一行输入 `}`，结束 `div`。

最终的效果是：当视口较窄的时候，`div` 内的段落元素会堆叠在单个列中（如图 19-3 所示）；当视口扩大到超过 600px 时，段落则会排成三列（如图 19-4 所示）。完整的代码见代码清单 19-2。

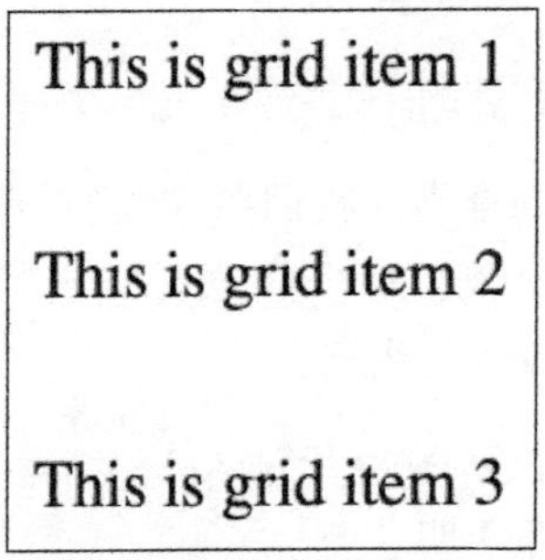

This is grid item 1

This is grid item 2

This is grid item 3

图 19-3　当视口宽度不足 600px 时，根据 CSS 变量的值，生成一列布局

代码清单 19-2　使用变量创建响应式网格布局的代码非常简洁

```
:root {
    --gridTemplate: 1fr;
    --gridGap: 0;
}
@media screen and (min-width: 600px) {
    :root {
```

```
        --gridTemplate: 1fr 1fr 1fr;
        --gridGap: 10px
    }
}
div {
    display: grid;
    grid-template-columns:
    → var(--gridTemplate);
    grid-gap: var(--gridGap);
}
```

为了对比，我们还提供了不使用 CSS 变量时所需的代码（见代码清单 19-3）。

代码清单 19-3　不使用 CSS 变量创建的简单网格的代码。随着网格越来越大，断点越来越多，这样做很快就会变得非常复杂

```
div {
    display: grid;
    grid-gap: 0;
    grid-template-columns: 1fr;
}

@media screen and (min-width: 600px) {
    div {
        grid-gap: 10px;
        grid-template-columns: 1fr 1fr 1fr;
    }
}
```

19.3　对变量进行计算

除了 var() 函数，CSS 还提供了 calc() 函数。通过 calc() 函数，你可以在 CSS 中执行基本的算术运算。可以执行的操作包括：

❑ 加法（+）
❑ 减法（-）
❑ 乘法（*）
❑ 除法（/）

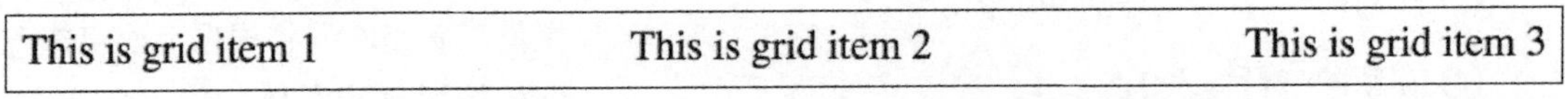

| This is grid item 1 | This is grid item 2 | This is grid item 3 |

图 19-4　当视口达到 600px 或更宽的时候，CSS 变量的值将会改变，生成三列网格

既可以在创建变量的时候进行计算，也可以在属性声明中进行计算。引入计算的一大好处是，可以通过数学的方式定义内边距和字号大小，从而使样式更加一致。

也就是说，我们可以基于一系列基准值，按比例确定各种属性值的大小。

用 calc() 按比例修改变量

要用到的 HTML 非常简单：

```
<h1>This is a heading</h1>
<p>This is body text!</p>
```

(1) 在样式表的开头处输入 :root {。

(2) 在新的一行输入 --fontSize: 1.25rem;。

(3) 在新的一行输入 --fontSizeHeading: calc(。

从这里开始编写 calc() 函数。

(4) 输入 var(--fontSize) * 3。

这就是一则运算。我们用 var() 函数来获取 --fontSize 的值，然后将其乘以 3。我们要将计算出的值用于 h1，从而让一级标题的字号大小是正文字号大小的 3 倍。

(5) 输入);，结束函数。

(6) 在新的一行输入 }。

(7) 在新的一行输入 body {。

(8) 在新的一行输入 font-size: var (--fontSize);。

(9) 在新的一行输入 }。

(10) 在新的一行输入 h1 {。

(11) 输入 font-size: var(--fontSize-Heading);。

也可以使用 font-size: calc(var(--fontSize) * 3);，这样就不需要预先定义变量 --fontSizeHeading 了。

(12) 在新的一行输入 }。

完整的 CSS 见代码清单 19-4。这样做的结果是正文的字号大小比浏览器的默认值略大一些，而 <h1> 标签中文本的大小是正文的 3 倍（如图 19-5 所示）。

代码清单 19-4　使用了 calc() 函数的 CSS。该函数用于让一级标题与正文的字号大小保持一定比例

```
:root {
    --fontSize: 1.25em;
    --fontSizeHeading: calc(var(
    → --fontSize) * 3 );
}

body {
    font-size: var(--fontSize);
}

h1 {
    font-size: var(--fontSizeHeading);
}
```

This is a heading

This is body text!

This is a heading

This is body text!

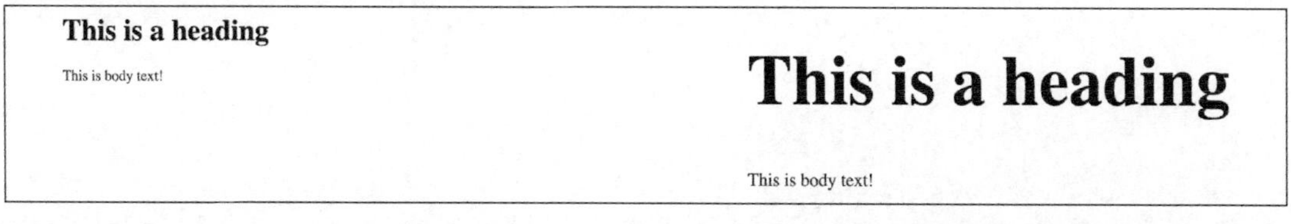

图 19-5　左边显示的是 Chrome 的默认样式。右边则是更新后的字号大小，其中标题字体号大小是由 calc() 函数计算出来的

用 JavaScript 处理 CSS 变量

尽管 JavaScript 基本不在本书的讨论范围之内，但在讲到变量的时候，还是值得说一说的。

CSS 变量之所以强大，其中很重要的一个原因是它们可以为 JavaScript 所用。这样，你就可以实时、动态地修改变量，从而改变网页的布局和样式。

例如你想根据用户在网站上停留的时间长短来修改背景色，那么，你就可以定义一个控制背景色的 CSS 变量，然后用 JavaScript 计数器去修改该变量的值。

当你掌握了 HTML 和 CSS 之后，必然要开始学习 JavaScript。用 JavaScript 控制 CSS 变量成了学习的又一动力。

19.4 小结

CSS 变量可以改变你编写 CSS 的方式，尤其是当你的 CSS 变得越来越复杂的时候。在覆盖样式和引入计算之间，有一系列非常强大的功能供你使用。

除此之外，还有一样东西可以让你的 CSS 迈上一个新台阶，那就是预处理器。

第 20 章

CSS 预处理器

尽管 CSS 本身已经包含了一些能让编写规则集更加容易的功能，但是有更强大的工具可以帮我们简化和优化 CSS 代码。

这些工具就是 **CSS 预处理器**（CSS preprocessor），它们运行在 CSS 之上。也就是说，它们收到你编写的内容后，会将其转换为 CSS。预处理器包含了 CSS 不具备的很多功能，包括无须复制和粘贴就能轻松地复用规则集，还有循环（基于一套规则自动编写代码）。下面我们一探究竟。

本章内容

- □ CSS 预处理器是如何工作的
- □ Sass 入门
- □ 编写 Sass
- □ 小结

20.1 CSS 预处理器是如何工作的

CSS 预处理器本质上是生成有效 CSS 的

编程语言。先使用预处理器的独特语法编写代码（本章将对此进行介绍），然后预处理器接收你编写的内容，并将其转换为 CSS。

这样做可以使预处理器向 CSS 添加新功能，而无须更改浏览器的工作方式。你可以像这样想：如果想为笔记本电脑上增加存储空间，你可能不会拆开电脑换一块硬盘，而很可能会购买一个外接硬盘来解决问题。外接硬盘位于计算机的外部，但它也能为你提供更多空间。

CSS 预处理器的工作原理与之类似。它们为你的 CSS 编写工作增加了很多功能，却不需要你关心浏览器的支持情况。大多数预处理器还有这样一个优点：它们的语法看起来跟 CSS 语法很像，如果你已经掌握了 CSS，那么上手 CSS 预处理器会很快。

为什么要用 CSS 预处理器替代原生 CSS

随着 CSS 变量、CSS 网格、Flexbox 的引入，原生 CSS 通过不断进化，与预处理器之间的差距正在缩小（如图 20-1 所示）。

```
$bgColor: #EB1DFE;

body {
  background: $bgColor;

  h1 {
    background: #FFFFFF;
    padding: 15px;
  }
}
```

```
body {
  background: #EB1DFE;
}
body h1 {
  background: #FFFFFF;
  padding: 15px;
}
```

图 20-1　左侧是 Sass 语法，右侧是根据它输出的 CSS

尽管如此，同原生 CSS 相比，预处理器仍然具有很多优点。

- 嵌套和级联更加方便。不需要在一行写出完整的选择器（如 `div.wrapper main section p.alert`），可以将一个选择器嵌套在另一个选择器中，建立类似于 HTML 的层级结构。稍后会详细讲解这一点。
- 可重复、可复用的规则集。除了拥有你已经了解的变量，预处理器还允许你用编程的方式生成 CSS 规则集。例如，在第 19 章中我们曾经手动编写过标题字号大小的计算公式，而使用预处理器的话，可以编写几行代码实现这样的目标："从 h1 开始，每一级标题的字号大小都比上一级标题减小 20%"。
- 内置函数。通过它们可以轻松生成配色方案，执行高级数学运算，等等。
- 组织。创建多个预处理器文件，再将它们编译成单个 CSS 文件。
- 自动前缀。自动为 CSS 属性添加厂商前缀，而不必每次都手动添加它们。

选择哪种预处理器对你的学习进程会有一些影响。尽管有多种预处理器可供选择，但本书选择使用 Sass/SCSS。

提示　本章是针对预处理器的入门教程。跟前几章相比，本章中需要动手的地方要少一些。已经有专门介绍特定预处理器的书了。随着你继续学习 Web 设计，你很有可能会遇到一本。

流行的 CSS 预处理器

有很多 CSS 预处理器可供选择，其中最流行的两种是 Sass 和 Less。

这些预处理器在功能和语法上有细微的差别，但如果你是从零开始学习的，那么其中任何一个都适合。

截至本书撰写之际，Sass 更受欢迎。这意味着关于 Sass 的教程、示例和支持会更多。

如果上面提到的预处理器没有吸引到你，还可以看看 Stylus。Stylus 以其简洁明了的语法而广受赞誉。

20.2　Sass 入门

在决定引入 Sass 或其他 CSS 预处理器时，请记住，引入它们意味着你需要在工作流程中添加编译这一步。对于 HTML 和 CSS，你都可以在文本编辑器中编写 HTML 和 CSS，再保存文件，然后立即可以在浏览器中打开该文件并查看效果。如果使用 Sass，还需要执行一个额外的步骤：编译 Sass 文件。

在继续讲解之前，你有必要知道，从技术上讲 Sass 有两个不同的版本：Sass 和 SCSS。二者的主要区别在于语法。Sass 看起来更像是一种编程语言，而 SCSS 看起来更像是 CSS。本书使用的是 SCSS。用 SCSS 编写的文件使用 .scss 作为文件扩展名。

对本书的读者而言，有以下两种方法可以上手 Sass。

- ❑ 使用 CodePen。使用这种方法，不需要在计算机上安装任何软件，只需要访问 CodePen 网站，就可以练习编写 Sass 代码，查看结果，检查错误。而且，使用这种方法时，你还可以将编译好的 CSS 复制到自己的 .css 文件并进行使用。
- ❑ 安装 Sass 编译软件。这样你就可以在计算机上编写 Sass，该软件会自动创建相应的 CSS，为你的网站所用。

下面分别介绍这二者的具体用法。

20.2.1 使用 CodePen 编写 Sass

(1) 访问 CodePen 网站。

(2) 通过下面的方法创建一个 Pen（Pen 指的是 CodePen 中保存代码片段的容器）。

如果你有 CodePen 账户并已登录，请单击侧边栏中 "Create"（创建）标题下面的 "Pen"（如图 20-2 所示）；如果你没有 CodePen 账户，请单击 "Start Coding"（开始编码）按钮。

(3) 在新建的 Pen 中，找到 CSS 框，再单击 "Open CSS Settings"（打开 CSS 设置）按钮。该按钮带有齿轮图标 ⚙。

(4) 在弹出的对话框中选择 "CSS Preprocessor" 菜单（如图 20-3 所示）。

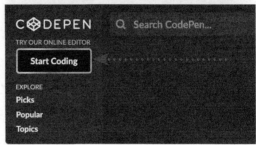

图 20-2　有两种方法创建新的 Pen，分别针对已登录用户和未登录用户

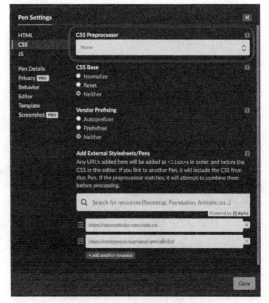

图 20-3　CodePen 上的 CSS 设置对话框

(5) 从 "CSS Preprocessor" 菜单中选择 "SCSS"。

(6) 单击 "Close"（关闭）按钮。现在，CSS 框的标签栏应显示为 "CSS (SCSS)"。然后就可以在这里输入 Sass 语句了。

(7) 我们从小的任务开始。稍后将介绍变量的知识，但现在你只需要知道，变量名均以美元符号（$）开头。这里输入 $bgColor: #EB1DFE;，为背景色创建变量。

这样我们就创建了一个变量并为它赋了值——变量 $bgColor 的值为 #EB1DFE。

(8) 在新的一行输入 body {。

(9) 在新的一行输入 background: $bgColor;。

Pen 的背景应该会立即变成深粉红色。

(10) 在新的一行输入 }。

(11) 要查看编译的 CSS，请点击右侧的箭头按钮 ⌄。

(12) 选择 "View Compiled CSS"（查看编译的 CSS），如图 20-4 所示。

这时，你的 SCSS 代码将被替换为编译后的 CSS，CSS 框的标签栏会显示 "Compiled"（编译后的）。

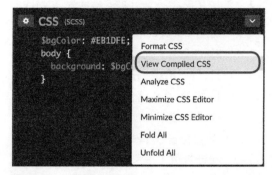

图 20-4　选择该菜单项会在 Pen 中显示编译后的 CSS

20.2.2　使用计算机上的软件编写 Sass

(1) 访问 Scout-App 网站。

(2) 在 "Sass for Web Designers" 标题下，找到适用于你的计算机操作系统的版本并下载（如图 20-5 所示）。

图 20-5　Scout-App 网站显示的下载按钮

macOS 用户请点击"OSX"按钮，PC 用户请点击"Windows"按钮。

(3) 安装该应用软件。

安装完成后，就可以将你的项目添加到 Scout 了。

(4) 在桌面上创建一个新的网站文件夹。我将我的这个文件夹命名为 website。然后，在该文件夹下创建两个子文件夹，分别命名为 scss 和 css。

(5) 启动 Scout-App，然后单击"Import Projects"（导入项目）下面的文件夹图标（如图 20-6 所示）。这时会弹出一个文件导航器。

(6) 选择在第 (4) 步中创建的 website 文件夹。

图 20-6　你可以将任何已有的网站加载进来。可以将网站文件夹直接拖到"Import Projects"区域，也可以单击文件夹图标再找到网站文件夹

(7) 在"Add Project"（添加项目）界面上（如图 20-7 所示）单击"Input Folder"（输入文件夹）字段，然后选择刚刚创建的 scss 文件夹。

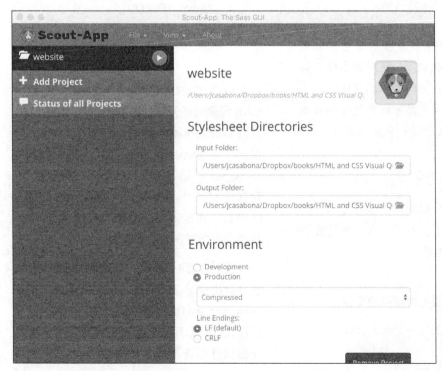

图 20-7　Scout-App 的界面，这里是管理你的项目的地方

Scout-App 现在就开始监控输入文件夹中的所有变动了。

(8) 单击 "Output Folder"（输出文件夹）字段，然后选择刚刚创建的 css 文件夹。

Scout-App 会自动对输入文件夹中的文件进行编译并放入输出文件夹中。

(9) 我们测试一下。在文本编辑器中，新建一个文件（不需要编写任何内容）并将其保存为 scss 文件夹中的 style.scss。

(10) 打开 css 文件夹，现在应该看到其中自动生成了一个名为 style.css 的文件。

若非如此，可能需要点击一下项目名称旁边的运行按钮。

提示 Sass 的一个重要的功能是它可以编译生成 CSS 的最小化版本。这种版本的 CSS 没有空格和换行符。这样可以尽可能地减小文件大小，从而让浏览器可以更快地加载文件。第 23 章将介绍关于这一优点的更多信息。

20.3 编写 Sass

本章的开头部分提到，已经有专门介绍 Sass 的书籍和课程了。不过，有一些功能值得在本书中介绍，包括：

☐ 嵌套选择器
☐ 不依赖浏览器支持情况的变量
☐ 数学运算符
☐ 扩展规则集

20.3.1 在 Sass 中嵌套 CSS 选择器

Sass 的一个很酷的功能是它能以嵌套的形式组织选择器，从而让你不必为编写特别长的选择器而担心。跟常规的 CSS 相比，这种做法能直观地显示元素族谱，还能让你直接在需要设置的元素旁编写声明。例如，下面是一段 Sass 代码：

```
.wrapper {
    background: #000000;
    color: #FFFFFF;
    main {
        aside {
            border: 1px solid #FFFFFF;
        }
    }
}
```

这段代码会被编译成如下所示的 CSS：

```
.wrapper {
    background: #000000;
    color: #FFFFFF;
}
.wrapper main aside {
    border: 1px solid #FFFFFF;
}
```

请注意，CSS 中定位的 aside 元素是 main 元素的子元素，是 .wrapper 的孙元素。在嵌套的选择器中编写规则时，这种关系可以读作："aside 在 main 里面，而它们都在 .wrapper 里面"。这样就确保了特殊性，并让你的 CSS 更易于阅读。随着 CSS 代码量的增长，你也不必过分担心特殊性的问题，只要代码拥有正确的嵌套关系。

使用嵌套时，还有一个重要的字符，即 &。它可以用作父选择器的占位符。因此，对于 .wrapper main，也可以写作 & main。这项特性让你可以用更高级的方式使用父元素选择器或外部选择器（如伪选择器）。下面看看如何使用父选择器。

20.3.2　在 Sass 嵌套结构中定位 :first-child

(1) 在 style.scss 文件中输入 p {。

(2) 输入 color: #880000;。

(3) 在新的一行添加一些缩进并输入 &:first-child {。

(4) 输入 color: #008800;。

(5) 输入 font-size: 1.5rem;。

(6) 输入 }。

(7) 输入 }。

完整的 Sass 代码如下：

```
p {
    color: #880000;

    &:first-child {
        color: #008800;
        font-size: 1.5rem;
    }
}
```

它将被编译成下面这段 CSS：

```
p {
    color: #880000;
}
p:first-child {
    color: #008800;
    font-size: 1.5rem;
}
```

如果使用 Scout-App，那么输出结果可能稍有不同。记得在 Scout-App 的项目设置中选择"Production"（生产环境），在"Output Style"（输出样式）菜单中选择"Expanded"（展开的）（如图 20-8 所示）。

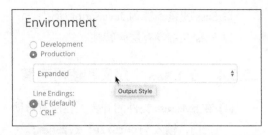

图 20-8　通过在 Scout-App 中进行设置，可以得到完全展开的 CSS 代码

20.3.3　变量与数学运算符

第 19 章介绍了 CSS 自定义属性（变量）和函数。尽管 Sass 中的变量在 CSS 变量问世之前就很流行了，但现在的 Web 开发人员更倾向于使用 CSS 内置的变量。

尽管如此，Sass 变量还是值得介绍的，因为如果你继续使用 Sass 进行开发的话，就需要用到它们。

Sass 中的变量和数学计算与原生 CSS 的变量非常相似。主要区别在于语法。Sass 中的变量以美元符号（$）开头，而不是以两个连字符（--）开头，例如：

```
$bgColor: #EB1DFE;
```

然后，引用变量时只需要输入变量的名称，不需要像在 CSS 中那样使用 var() 函数，例如：

```
body {
    background: $bgColor;
}
```

CSS 变量的优点 Sass 变量也大多具备（例如可以通过修改变量的值以同时修改多个属性值），但也有一些例外：

❑ Sass 变量不能实时修改；

□ Sass 变量不能为 JavaScript 所用；

□ Sass 变量没有层叠特性。

20.3.4　在 Sass 中定义和使用变量

(1) 在 style.scss 文件的开头，在所有声明之前，输入 \$fontSize: 1.25rem;。

(2) 在新的一行输入 body {。

(3) 输入 font-size: \$fontSize;。

(4) 输入 }。

(5) 保存文件。

(6) 打开 style.css 文件并检查编译的 CSS。它应该如下所示：

```
body {font-size: 1.25rem;}
```

尽管这只是一条用到了变量的声明，但你可以想象在多个地方使用 \$fontSize 变量的情形。如果要对这些地方进行修改，只需要重新设置 \$fontSize 的值，再重新编译 Sass 文件。

CSS 里有的算术运算符（+、-、*、/）在 Sass 里都有，此外，Sass 还多了一个取模运算符（即取余数），以百分号（%）表示。

取模运算符将两个数相除，但不返回结果，而是返回余数。例如，15 % 2 返回 1。

继续使用上一个任务中的 Sass，下面在字号大小上使用乘法。

20.3.5　通过乘法增加字号大小

(1) 在 style.scss 文件中，在结束主要规则集的 } 后面新建一行并输入 h1 {。

(2) 输入 font-size: \$fontSize * 3;。

(3) 输入 }。

编译后的 CSS 将如下所示：

```
h1 {font-size: 3.75rem;}
```

请注意，不必在乘数上指定单位，相乘的结果会自动使用变量中的单位。如果在算术运算符两边使用不同的单位（例如 rem * px），则会报错。

提示　Sass 中跟数学相关的功能并不仅限于算术运算符，它还内置了四舍五入、取最小值、取最大值等数学函数。更多信息请参阅 Sass 文档。

20.3.6　用 @extend 创建可复用的规则集

如第 19 章所示，在 CSS 中使用变量可以很轻松地对属性进行复用。那么，如果想对整个规则集进行复用，该怎么办呢？使用 Sass 中的 extend（扩展）规则就可以实现这一点。通过 extend 规则，一个选择器可以使用（或者说继承）另一个选择器的规则集。其语法为 @extend [选择器]。

20.3.7　用 @extend 创建警告框

(1) 在你的 style.scss 文件中创建要扩展的类。在本任务中，要扩展的是为警告框创建的类，因此输入 .alert {。

(2) 输入 background: #880000;。

(3) 输入 color: #FFFFFF;。

(4) 输入 padding: 10px;。

(5) 输入 text-align: center;。

(6) 输入 }。

(7) 下面开始创建要扩展 .alert 的类。这个类将在原警告框上稍作修改，显示不同的背景色，以表达"友好"的含义，适用于不太紧急的消息。输入 .alert-good {。

(8) 输入 @extend .alert;。

这条语句告诉 Sass，.alert-good 要继承 .alert 中定义的所有规则。

(9) 输入 background: #000088;。

这条声明将覆盖原始规则，这就是 .alert-good 的不同之处。在本示例中，只有背景色不一样。

(10) 输入 }。

(11) 保存该文件，然后检查已编译的 CSS 文件（见代码清单 20-1）。

代码清单 20-1　对 .alert 和 .alert-good 应用 extend 规则后生成的 CSS

```
.alert, .alert-good {
    background: #880000;
    color: #ffffff;
    padding: 10px;
    text-align: center;
}
.alert-good {
    background: #000088;
}
```

使用 extend 规则，便无须复制、粘贴或重写规则集。Sass 还可以巧妙地编译使用 extend 规则的类，以防止代码膨胀。可以看到，它会尽可能地将选择器组合成以逗号分隔的列表，而不是在每个选择器中重复同样的规则集（效果如图 20-9 所示）。

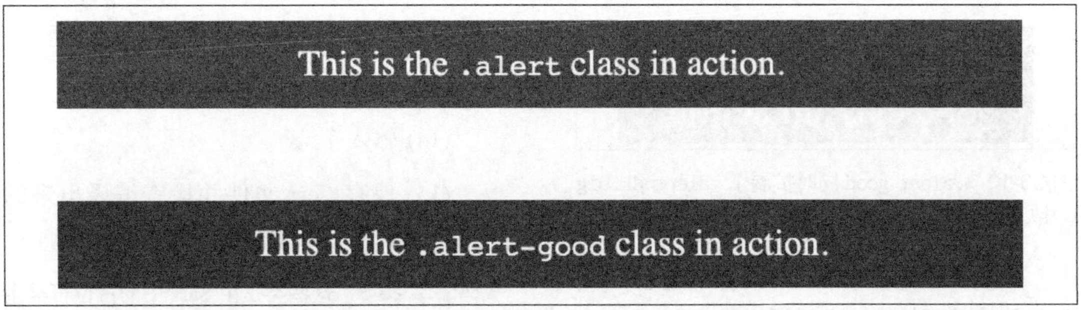

This is the .alert class in action.

This is the .alert-good class in action.

图 20-9　.alert 和 .alert-good 的实际效果（另见彩插）

还可以在一个规则集里使用多个扩展，从而可以引用多个样式而无须手动编写它们（如图 20-10 所示）。这里的类将继承来自两个选择器的样式。假设你有一个名为 .big 的类：

```
.big {
    font-size: 3rem;
}
```

那么，接着上一个任务中的 Sass，将规则集修改为下面这样：

```
.alert-good {
    @extend .alert;
    @extend .big
    background: #000088;
}
```

生成的 CSS 如代码清单 20-2 所示。

代码清单 20-2　.alert-good 扩展了另外两个类。你可能注意到了，.alert 和 .big 的声明中都带上了 .alert-good

```
.alert, .alert-good {
    background: #880000;
    color: #ffffff;
    padding: 10px;
    text-align: center;
}

.big, .alert-good {
    font-size: 3rem;
}

.alert-good {
    background: #000088;
}
```

图 20-10　.alert-good 同时扩展了 .alert 和 .big（另见彩插）

最后，还可以编写占位符类，它们唯一的作用就是可扩展。在编译出的 CSS 中不会出现对占位符类的引用。占位符类仅供你在 Sass 中使用。如果要在多个规则集中使用某种样式，但又不希望将这些规则集与特定的类相关联（这样容易破坏 CSS），那么就可以使用占位符类。

你可以使用百分号（%）定义一个占位符类。在 Sass 中，% 用于指示这是一个占位符类，不应将其编译为 CSS 中可用的类。

20.3.8　编写占位符类

(1) 在 style.scss 文件中输入 %，紧跟着输入要定义的占位符类的名称。在本示例中，输入 notify {。

(2) 输入 margin: 0 auto;。

(3) 输入 padding: 10px;。

(4) 输入 text-align: center;。

(5) 输入 }。

(6) 输入 .alert {。

(7) 输入 @extend %notify;。

(8) 输入 background: #880000;。

(9) 输入 color: #FFFFFF;。

(10) 输入 }。

(11) 输入 .error {。

(12) 输入 @extend %notify;。

(13) 输入 background: #FEB728;。

(14) 输入 }。

(15) 保存 .scss 文件并检查编译出来的 CSS（如代码清单 20-3 所示）。

代码清单 20-3　这些类是由 Sass 中的占位符类生成的

```
.alert, .error {
    margin: 0 auto;
    padding: 10px;
    text-align: center;
}
.alert {
    background: #880000;
    color: #ffffff;
}
.error {
    background: #feb728;
}
```

将占位符类的名称（如本示例中的nofity）应用于某个元素是无效的。

注意，编译后的 CSS 里面没有对 **%notify** 的引用，而且 **%notify** 的所有属性都被组合在了一起，只有自定义的属性保留在它们自己的规则集中（如图 20-11 所示）。

提示 Sass 的另一个重要的组成部分是 mixin（混入）。它与 extend 比较相似，但还是有一些重要的差别。我选择在这里介绍 extend，是因为它能与你已经学到的内容更好地结合。如果你想了解 mixin，可以访问 Sass 官网。

20.4　小结

本章只是对 CSS 预处理器和 Sass 的基础介绍。但是，在继续构建网站的过程中，掌握这些知识仍然非常有用。

至此，本书的 CSS 部分就结束了。接下来将介绍一些帮你更好地构建网站的重要概念和工具。不过，在此之前有一件重要的事情要做，那就是将网站上线。

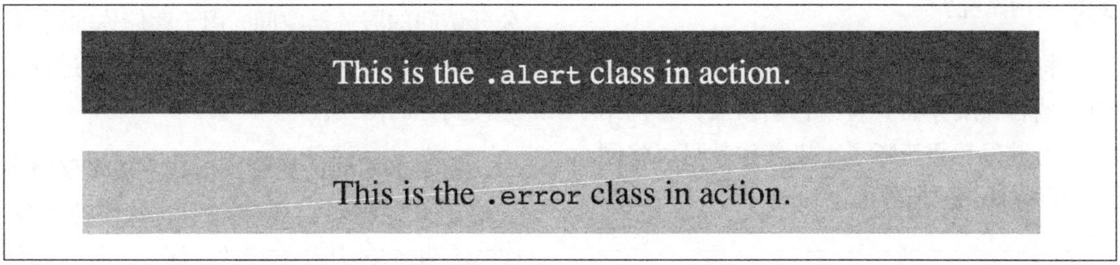

This is the .alert class in action.

This is the .error class in action.

图 20-11　基于 **%notify** 占位符类生成的 .alert 和 .error（另见彩插）

第 21 章

网站上线

搞定了 HTML，也搞定了 CSS，网站很漂亮，文件组织良好，那么，如何让人们看到你的网站呢？

将网站上线需要第 2 章中提到的两样东西：域名和服务器。有了它们以后，将网站上线的过程就很清晰了。接着你就可以将网站告诉你认识的所有人了！

本章内容

❑ 选择托管商和域名
❑ 上线前检查
❑ 网站上线
❑ 测试网站
❑ 小结

21.1　选择托管商和域名

现在到了需要做一些决定的时候了。你需要为你的网站购买域名和 Web 托管服务。当你从一家托管商那里购买了托管服务之后，该公司会为你提供一套技术和服务来让你的网站在互联网上能被访问。

最基本的是，托管商会为你提供一块可公开访问的服务器空间，用于存储你的网站，并管理域名与网站的连接。人们将通过域名连接到你的网站。

有很多不同的托管商。其中很多仅服务于特定类型的网站，但无论你选择哪种类型，HTML 和 CSS 都是支持的。那么，你该如何选择呢？

21.1.1　评估托管商

选择适合你的托管商时，有几种方法可以对其进行评估。没有"万能"的托管商。列出你的需求清单，有助于缩小选择范围。那么，有哪些需求点呢？

❑ 有人工客服吗？当你选择某个托管商架设你的网站时，一定要确保该公司能提供良好的技术支持。有帮助文档和视频固然不错，但即时聊天和电话支持也非常重要。

□ 有自动备份吗？尽管这不是一个决定性要素，但还是有必要知道，当你采用了某家服务之后，你需要自行备份，还是他们会为你进行备份。

□ 他们会帮助确保你的网站安全吗？安全体现在很多方面，包括对网站进行监控，提供 SSL（参见侧边栏"安全域名"），防范网络攻击，以及遭到黑客入侵后对网站进行修复。

提示　谈到网络安全的时候，SSL 这一术语被广泛使用。不过，从技术上讲，该术语指的是**安全套接字层**（secure sockets layer，SSL）加密协议，而由于较新的**传输层安全**（transport layer security，TLS）协议的出现，SSL 技术已被废弃。

选择托管商时，价格也是一个考虑因素。你需要支付一些费用，但在刚开始的阶段，尤其是你还在磨炼自身技能的时候，没必要投入太多。我推荐以下两个托管商。

□ Web Hosting for Students：如果你需要很便宜的服务，可以选择这一家。他们的价格低至 25 美元 / 年（如图 21-1 所示）。

□ SiteGround：当准备好向全世界发布你的网站（也称"上线"）时，你可能需要从最基础的服务商（如 Web Hosting for Students）迁移至更全面的服务商。SiteGround 功能全面，并且适用于多种类型的网站（如图 21-2 所示）。

图 21-1　Web Hosting for Students

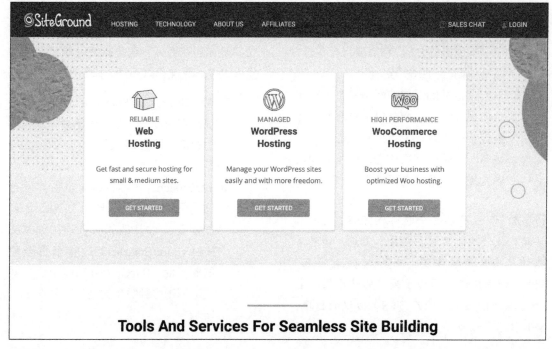

图 21-2　SiteGround

安全域名

　　你可能注意到了，有的网址使用 http:// 前缀，有的使用 https://。区别在于，https:// 表示该网站使用**超文本传输安全协议**（hypertext transfer protocol secure，HTTPS）进行连接，而该协议基于 TLS。TLS 常与其前身 SSL 混为一谈，不作区分。使用 HTTPS 的网站都有 TLS 证书。

　　使用 HTTPS 意味着发送给你网站的数据和从你网站发出的数据都会被安全地传输。如果要处理用户付款，获取用户信息，让用户使用用户名和密码进行登录，就用得上 HTTPS。

　　使用 HTTPS 还有助于**搜索引擎优化**（SEO）。Google 将使用 HTTPS 作为一种"排名信号"（用于评估网站在搜索结果中的排名）。在 Chrome 浏览器中，对于不使用 HTTPS 的网站，浏览器会向用户发出警告。

　　HTTPS 是由服务器配置的。SiteGround 向用户提供免费的来自 Let's Encrypt 的 TLS/SSL 证书。

21.1.2　选择域名

一般来说，你可以在购买托管服务的地方购买域名，但不建议这样做，以防你决定要换一家托管商。

有的托管商为用户提供免费的域名，但是，如果你想单独购买一个域名，可以选择 Hover。通过它可以注册多种顶级域名（TLD），包括 .com、.org、.io、.me、.xyz 等。

21.1.3　选择域名的提示

- □ 域名要独特且易于记忆。域名既要有独特性，又不能太有个性，以至于人们很难记住。
- □ 域名要方便输入，且方便发音。如果使用一个复杂的域名，人们可能会因为输入错误而进入另一个网站，甚至怎么也找不到你的网站。请尽量避免使用数字和连字符。数字在说出来的时候并不明确（是阿拉伯数字还是拼写出来的单词？），而连字符则容易被忘记。
- □ 优先使用 .com 域名。尽管可供选择的 TLD 越来越多，但大约 70% 的域名是 .com 域名。对大多数人来说，.com 域名更容易记忆，而且他们在记不清的时候很可能会首先尝试 .com。
- □ 域名要尽可能短。这与域名更容易记忆是相通的，也更容易被读出来和打出来。
- □ 避免使用受版权保护的名称。一定不要在域名中使用受版权保护的名称。否则，最终只能更换域名，因为侵

犯了他人的版权。例如 "wordpress" 一词，根据拥有 WordPress 版权的 WordPress 基金会的说法，你不能在域名中使用 "wordpress"。

- □ 慎用词组。这一条听起来有些可笑和幼稚，但你也不想拥有一个平庸的域名吧。
- □ 将域名绑定到社交媒体。将域名与社交媒体账户绑定，用户就可以直接访问而不用记忆和猜测域名。

注意，上述内容并不是一份检查清单。如果你遇到一个完美的域名，但它使用了数字，尽管用吧。由于你可以将两个域名指向同一个网站，因此可以同时使用带阿拉伯数字的域名和将数字拼写出来的域名。如果 .com 已不可用，可以换成 .org。

你只需要尽力而为，重要的是，让域名关联你网站的主题。

21.1.4　注册域名

(1) 访问 Hover 网站。

(2) 在搜索框中输入你想出来的域名（如图 21-3 所示）。

　　你可以勾选或反选 TLD。Hover 将向你展示所有可用的域名。

(3) 按下回车键，或点击搜索图标。

(4) 你将进入显示所有可用域名的界面。点击你想要的域名旁边的加号。

(5) 点击右上角的购物车按钮（如图 21-4 所示）。

图 21-3　Hover 网站上的搜索框

图 21-4　Hover 网站上的购物车按钮

（6）完成支付并创建你的账户。

电子邮件服务

购买域名和托管服务时的一个常见的问题是："我能得到一个电子邮件地址吗？"电子邮件是一项单独的服务，它不一定包含在域名或托管服务的订单内。

有时你会发现，托管商将电子邮件作为托管服务的附加项提供给你。除此以外，你还有其他选择，例如，Hover 网站提供了电子邮件转发功能。

你还可以注册 Google Apps for Business 之类的产品，但使用它们需要做额外的配置。

21.1.5　关联域名与托管服务

如果你不是通过你的托管商购买域名的话，当购买了域名之后，还需要将其指向你的托管服务。根据托管服务商和域名注册商的不同，操作过程也会有所不同。

你的域名服务商应该提供了修改 DNS（domain name system，域名系统）的指引。你可以将 DNS 视为一个很大的查询表或地址簿，它用于将服务器与域名关联起来。

提示　当你购买了域名并将其指向了服务器之后，可能需要等待 24 到 48 个小时它们才能正常工作。这个过程就是所谓的 DNS 传播（propagation）。

21.2　上线前检查

将网站上线之前，需要做如下检查。

（1）网站的目录结构是按照你想要的方式组织的吗？上传后它们将保持同样的结构，因此在上线前请仔细检查。

(2) 所有链接、嵌入和引用的格式都正确吗？如果你的链接指向某个子文件夹中的某个文件，请确保该文件处于正确的位置；请确保所有图像和其他媒体都正确显示。

(3) 还有以 file: 或 C: 开头的文件引用吗？这些都是指向你的计算机上的文件的绝对链接，网站上传之后，除你以外的任何人都无法访问这些文件，因此，请务必将其改为相对链接。

最好将每个页面点击一遍，确保所有内容均按照预期的方式正常工作。完成这项操作之后，就可以将文件上传到服务器了。

21.3　网站上线

购买了托管服务和域名之后，就该将网站上线了（这一过程有时也称部署网站）。上线需要用到**文件传输协议**（file transfer protocol，FTP）。

FTP 用于将文件从你的计算机传送到服务器。为了执行该操作，你需要一个 FTP 软件。FileZilla 是一个免费且使用广泛的 FTP 软件（如图 21-5 所示）。你可以从 FileZilla 官网下载该软件。

下载该软件后，你会发现需要以下这些信息。

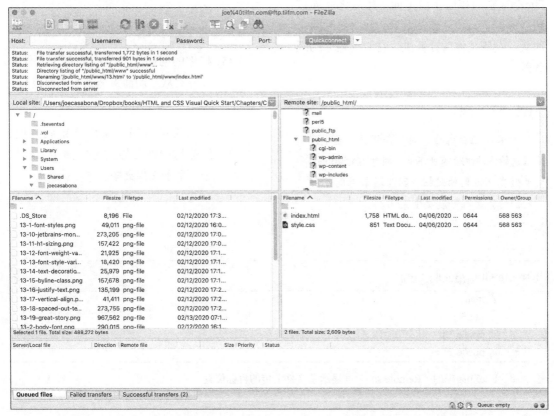

图 21-5　FileZilla 是一个流行的 FTP 软件

□ 主机。也可能写作主机地址、IP 地址、域名或服务器地址。

□ 用户名。

□ 密码。

□ 端口。端口是由软件定义的与计算机（或其他设备）通信的网关。通常，特定的端口仅允许特定的网络服务通过。你可以将其视为停靠位或者需要钥匙才能打开的储物柜。

这些信息都可以在你的托管账户中找到。你可以在你的托管商网站上查找标题包含"FTP"的帮助文档。

找到这些信息之后，将它们填到 FileZilla 中的相应字段里面，然后你就连接到服务器了。建立连接之后，你将看到两个面板：左侧是你的计算机，右侧则是你的服务器。

查找 FTP 信息

根据托管商的不同，查找服务器 FTP 信息的方法也会有所不同。对于 SiteGround，最好查阅他们的文档，因为随着时间推移他们的界面有可能发生变化。

用 FileZilla 将文件发送到服务器

(1) 根据托管商提供的信息，填写主机、用户名、密码和端口。

(2) 单击"Quickconnect"（快速连接）按钮。

(3) 在右侧的面板有内容之后，找到 public_html 或 www 文件夹。这是存放所有供用户访问的文件的位置。你也可能已经位于该文件夹了。

你可以通过右侧面板上方的"Remote site"（远程站点）框查看当前位置（如图 21-6 所示）。

(4) 确保左侧面板中显示的是你的网站文件夹的内容。

(5) 将你的网站文件夹中的每个文件和文件夹从左侧面板拖到右侧面板（如图 21-7 所示）。

切勿直接将网站文件夹拖到右侧，因为这样做会导致你的网站文件位于一个子文件夹中。

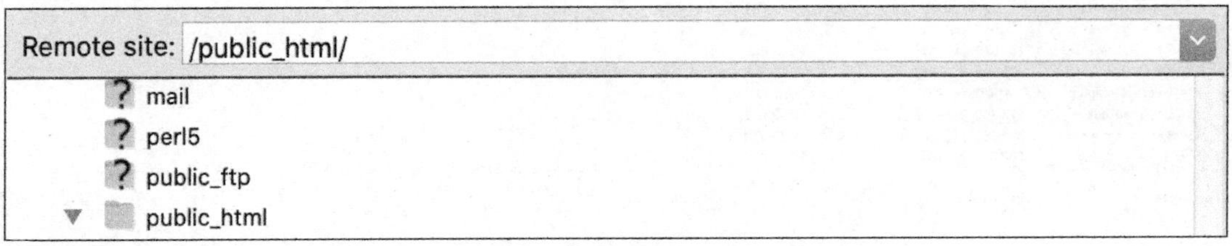

Remote site: /public_html/

? mail
? perl5
? public_ftp
▼ 📁 public_html

图 21-6 FileZilla 中的"Remote site"框显示了文件上传的目标位置

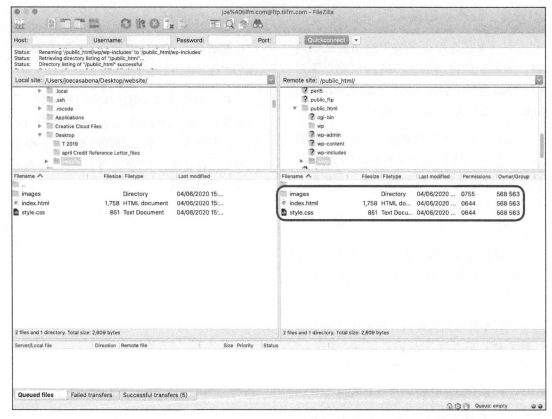

图 21-7　上传网站后 FileZilla 的状态

(6) 文件上传完成之后，使用浏览器访问你的域名。这时，你的网站文件应该呈现在浏览器中，而且是按照你的设计呈现的。

21.4　测试网站

当你将网站上传到服务器之后，就可以对其进行测试了。用浏览器通过你购买的域名访问你的网站，点击所有链接，并确保图像和其他媒体都能正确显示。

21.4.1　检查每个文件

如果可以的话，请使用另一台计算机访问你的网站，再次检查 HTML 文档是否消除了指向本地文件的绝对链接。绝对链接在你的计算机上不会出问题（因为文件就在你的计算机上），但其他计算机无法访问。

所有链接都要检查。需要确保所有内部链接都指向你网站上的正确位置，所有外部链接都指向预期之内的目标网站。

21.4.2　在常见的浏览器中测试

下一章将介绍更多关于网站测试的内容。为了确认你刚刚上传的网站能正常运行，测试至少要涵盖一些常用的浏览器，如Safari、Edge、Chrome和Firefox。

你会看到，不同浏览器对你的网站的呈现方式会有所不同。在多个浏览器中检查你的网站，会让你比其他访问者更早地发现问题。

404 错误

你自己的网站至少目前而言还不会出现404错误。404错误是一种常见的网站错误，它表示"找不到文件"。

如果有人尝试访问你网站上不存在的文件，那么服务器将发送404错误，警告用户他尝试访问的文件不存在。

引发404错误的原因，可能是某个文件中的错误拼写，或者某个文件并未上传到服务器，或者外部链接缺少https:// 前缀，等等。

21.5　小结

恭喜你，成功地将网站上线了。但是，你的工作还没有做完。

在所有基础知识都已学完的情况下，是时候探讨一些比较高级同时也非常重要的主题了。其中第一个就是测试你的网站，检查网站是否存在诸如HTML/CSS破损、设备不支持之类的问题。

第 22 章

测试网站

现在，你已经学会了如何构建和部署网站，是时候看看 Web 设计领域其他一些值得掌握的内容了。首先是测试。

到目前为止，对于自己编写的网站，你会在浏览器中对其进行检查，甚至通过调整浏览器窗口大小检查网站在不同尺寸的浏览器上的外观。不过，除此之外，你可以做也应该做的事情还有很多。

22.1　为什么要测试网站

你可能想知道，为什么除了在浏览器中检查网站以确保它看起来没有破损，还需要测试网站。这是因为网站需要在任何 Web 浏览器可以运行的地方（基本上到处都是）都能被正常访问、正常运行，所以我们需要针对所有地方进行测试。这意味着要在所有主流浏览器上、在不同的平台上、在不同的设备屏幕尺寸上对网站进行测试。

Web 开发中有很多未知数。你不知道用户将要做什么。你不知道他们的广告拦截器对你的网站会产生什么影响。你也不知道他们的网速如何。

最后，由于 HTML 的容忍度很高，用不同方式编写的 HTML 可能都能正常工作，因此你可能会遇到这种情况：你的设备对你的标记的理解和其他设备对你的标记的理解有所不同。如果你的 HTML 是无效的（不符合由 DOCTYPE 定义的规范），那么这种问题就更为严重。

对网站的测试需要三管齐下：

❏ 验证 HTML 和 CSS；
❏ 在浏览器中测试；
❏ 在设备上测试。

在做这些操作的时候，你还可以借助一些实用工具对遇到的问题进行修复。

22.2　验证标记

首先验证你的标记——在 HTML 中寻找任何明显的错误，如缺少结束标签，用法错误，语法错误等。

输错代码可能会导致语法错误（如图 22-1 所示）。标签可能漏了右括号（>），或者在 HTML 中留下了引号。这些失误可能会导致网页上的重大错误，如果你使用的浏览器没有标出这些问题，它们可能不会被察觉。

有一个验证器可以检查你的 HTML 和 CSS，甚至指出破损的链接。

22.2.1　W3C 的标记验证器

万维网联盟（World Wide Web Consortium，简称 W3C）是创建 HTML 和 CSS 标准和规范的国际组织。

他们提供了一个标记验证器，你可以使用该工具来确保你的 HTML 和 CSS 代码是符合标准的（如图 22-2 所示）。

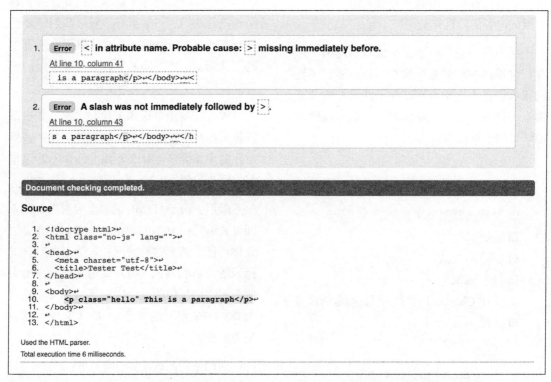

图 22-1　HTML 中的语法错误导致代码无效的警告。这张图显示了语法错误导致的两个问题

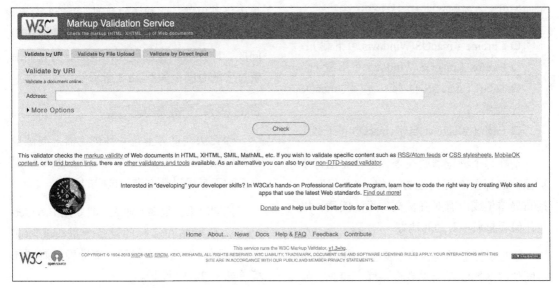

图 22-2　W3C 标记验证服务的主页

有三种方法可以将你的标记提供给验证器。

- 提供文件的 URI（或域名）。
- 上传文件。
- 复制标记，并将其粘贴到验证器的文本框中（这种方式称作直接输入）。

由于网站的 CSS 和 HTML 是不同的文件，因此用上传文件和直接输入的方式就比较麻烦（虽然不是不可以）。一般情况下，请选择填入 URI 的方式。

22.2.2　验证标记

(1) 访问 W3C 的 Markup Validation Service 页面。

(2) 单击"Validate by URI"（按 URI 验证）标签页。

(3) 在"Address"（地址）字段中输入你的网站的域名。

(4) 单击"Check"（检查）按钮。

(5) 查看结果并修复错误。这些错误可能会让你的网站在某些浏览器中出现破损。

你还有可能看到警告——指出不恰当或不必要的用法。你可以（并且应该）修复这些问题，但它们不会让你的网站出现破损。

尽管验证代码能帮你消除网站上的错误，从而节省大量时间，但这并不意味着它能解决所有问题。为此，你需要使用不同的浏览器对网站进行测试。

22.3　浏览器测试

浏览器测试是比较容易做的测试。你只需要使用主流浏览器访问网站,确保一切正常。请记住，不同浏览器实现 HTML 新功能的时间可能不同，对 CSS 的解析也有差异。因此，需要在以下桌面浏览器中检查你的网站：

- ❑ Chrome（macOS/Windows 可下载）；
- ❑ Firefox（macOS/Windows 可下载）；
- ❑ Safari（macOS 自带，仅供 macOS 使用）；
- ❑ Edge（Windows 自带，macOS 可下载）。

请在每个浏览器中检查你的网站的每个页面，确保没有任何地方破损。"破损"包括布局错位或没有对齐，文本无法阅读，以及任何看起来不对劲的地方。

不过要注意的是，没有必要确保网站在不同的浏览器中看起来完全一样。因此，如果内边距出现一些细微的差别，也没有关系。第 12 章提到的 CSS 重置能消除大部分此类问题，即便有细微的差别，也不要为它们浪费过多的时间（如图 22-3 所示）。

浏览器和设备测试工具

你无法在世界上每一种浏览器上测试自己的网站，也难以购买大量设备来测试，但有多种工具可以帮你进行这样的测试。

长期以来，很多专业人士喜欢用 Browser-Stack。该网站在实际的设备上进行实际测试，从而为你提供更稳健、更准确的测试环境（如图 22-4 所示）。

图 22-3　对比网站在 Chrome 和 Safari 中的显示情况。在两个浏览器中，该网站看起来完全一样呢！

图 22-4　使用 BrowserStack 测试网站

刚开始使用 BrowserStack 的时候其服务是免费的，但使用量变多之后，价格会很快变得昂贵，尤其是如果要测试 30 分钟以上的时候。另一种选择是 LambdaTest。该网站也对新用户提供一定的免费使用量。对于在本书中创建的网站类型而言，免费的量应该足够了。

22.4 设备测试

在移动设备和物联网（将各种物理设备连接到互联网）的世界里，要确保你的网站在移动设备上和在网速较慢时均能正常工作。

尽管使用 BrowserStack 就能在你没有的设备和浏览器上对网站进行测试，但是，在你实际拥有的物理设备上开展测试（即使无法全面覆盖）也很重要。你需要确保你的网站：

❑ 适配真实的屏幕大小；
❑ 加载迅速；

❑ 使用的是浏览器支持的特性，或者有回退机制。

使用真实设备非常重要。尽管你可以通过 BrowserStack 或者模拟器（设备的计算机生成版本）来检查网站，但它们无法替代你自己的真实设备。

22.4.1 应该测试什么

不同设备、操作系统和网速的组合无限多，你无法对所有这些组合进行测试。那么，该怎么做呢？

对于设备，可以查看诸如 Device Atlas 这样的网站。该网站按国家／地区列出了最受欢迎的移动设备。

在实际设备上，需要针对其内置的浏览器进行测试。因此有必要知道最受欢迎的浏览器是什么。Statcounter 提供了这类数据（如图 22-5 所示）。

图 22-5 Statcounter 提供的浏览器统计信息

至少要在最受欢迎的浏览器和设备上完成测试，确保一切正常。

网速则更容易模拟。本章后面部分以及第 23 章（提升网站性能）将介绍处理这个问题的工具。目前你需要知道的是，需要覆盖以下几种情形：

- ❑ 高速互联网（如果你的网站在这种情况下加载速度很慢，就需要进行一些调整了）；
- ❑ 最新的蜂窝网络（在撰写本书时为 5G）；
- ❑ 前两代蜂窝网络（在撰写本书时为 4G 和 3G）；
- ❑ 极慢的网络，可以在拥挤的咖啡厅或图书馆尝试测试极慢的网络。

上述测试旨在确保你的网站加载速度不会太慢。加载过慢会导致很糟糕的用户体验。

22.4.2 寻找测试设备

开展浏览器测试和模拟慢速网络都是通过软件完成的，而在实际设备上进行测试则需要获得硬件支持。

你并不需要购买大量硬件来测试你的网站，可以将网站发给拥有不同设备和不同屏幕尺寸的几个朋友。

你还可以借助社交媒体。发一条消息，让人们访问你的网站并发送屏幕截图或报告。你甚至可以请他们使用浏览器信息检查工具生成关于其设备信息的报告，避免主观臆断（如图 22-6 所示）。

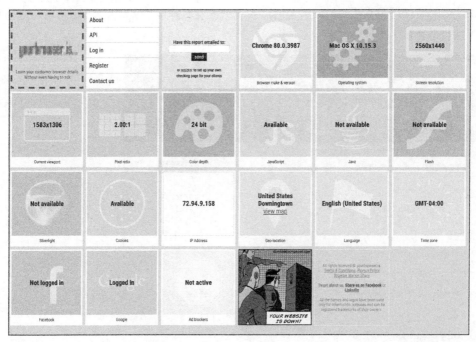

图 22-6　我的浏览器的详细信息

最后，你还可以去手机运营商的门店，在那里测试网站在不同设备上的情况。尽管没那么容易，但也不是不行（要知道他们可能不喜欢有人这样做）。

如果以上方法仍然不够，至少还可以试试模拟器。通过 Xcode（适用于 macOS，如图 22-7 所示）和 Android Studio（适用于 PC 和 macOS），可以模拟要测试的设备。

图 22-7　在 Xcode 模拟器中显示的 iPhone 11 Pro Max

22.4.3　使用 macOS 上的 Xcode 模拟 iPhone

(1) 在"应用程序"文件夹中打开"Xcode"。

如果尚未安装 Xcode，可以先从 App Store 下载。如果已经安装了 Xcode 但需要更新，请先完成更新。

如果弹出"欢迎使用 Xcode"窗口，请单击左上角的关闭按钮将其关闭。

(2) Xcode 打开后，在菜单栏上选择"Xcode"→"Open Developer Tool"（打开开发者工具）→"Simulator"（模拟器）。

模拟器可能需要花几分钟才能打开，具体取决于你的计算机的速度。

(3) 模拟器加载完 iOS 或 iPadOS 设备后，打开 Safari。

(4) 在地址栏中输入你的网站的 URL。

(5) 如果要测试其他设备，可以选择"Hardware"（硬件）→"Device"（设备），再选择要测试的操作系统和设备。

即便你自己有 iPhone，这也是测试你的网站在其他 iPhone/iPad 型号上的表现的一种简便办法。

22.5　使用 Chrome 开发者工具进行故障排查

Web 开发故障排查的一种主要方式就是使用浏览器内置的开发工具。所有主流浏览器都提供了这种功能，不过我们使用的是 Chrome 开发者工具，其正式名称为 Chrome DevTools。它包含一系列工具，可用于检查标记、CSS、网页加载速度和下载的资源。你还可以测试响应式 Web 设计，执行其他很多让 Web 设计更加轻松的功能。

22.5.1 访问 Chrome DevTools

(1) 在 Chrome 中，点击窗口右上角的菜单按钮以打开菜单。

(2) 从菜单中选择"More Tools"（更多工具）→ "Developer Tools"（开发者工具）。

窗口右侧将弹出一块新的区域，并显示网站的源代码（如图 22-8 所示）。

Chrome DevTools（以及任何浏览器的开发者工具）的一种常见用法是在浏览器里修改一部分 CSS 并查看外观的变化，如果没有问题再修改实际的 CSS 代码。

例如你想要三栏布局，但实际显示为两栏，那么可以在开发者工具中调整 CSS 直到满意，记下所需的修改项，再在实际的源文件中做相应的修改。

这比直接修改代码，再保存、上传和测试要快一些。

你还可以更快地测试配色方案、字体和其他样式。

22.5.2 使用 Chrome DevTools 修改 CSS

(1) 访问你的网站。

(2) 打开 Chrome DevTools。

(3) 在 DevTools 中单击某个元素的标记，选中该元素（如图 22-9 所示）。

图 22-8　默认情况下，Chrome DevTools 面板位于浏览器窗口右侧

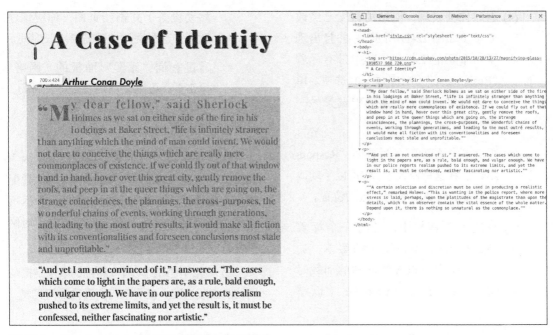

图 22-9 在 Chrome DevTools 中选择 HTML 元素

(4) 在 HTML 的"Elements"（元素）面板下面的"Styles"（样式）标签页（显示页面的 CSS）中，单击该元素的规则集的大括号旁边的位置（如图 22-10 所示）。这样做将会在规则集中新建一行。

```
element.style {
}
p {                              style.css:33
    ;
☑ font-size: 24px;
☑ padding-left: 30px;
☑ font-weight: 500;
☑ text-shadow: ▢1px 0 0 ▨#dbbc72;
}
```

图 22-10 在 Chrome DevTools 中修改 CSS

(5) 将光标放在该行上，输入 color:。

(6) 按回车键将光标移至下一个字段。

(7) 输入 #FF0000;。

现在，该元素中的所有文字应该都变成了红色。

22.5.3 使用 Chrome DevTools 进行移动设备测试

Chrome DevTools 的另一种常见用法是测试不同的屏幕宽度甚至不同的网速。尽管这不能代替在实际设备上的测试，但可以帮助你发现媒体查询和性能上的问题。

22.5.4 测试不同的屏幕尺寸

(1) 访问你的网站。

(2) 打开 Chrome DevTools。

(3) 单击打开设备工具栏的按钮。

(4) 这时你会发现，网站的宽度已经改变了（如图 22-11 所示），并且出现了一个新的工具栏，其中带有标着"Responsive"（响应式）的选项。单击该标签，然后从菜单中选择另一种设备。

(5) 再次单击该菜单，然后选回"Responsive"。在这种模式下，你可以手动改变宽度。将宽度变到断点的位置。

(6) 在这个工具栏中，还有一个标着"No throtting"（在线）的菜单。通过这个菜单可以控制网站的加载时间。选择"Low-end mobile"（低端

移动设备）并刷新页面，你应该注意到，这时网站加载需要更长时间。

通过查询"元素"面板的"网络"标签页，可以确切地看到多长时间。

22.6　小结

测试是 Web 设计的重要组成部分，因为通过这个过程可以让你的网站尽可能地适配更多人的使用。检查标记的有效性，在尽可能多的浏览器和设备上查看你的网站，对网站的访问者都是有帮助的。

另一个对网站访问者有帮助的事情是提高网站的加载速度。接下来我们看看如何实现。

图 22-11　Chrome DevTools 的响应式设备测试区

第 23 章

提升网站性能

研究显示，如果网站加载时间超过 4 秒，就会有 40% 至 80% 的用户选择离开。另一研究显示，亚马逊每年因加载时间造成的损失累计达 16 亿美元[①]。

虽然你的损失不会这么大（至少刚起步时不会），但你应该始终致力于提升网站的性能，因为加载缓慢的网站会让你失去用户。除此以外，更强的性能有助于改善网站的**用户体验**（UX），提高用户对网站内容的参与度，甚至提高网站在 Google 搜索结果中的排名。

本章内容

- 性能的含义
- 了解网站的性能
- 性能测试工具
- 压缩 HTML 和 CSS 文件
- 优化图像
- 优先加载关键 CSS
- 小结

23.1 性能的含义

在深入了解之前，有必要先弄清楚 Web 领域里"性能"一词的含义。本质上说，可以通过以下两个指标来衡量性能。

- 加载时间：从用户请求网站到将网站交付给用户所需消耗的时长。
- 界面效率：当用户与网站进行交互（如单击按钮，填写表单等）之后，响应需消耗的时长。

> **提示**　加载时间有时也称为"感知"加载时间。也就是说，如果你只向用户呈现部分内容，即使不是整个网站，他们也会觉得网站加载速度更快了。

> **提示**　界面效率也称为"响应性"。为了避免与响应式设计（设计适用于不同屏幕尺寸的网站的做法）混淆，我使用"界面效率"一词。

---

① 参见 "Inspiring Travel — Ideation of Airbnb Mobile Experience"。

追求高性能（包括页面加载速度和对用户交互的响应速度两个方向），意味着要尽可能地缩短加载时间（在任何网速下加载时间都在 3 秒以内），以及用户在网站上执行某项操作后能尽快获得反馈（就像最简单的为链接增加悬停状态）。

现在，你已经了解了性能的含义，以及为什么网站应该具有出色的性能，下面我们来看看如何提升网站性能。

23.2　了解网站的性能

在开始优化性能之前，首先要了解网站的性能如何。通常，性能与你从服务器发至用户浏览器的数据量有关。数据越多，网站加载速度就越慢。

影响性能的常见因素

有一些工具可以帮你找出性能问题的来源，不过，有一些常见的"罪魁祸首"如下。

- **图像**：巨大的图像文件意味着需要传输的数据量很大。一般来说，图像并不需要那么大。
- **其他媒体**：通常优先处理图像，因为它们是完全由你掌控的，而对于其他媒体，如音频和视频，则可能会将它们上传到 SoundCloud 或 YouTube 之类的服务中，而这些服务会尽力提高性能。即便如此，在页面上嵌入太多视频或音频仍然会减慢网站的加载速度。

- **烦冗的 HTML 和 CSS**：使用过多标记或过多样式会导致 HTML 和 CSS 文件变大，从而导致加载变慢。稍后将讨论诊断和解决这些问题的方法。更甚的是，随着网站包含越来越多的文件（如 JavaScript 库），而下载每个文件都需要向服务器单独发出请求，请求增加也会导致加载时间变长。
- **托管服务**：我们很容易将性能问题归咎于托管商，实际上，糟糕的托管服务确实会导致网站运行缓慢。如果你使用的托管商的服务器过载，或者对服务器资源的投资不足，就会慢到连加载一行文字都费劲。在学习时这一部分可以先略过，因为这一方面的提升需要花费金钱，但是，当你开始进行专业的网站建设时，使用好的托管服务就是必需的了。

提示　我向大部分需要 Web 托管服务的人推荐 SiteGround。

23.3　性能测试工具

尽管在开发网站时你可以自行关注媒体、臃肿的代码、托管服务等各个方面，但使用第三方工具来协助查找网站性能问题也是值得的。

有几个基于 Web 的测试工具可以加载你的网站，再为你提供要修复的区域的列表。这样的工具包括 Google 的 PageSpeed Insights（如图 23-1 所示）、GTmetrix（如图 23-2 所示）以及 Pingdom（如图 23-3 所示）。

图 23-1　Google PageSpeed Insights 对 Casabona 网站的测试结果

图 23-2　GTmetrix 对 Casabona 网站的评分

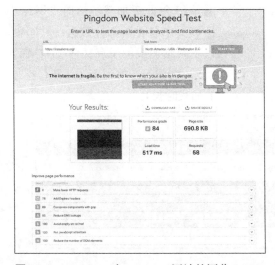

图 23-3　Pingdom 对 Casabona 网站的评分

它们各自的衡量方法略有不同，但都能帮你指出网站上可以改进的地方。

提示　有人可能会认为，最值得关注的工具是 Google 的 PageSpeed Insights，因为 Google 会基于网站性能对网站进行排名。但是，Google 搜索的算法也会影响网站在 PageSpeed Insights 的评分，因此，在多个地方获取意见仍然是有价值的。

23.3.1　使用 PageSpeed Insights

(1) 在浏览器中访问 PageSpeed Insights 页面。

(2) 在标有"Enter A Web Page URL"（输入网页 URL）的文本框中输入你的网站的地址（如图 23-4 所示）。

(3) 单击"Analyze"（分析）按钮。

该工具完成分析后，将给出两个分数：一个是针对移动端设备的分数，一个是针对桌面端设备的分数。

(4) 单击页面顶部左侧的"Desktop"（桌面端）（如图 23-5 所示）。

PageSpeed Insights 将以其他人访问你的网站的效果为基础提供分析结果。它还为每个指标提供了详细的说明。

图 23-4　PageSpeed Insights 中输入 URL 的框

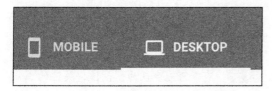

图 23-5 你可以在"Mobile"（移动端）和"Desktop"（桌面端）之间切换，查看相应的 PageSpeed Insights 得分

(5) 单击"Lab Data"（实验室数据）旁边标有三条线的图标，便可以看到这些说明。

(6) 在"Opportunities"（机会）和"Diagnostics"（诊断）下，都会看到分数和建议。单击标有向下箭头的图标，可以看到建议的修补方法。

23.3.2 Chrome DevTools 的"网络"标签页

第 22 章介绍过 Chrome DevTools。它不仅是一个用于审阅 HTML、CSS 和响应式设计的工具。

前面介绍了如何在 Chrome 浏览器上对低网速进行测试，而"网络"标签页则可以为你提供有关网站性能的详细分析（如图 23-6 所示）。

23.3.3 查看 Chrome DevTools 的"网络"标签页

(1) 在 Chrome 中访问你的网站。

(2) 单击菜单按钮，选择"More Tools"（更多工具）→"Developer Tools"（开发者工具），打开 Chrome DevTools。

(3) 单击"Network"（网络）标签页。

(4) 重新加载页面：在 macOS 上，按 Command + R 键；在 Windows 上，按 Ctrl + R 键。

网站将会重新加载，这时"网络"标签页中包含两部分数据：时间轴以及网站加载的所有文件（HTML、CSS、图像等）的列表（并带有各自的加载时长）。

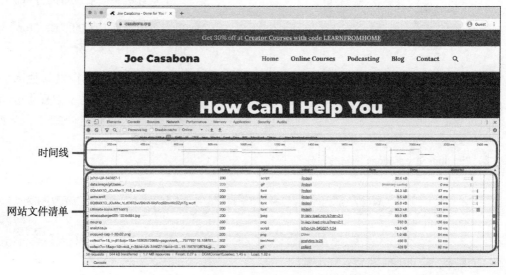

图 23-6 Chrome DevTools 中的"网络"标签页（加载 Casabona 网站的结果）

"网络"标签页中的信息显示了加载缓慢的文件，你从而知道如何优化网站。

接下来介绍一些简单易行的网站优化技巧：减小 HTML 和 CSS 文件的大小。

23.4 压缩 HTML 和 CSS 文件

压缩 HTML 和 CSS 文件指的是删除不必要的字符，尽可能地缩小文件。

编写 HTML 时，每个字符都会计入总的文件大小，包括空格和换行符——计算机仍然需要将它们表示为数据。通常，一个字符 = 一个字节（尽管某些字符使用更多字节）。因此，"Hello World" 有 11 字节。常用的单位有 KB（千字节）、MB（兆字节）、GB（吉字节）等。表 23-1 显示了每种单位对应多少字节。人们可能会使用 10 的 N 次方进行单位换算（1KB 约为 1000 字节，1MB 约为 1 000 000 字节，等等）。但是，计算机存储时使用的是表中提供的确切值。

表 23-1　字节转换表

单　　位	大小（单位：字节）
KB	1024
MB	1 048 576
GB	1 073 741 824

在 HTML 和 CSS 代码中，空格和换行符都不是必要的，它们出现在代码中只是为了让代码更易读。注释也是如此，尽管它们可以为开发者提供有关代码中发生的事情的线索，但它们并不影响浏览器呈现网站的方式，因此它们也是不必要的。删除空格、换行符和注释可以节省大量空间（如图 23-7 所示）。

图 23-7　左侧为 Casabona 网站的 CSS，该 CSS 有近 6400 行代码，大小为 129KB。右侧为压缩后的版本，只有一行（很长），97KB，小了 40%！

有很多用于压缩 HTML 和 CSS 的在线工具。有些还提供了针对压缩程度的选项（只删除换行符、删除所有空格，等等）。需要确保完成所有压缩操作后，代码没有遭到破坏。我使用 Minify Code（如图 23-8 所示），结果从未出现问题。

使用 Minify Code 压缩 HTML

(1) 访问 Minify Code 网站。

(2) 单击导航中的"HTML Minifier"按钮。

如果你的浏览器窗口较小，则右上角可能会显示一个蓝色图标。单击该图标，则可以展开导航菜单。

(3) 在文本编辑器中打开网站的 index.html 文件。

(4) 复制 index.html 文件中的所有文本。

(5) 将文本粘贴到 Minify Code 页面上的文本框中。

(6) 单击"Minify HTML"（压缩 HTML）按钮。HTML 代码将被转换为压缩版本。

(7) 复制该代码。

(8) 创建一个新文件夹，命名为 minified。

(9) 在该文件夹中，创建一个新文件，命名为 index.html。

(10) 将压缩版 HTML 粘贴到新建的 index.html 文件中，然后保存该文件。

(11) 将这个 index.html 文件上传到 Web 服务器。

整个过程的进度取决于文件中标记的数量。压缩 CSS 通常能压缩更大的比例。压缩 CSS 的过程跟压缩 HTML 几乎一样，只不过在 Minify Code 中要选择"CSS Minifier"而不是"HTML Minifier"。

Minify Code　The tools to minify and beautify JavaScript, CSS and HTML codes

| JavaScript minifier | CSS minifier | HTML minifier | JavaScript beautifier | CSS beautifier | HTML beautifier |

What's minify?

Minification (minify / compress /) is the process of compression code from the original size to the smallest size and does not affect to the operation of the code. The process will removes or modifies some unnecessary characters from the code. Removes characters as white space, new line, comment out code… modifies as HEX color, defined variable to minified character… Finally, all the code will on one line.

Minification process can **reduce 10% – 95%** the size of code! This will help the website running faster and then get high Search Engine Optimization (**SEO**) score. This's also a way to save resources on web server, of course!

What's beautify?

Beautification is the process of uncompression the minified code. Help coder to easy view, read and editable.

Use the links in the navigation to minify or beautify your codes

Home　　Term of Use　　Bugs report　　Contact　　　　　　© 2013 - 2020 Minify Code - The tools to minify and beautify JavaScript, CSS and HTML codes

图 23-8　通过 Minify Code 可以压缩 HTML、CSS 和 JavaScript

提示 当你深入 Web 开发领域之后，可能会经常使用一些能帮你自动化某些任务的工具。压缩代码便是自动化的重要部分。

提示 由于压缩后的代码无法再用于实际的 HTML 或 CSS 编码，因此应保留未压缩的代码（开发版本），并仅将压缩后的文件（生产版本）上传到服务器。

提示 如果你想"解压缩"，可以使用所谓的"美化"工具。Minify Code 便拥有这样的工具。

23.5 优化图像

另一个能快速提升性能的方法是优化图像，有以下三种优化方式。

首先，尽可能地使用 SVG 表现简单图形，因为 SVG 比 JPEG 这样基于像素的图像要小得多。

提示 如果你的 SVG 非常复杂，虽然可以节省加载时间，但是浏览器将花费更长时间来渲染图像。

其次，如果你使用的是基于像素的图像，那么请确保图像大小契合它所呈现的尺寸。例如你要呈现的图像尺寸为 500px × 250px，则不应该使用 2000px × 1000px 大小的图像并缩小 75% 显示，而应该使用 500px × 250px 的图像并以 100% 的状态呈现。你可以使用在第 7 章学到的技术轻松地在 HTML 中完成此操作。

另一种流行的图像格式是 WebP。该格式由 Google 开发，使用该格式的图像比同样的 PNG 小约 26%。它使用 .webp 扩展名。截至本书撰写之际，除 Safari 外，所有主流浏览器均支持该扩展名。关于如何使用 WebP 的信息，参见 CSS-Tricks 网站上的一篇文章[①]。

最后，你可以压缩图像。压缩是一种在代码级别上缩小文件大小而又不改变文件呈现形式的方法。实际上，上面介绍的代码压缩就是一个例子。压缩后的文件要小得多，但网站看起来仍然完全一样。另一个例子是短消息或聊天中的文字缩写。很多人会用"LOL"代替"laugh out loud"（大笑）。缩写文字要短得多，但含义一样。

23.5.1 为什么要压缩图像

图像通常包含一些导致文件变大的多余信息，如关于图像的元数据。元数据包含照片的拍摄地点、所用相机、拍摄日期和时间等。

这些信息对访问你的网站用户没有任何作用，尤其是在网站加载缓慢的情况下。因此，可以使用压缩和优化工具来去除元数据，从而减小文件大小而不会降低图像质量（如图 23-9 所示）。

macOS 和 Windows 上都有一些免费的图像优化工具，此外还有基于 Web 的服务。对于 macOS，建议使用 ImageOptim。该软件面世已久，运行良好，并且可以通过其 API 与其他服务集成（需要付费）。

---

① Jeremy Wagner. Using WebP Images, 2016.

对于 Windows，RIOT 是一个很好的免费工具。

ImageOptim 还有基于 Web 的服务，不过其功能受限（如图 23-10 所示）。

23.5.2　使用 ImageOptim 压缩图像

(1) 访问 ImageOptim 网站。

(2) 所有设置项均使用默认值。

你可以随时对这些设置项进行尝试。

(3) 单击"Choose Files"（选择文件），然后从你的网站文件夹中选择一张图像。

你也可以一次选择多张图像进行处理，该网站支持批量压缩。

(4) 选择好图像后，点击"Submit"（提交）。

图 23-9　左侧是原始图像，右侧是压缩版本。注意，二者的质量并没有差异

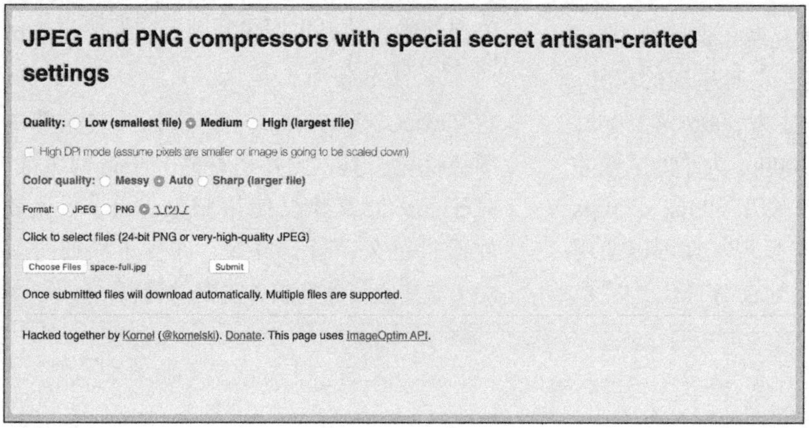

图 23-10　ImageOptim 在线服务界面上有多个优化图像的选项

(5) 当 ImageOptim 完成图像压缩后，系统将提示你下载处理后的图像文件。将其保存至另一单独任务中创建的专门存放压缩文件的文件夹中。

(6) 将图像上传至服务器，替换掉旧图像。

跟之前的任务类似，整个过程的进度取决于所使用的图像。对于图 23-9 所示的图像，其原始大小为 4.3MB，压缩后的大小为 3.9MB。

与直接缩放图像相比，使用 ImageOptim 之类的工具的话，网站应该加载得更快了。

不过，还有其他一些事情可以带来很大的变化，稍后会介绍。

创造性地使用图像

除调整大小和压缩外，还可以用创造性的方式对图像进行处理和显示。

例如，图像越复杂，所占用的空间就越多。使用黑白色调或双色调而不是全彩图像，有助于减小文件的大小。

高级托管技术

当你进一步了解网页加载速度和性能这一主题时，可能会碰到以下两个术语。

第一个是**缓存**（cache）。缓存会将某些网站文件的副本存储在访问者的计算机上，以加快访问速度。与之前谈到的本地存储类似，缓存是存放在浏览器里的某些不太可能经常改动的文件（如图像和 CSS）。由于这些文件从技术上讲已经存放于用户的计算机上，因此使用缓存减少了浏览器向服务器发出请求的数量。

第二个是**内容分发网络**（content delivery network，CDN）。CDN 指的是将你的网站文件分发到一组服务器，当用户向你的网站发出请求时，由离该用户最近的服务器提供所需的文件。

你可以这样理解缓存和 CDN：假设你最喜欢的冰激凌店离你家有 20 分钟的路程，即你对冰激凌的"请求"将花费 20 分钟。

使用缓存，就好比你购买了一加仑①的冰激凌放在冰箱里。

使用 CDN，就好比冰激凌店与距离你 10 分钟路程的食品杂货店达成了一项交易，在那里卖冰激凌。

---

① 1 美制加仑约等于 3.79 升。——编者注

23.6　优先加载关键 CSS

你有可能看到过一个术语（尤其是如果你看过 PageSpeed Insights 报告的话），即"阻止渲染的资源"（render-blocking resources）。它们指的是页面呈现之前需要下载的文件。阻止渲染的资源越少，页面加载速度就越快。

想象你要去旅行，却没有预先收拾好行李。每次上车，你都会意识到自己忘了一些东西，于是跑回去取。你需要花费更长时间才能上路。每个忘记的东西就像是阻止渲染的资源。如果你早点收拾好行李，本可以更快启程的。

这也被称为"首次绘制"时间。首次绘制指的是网站的第一次渲染。当用户看到空白屏幕的时候，他们知道该网站需要花费一些时间来加载。你的目标就是让该空白屏幕尽快消失，哪怕还无法呈现整个网站（如图 23-11 所示）。

图 23-11　Filament Group 网站使用了多种方法提升性能，包括使用关键 CSS。这里对比了该网站的初始画面和最终画面，用户看到初始画面时已经可以开始阅读内容，而最终画面则包含了所有图像和修饰

本章最后讨论该主题，部分原因是，它比本章介绍的其他技术都要复杂，不像压缩文件或其他一些基本任务那么简单。

第 10 章介绍的延迟加载技术便是一种删除某些阻止渲染的资源以加快加载速度的方法。不过，默认情况下，<head> 元素中包含的所有内容都是阻止渲染的资源。

就本书的讨论范围而言，阻止渲染的资源主要是 CSS 文件。如果 CSS 文件太大，就需要更长时间来加载网站。因此，可以采用下面的方法。

将最重要的 CSS（即为网站的第一部分设置的样式）放到内部样式表中（见第 11 章），稍后（例如在 </body> 标签前面）加载其余 CSS。

提示 有很多工具可以帮你仅加载关键 CSS，而且很多工具是自动的。不过它们需要借助本书没有介绍的一些工具。如果你感兴趣，参见 *Smashing Magazine* 上的一篇文章①。

23.6.1 确定关键 CSS

如果不使用自动化工具，那么第一项工作就是确定哪些 CSS 是关键的，哪些不是关键的。很多时候可以用**折叠线**（fold）来决定（如图 23-12 所示）。折叠线指的是用户滚动页面之前，在浏览器窗口中显示的所有内容。

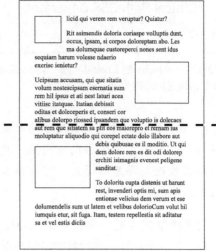

图 23-12　折叠线以上是浏览器中加载网页后不进行滚动时的内容。关键 CSS 应该是折叠线以上内容的样式

提示 折叠线这个术语来自报纸行业。报纸叠放时总是会折起来。这样，就只有折叠线上方的内容是可见的，因此这些内容受到的关注远远大于其他内容。

由于设备多种多样，因此确定一条明确的折叠线是不可能的，但对于本书而言，我们可以简单地使用桌面浏览器窗口。在进行任何滚动操作之前，查看网站有哪些内容在浏览器窗口中呈现出来了。这些内容就应该是关键 CSS 对应的内容。

还可以使用如 Sitelocity 的 Critical Path CSS Generator 之类的工具（如图 23-13 所示）。

---

① Dean Hume. Understanding Critical CSS, 2015.

图 23-13 Sitelocity 的 Critical Path CSS Generator
可以帮你确定网站的关键 CSS

提示 在关键 CSS 中，你还可以省略某些特殊效果，例如文本阴影或框阴影。我们的目标是快速获得基本样式，可以稍后添加装饰。

代码清单 23-1 是一个简单的 HTML 示例。其中有一条注释，表示我确定的折叠线的位置。

代码清单 23-1　为介绍关键 CSS 而准备的示例标记

```html
<html>
    <head>...</head>
    <body>
        <header>...</header>
        <main>
            <section class="primary-
              → content"> ...</section>
<!--Here is "the fold"-->
            <section class="secondary">...
              → </section>
        </main>
        <footer>...</footer>
    </body>
</html>
```

在这种情况下，关键 CSS 应包括针对一部分 body、header 及 .primary-content 的样式。其他所有 CSS 都可以放在 style.css 文件中。为简单起见，代码清单 23-2 仅包含关键 CSS。

代码清单 23-2　关键 CSS

```css
body {
    max-width: 700px;
    padding: 30px;
    margin: 0 auto;
    font-family: 'Playfair Display', serif;
    background-color:#fcf6e7;
}

h1 {
    color: #282009;
    font-size: 4em;
    font-weight: 900;
    letter-spacing: 0.08em;
}

.byline {
    font-family: Futura, sans-serif;
    font-style: italic;
    font-weight: bold;
    text-decoration: underline;
}

header img {
    width: 50px;
    height: auto;
    vertical-align: middle;
}

.primary-content {
    background: #FFFFFF;
    padding: 30px;
}

p {
    font-size: 24px;
}
```

23.6.2　将关键 CSS 添加为内联样式

(1) 打开已有的 HTML 文件，或以代码清单 23-1 为例创建一个新文件。

(2) 在 `<head>` 开始标签后面新的一行输入 `<style>`。

(3) 添加关键 CSS。如果你使用的是演示代码，那么这里使用代码清单 23-2。

(4) 在新的一行输入 `</style>`。

(5) 在 `</body>` 结束标签之前新的一行输入 `<link href="style.css" rel="stylesheet" type="text/css" />`，添加对 CSS 文件的引用。

(6) 保存文件，并将其上传到服务器。

(7) 访问新创建的 HTML 文件。你应该注意到，最初只加载了某些样式，然后当浏览器获取文档结尾处引用的 style.css 后，其余样式才完成加载。

提示 为网站添加关键 CSS 后，一定要对文件进行测试，以确保首次绘制看起来是可用的，且其余样式在之后被完全加载。

23.7 小结

本章介绍了一些提高网站访问速度的重要原理和技术。速度快对网站来说很重要，因为不快的话用户就有可能离开。我们希望尽可能多的人使用我们的网站。

与此同时，确保任何想要查看你网站的人都能访问网站的另一个重要方面，就是无障碍性。下一章我们看看如何确保无障碍性。

有条件地加载样式表

除了先加载关键 CSS 再加载位于另一个文件的其余 CSS 的方法，还可以基于媒体查询有条件地加载 CSS，从而进一步细化加载 CSS 的过程。

例如，假设你有以下三个单独的样式表：

❑ 一个为通用（非关键）样式；
❑ 一个针对较大的设备；
❑ 一个为打印样式。

那么，你可以直接在 HTML 标签中使用媒体查询来加载它们：

```
<link href="style.css" rel="stylesheet" type="text/css" />
<link href="large-screen-styles.css" rel="stylesheet" type="text/css"
→ media="screen and (min-width: 1301px)"/>
<link href="print-styles.css" rel="stylesheet" type="text/css" media="print" />
```

这样可以确保仅在需要时才加载最后两个样式表。

第 24 章

Web 无障碍性

前面介绍了如何制作网站,包括如何支持各种类型和尺寸的设备,以及如何让网站在高低网速下都尽可能快地加载。不过,确保任何访问者都能使用网站还有一个重要的方面:让网站具有无障碍性。

具有 Web 无障碍性(accessibility)的网站意味着残障人士也能使用。这意味着要确保图像都有供屏幕阅读器使用的 alt 属性,选择对色盲人士可读的配色方案,甚至添加键盘快捷键以帮助那些无法使用鼠标的用户。

本章内容

- ❑ 涵盖尽可能多的人
- ❑ 截至目前的效果
- ❑ 额外的标签和属性
- ❑ 无障碍性测试和验证
- ❑ 确定 WCAG 等级
- ❑ 小结

24.1 涵盖尽可能多的人

首先要指出的很重要的一点是无障碍性倡导者经常说的:Web 无障碍性不仅是针对残障人士的,它对网站的每一个访问者都有用。

本书着重讲解了语义性,包括使用正确的标签,以及让网站适配不同设备、屏幕尺寸和网速。这样做的一个重要原因便是可用性。你希望自己的网站触及尽可能多的人。在此过程中,要意识到你并不是只为自己设计网站的。

提示 本章仅简单介绍无障碍性及相关操作,更多内容参见 Laura Kalbag 所著的 *Accessibility for Everyone*。

为多样化的用户设计

考虑 Web 无障碍性的时候要记住，并非每个人使用带有键盘和鼠标的计算机。

在美国，残障人士占约 12%——从色盲到运动障碍都有。以下是需要考虑的一小部分残障问题，以及它们是如何影响人们使用网站的方式的。

- ❏ 部分视力丧失会导致难以阅读小字和难以看清图像。用户可能需要借助屏幕阅读器。
- ❏ 色盲人士很难看清或区分某些颜色（如图 24-1 所示）。如果你使用的配色方案对比度不足，某些用户可能会看不清文本（如图 24-2 所示）。
- ❏ 全部或部分听力损失意味着用户无法听到网站上的视频或音频。最好的解决方法是为视频添加字幕。
- ❏ 运动障碍可能会导致用户不便使用传统的定点设备（如鼠标）。屏幕阅读器可以帮用户进行输入，此外还要让网站可以完全通过键盘进行页面跳转。
- ❏ 诵读困难、记忆力减退等认知障碍也会影响用户使用网站的方式。使用清晰的优质字体，让网站保持简洁，不仅是好的用户体验，还能提高网站的无障碍性。

图 24-1　色盲程度不同的人（从非色盲到全色盲）眼中的同一幅图像（另见彩插）

图 24-2　对于一般人来说，黑色背景上的绿色文本是可读的。但是对于绿色盲人士来说，这种文本看起来是深紫色的，难以阅读（另见彩插）

让网站具有无障碍性，并结合浏览器和其他软件提供的工具，便可以让任何人都能轻松使用你的网站。

提示 有两个很好的工具可用于找到可行的配色方案：Paletton 网站和 Coolors 网站。

24.2 截至目前的效果

到目前为止，你所做的很多工作有助于实现无障碍性。对网站各个区块使用恰当的 HTML 元素，有助于让屏幕阅读器弄清楚内容的类型。

使用正确的标题标签能分解大块文本，让文本更容易理解和消化。

使用表单时，对不同类型的输入情形使用不同类型的字段，能帮助用户更好地了解他们要输入的数据类型。同时，标签为这些字段提供了释义。

在图像上使用 alt 属性，可以在图像无法下载或无法查看时，为图像提供描述信息。

提示 对于 alt 属性里的文本，描述性越强越好。对于图 24-1，将 alt 属性设为"院子里的女孩"比没有 alt 属性要好。但更好的描述是"一个小女孩反戴着一顶帽子，在一个带围栏的院子里抱着一个粉红色的水桶"。

前述测试工作也有助于提升无障碍性。提升性能，对不同浏览器和不同设备进行测试，都是为了确保网站可以在任何地方正常运行。

可以通过关闭网站样式、仅查看 HTML 来了解目前已经做到了哪些（如图 24-3 所示）。这就是搜索引擎和屏幕阅读器所看到的。在 Chrome 中，可以使用第 6 章介绍的 Web Developer 扩展程序来执行这一操作。

在 Chrome 中关闭 CSS

(1) 在 Chrome 中访问你的网站。

(2) 单击 Web Developer 的齿轮图标 ⚙。

(3) 单击"CSS"标签页。

(4) 单击"Disable All Styles"（禁用所有样式）。

图 24-3 禁用了所有样式的 Casabona 网站。不漂亮，但可以使用

没有样式的时候，你的网站还是可用的吗？信息是按期望的方式流动的吗？应该位于顶部的信息实际上是在顶部的吗？

很棒！你的网站拥有较好的无障碍性。但是，你还可以做更多事情。后文将介绍提升网站无障碍性的重要技术。

24.3 额外的标签和属性

无障碍性应该从项目伊始就着手计划。在开始使用评估工具之前，要在开发过程中尽可能地提升网站的无障碍性。

使用结构良好的 HTML 是确保无障碍性最重要的方面，因此，一定要用本书介绍的技能从根本上确保网站具有无障碍性。

不过，在构建网站的过程中，有时确实会用到一些不具有任何含义的 HTML 元素，如 div 和 span。你可能还需要在网站的某个地方创建一个没有 HTML 标签但有一定含义的区域，而 ARIA 标签可以帮我们实现这些。

ARIA 是 WAI-ARIA 的简称。WAI-ARIA 的全称是 Web Accessibility Initiative-Accessible Rich Internet Applications（Web 无障碍性动议 – 无障碍富互联网应用）。大多数人将其称为 ARIA。

ARIA 用于当 HTML 没有适当的含义时为浏览器提供关于元素的更多信息。可以使用以下两种属性来做到这一点。

❑ role（角色）基于用户界面组件的功能定义其类型，如 button（按钮）、alert（警示）、search（搜索）。它

不会改变元素的显示方式，只是为元素赋予更多含义（如图 24-4 所示）。

Now though Sunday, get 25% off!

图 24-4　拥有基本样式的警告框。它还包含了表现其含义的 role="alert" 属性（另见彩插）

❑ 状态和属性能为特定元素提供更多信息。例如，在日期选择器中，月份的值可能是数字（例如 10），而 aria-valuetext 属性的值可以是 October（十月），这样的话，屏幕阅读器便为用户提供了关于该元素更多的含义。

24.3.1　为 div 添加 role

(1) 在 HTML 文件中，紧跟着 <body> 开始标签的后面，输入 <div class="sale-alert"。

(2) 输入 role="alert">。

使用该 ARIA role 属性，便会告诉浏览器和屏幕阅读器，该 div 是一个警告框，应该将其按警报来处理。

(3) 输入 Now though Sunday, get 25% off!（从现在起至星期天打七五折！）。

(4) 输入 </div>。

现在，浏览器便知道这个特定的 div 是网站上的一则警报。这对于屏幕阅读器尤其有用，因为它现在就不再只是告诉用户"这是页面上的一个容器"了。

提示　角色、状态和属性的完整列表参见 MDN Web Docs。

24.3.2 状态和属性

状态和属性可用于为元素提供详细的描述，或者以更有意义的方式连接不同的元素。例如通过 aria-describedby 将密码提示与密码框关联起来（如代码清单 24-1 和图 24-5 所示）。

但是，对于 HTML 和 CSS 初学者而言，添加这些属性有时会比较棘手，因为有些添加属性的操作需要使用 JavaScript 来完成。

例如，有一个菜单，由 JavaScript 基于点击事件显示或隐藏该菜单。你可以在打开菜单的事件中添加 aria-expanded="true"，在关闭菜单的事件中添加 aria-expanded="false"。

提示 元素的属性（property）是相对静态的（例如，aria-labelledby 用于标记元素的标签），而状态则是动态的属性（例如，复选框是选中状态还是非选中状态）。不过，在实践中，区分二者并不重要，大多数人使用属性（attribute）指代二者。

提示 ARIA 属性的一个有趣的例子是 aria-live。该属性用于定义动态区域，即实时更新动态的区域。将该属性的值设为 polite（有礼貌的），会在用户没有主动滚动或输入的时候告诉用户有一条动态信息。将该值设为 assertive（打断），则将中断用户当前的操作并发布一则通告。你可以将 polite 用于 Twitter 上出现新的推文的情景，将 assertive 用于非常重要的事情，如报错、警告。

24.4 无障碍性测试和验证

创建好网站后，为了确保无障碍性，可以通过以下几种方法来进行测试和验证。

Web 内容无障碍性指南（Web Content Accessibility Guidelines，WCAG）是由 Web 无障碍性动议进行维护的。它们是创建和维护 Web 标准的万维网联盟（W3C）的一部分。你可以用 WCAG 测试自己的网站，了解如何提升网站的无障碍性。

代码清单 24-1　应用了 aria-describedby 属性的密码框

```
<label for="password">Enter a Password:</label>
<input type="password" id="password" name="password" aria-describedby="hint" />
<div id="hint">Must be at least 10 characters, and include a Capital letter, number, and
→ special character.</div>
```

Enter a Password: _____
Must be at least 10 characters, and include a Capital letter, number, and special character.

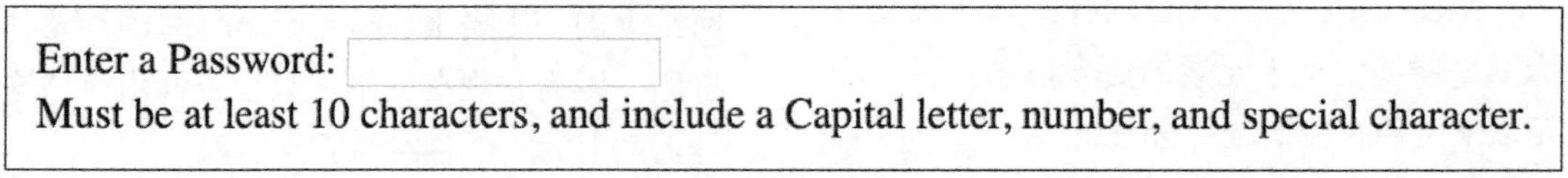

图 24-5　带有提示的密码框。由于使用了 aria-describedby 属性，浏览器便知道这两个元素是相关联的

该指南当前为第二版（WCAG 2.1）。它将无障碍性分成了以下三个级别。

- A 级是最不遵从指南的一级。这时最需要做的是确保网站符合最低的要求。
- AA 级是更高的一级，表示网站符合指南中较多的标准。这一级是大多数组织追求的目标，因为这一级可以合理地实现，无须增加太多成本。
- AAA 级是最高的一级，这一级很难达到（且成本很高）。大多数情况下，只有专注于无障碍性的组织才能达到这一级。

24.4.1 测试工具

下面介绍三种用于评估网站的测试工具。

- 我们的老朋友 Chrome DevTools（如图 24-6 所示）。

图 24-6　Chrome 内置的无障碍性审查

- WebAIM 的 WAVE 可以提供详细的测试结果与反馈。Web 无障碍性专家很推荐该产品（如图 24-7 所示）。
- Chrome 扩展程序 Colorblindly 能用于测试色盲（如图 24-8 所示）。

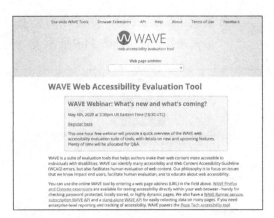

图 24-7　WebAIM 的 WAVE 是用于无障碍性测试的工具

图 24-8　Colorblindly 是一个免费的 Chrome 扩展程序，它可以为任何网站添加滤镜，模拟不同类型的色盲

24.4.2　用 Chrome 测试无障碍性

(1) 在 Chrome 中访问你的网站。

(2) 单击菜单，再选择"More Tools"（更多工具）→ "Developer Tools"（开发者工具），打开 Chrome DevTools。

(3) 单击"Audits"（审查）标签页。

可能需要先点击双箭头才能看到"Audits"标签页。

(4) 对除"Accessibility"外的所有类别，取消选择它们（如图 24-9 所示）。

图 24-9　Chrome 中"Audits"工具的报告功能的设置项

(5) 在"Device"（设备）下，选择"Desktop"（桌面端）。

(6) 单击"Generate Report"（生成报告）按钮。

该报告将为你提供一个评分，并指出哪些地方可以修补（如图 24-6 所示）。

24.4.3　使用 WAVE 进行详细测试

(1) 访问 WAVE 主页。

(2) 在页面顶部的"Web Page Address"（网页地址）输入框中，输入你的网站的 URL。

测试结果将呈现，为你提供关于无障碍性的功能、警告和错误的详细报告（如图 24-10 所示）。它还会提供关于颜色对比度的报告（如图 24-11 所示）。

图 24-10　用 WAVE 对 Casabona 网站测试的结果

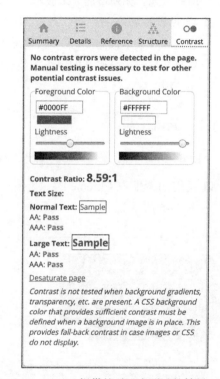

图 24-11　WAVE 提供的对比度测试的结果

这一测试的交互性更强，并能提供大量详尽的分析，以确保你的网站不仅具有无障碍性，而且结构完整，没有标记错误。

24.4.4　使用 Colorblindly 测试色盲

(1) 在 Chrome 中，访问 Chrome 网上应用店，再搜索"Colorblindly"。

(2) 在 Colorblindly 的页面上，单击"Add To Chrome"（添加至 Chrome）按钮，安装该扩展程序。安装完成后，浏览器界面上会出现一个新的图标。

(3) 访问你的网站。

(4) 单击 Colorblindly 的图标。

(5) 在菜单中选择"Green-Weak/Deuteranomaly"（绿色弱视）选项（如图 24-12 所示）。这是色盲最常见的形式。

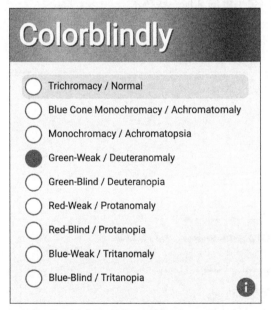

图 24-12　Colorblindly 可以模拟的色盲类型

(6) 查看你的网站，确保所有内容仍然是可读的。

(7) 对每种形式的色盲重复第 (5) 步和第 (6) 步。

24.5　确定 WCAG 等级

你可能已经注意到了，在上述所有测试中，都没有得到 WCAG 等级的评定。为此，你可以使用 AChecker 进行测试（如图 24-13 所示）。

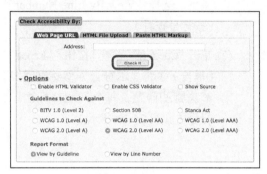

图 24-13　AChecker 将拿你的网站与 WCAG 准则进行比对，显示需要修复的内容

检查网站对 WCAG 等级准则的遵从情况

(1) 访问 AChecker 网站 Web Accessibility Checker 页面。

(2) 选择"Web Page URL"（网页 URL）标签页。

(3) 在"Address"（地址）输入框中，输入你的网站的 URL。

(4) 单击"Options"（选项）。

(5) 在"Guidelines to Check Against"（要检查的准则）标签下，选择最新的 WCAG A 级选项。

截至本书撰写之际，最新的是 WCAG 2.0（A级）。

我们从最容易的 WCAG A 级开始，先解决最基础的问题。

(6) 在"Report Format"（报告格式）标签下，选择"View By Line Number"（按行号查看）。

(7) 单击"Check It"（检查）按钮。"Report"（报告）页将显示符合 A 级标准需要解决哪些问题，每个问题都标注了行号（如图 24-14 所示）。

24.6　小结

有这么多工具，已经够你忙的了。前几章介绍了如何测试网站，如何提升网站性能，如何提高网站的无障碍性。你正在成为出色的 Web 开发者的路上。

但是，通过本章乃至全书，你已经看到了 Web 开发还有一个很重要的方面，那就是 JavaScript。尽管本书没有涉及 JavaScript 太多，但下一章将简单介绍该主题以及你可能想了解的其他一些技术。

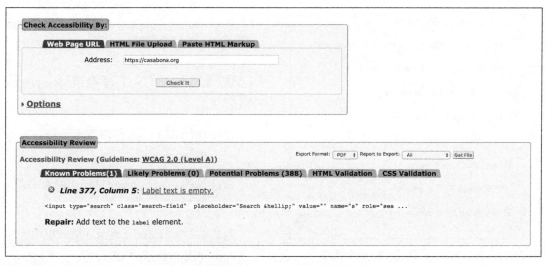

图 24-14　用 AChecker 对 Casabona 网站进行 WCAG A 级检查的结果

HTML 和 CSS 之外

HTML 和 CSS 是任何网站的基础。前面介绍了如何对网页进行结构化和样式设置,以及如何让网站变快并具有无障碍性。

但是这些还只是你的 Web 开发旅程的开始。现在你已经掌握了 HTML 和 CSS,是时候展示一些值得一看的技术了,我们从 JavaScript 开始。

本章内容

❏ JavaScript
❏ 常见的 JavaScript 库
❏ 版本控制
❏ 构建工具
❏ 小结

25.1 JavaScript

在本书中,JavaScript 这个词多次出现。在第 10 章学习本地存储的时候,你甚至还写了一点点 JavaScript。但是,到目前为止,本书还没有真正给出 JavaScript 的定义。

JavaScript 是 Web 开发中经常使用的一种编程语言。在浏览器中,它是一种客户端语言(恰如 HTML 和 CSS)。它可以操控元素,动态地修改样式,进行高级的表单验证,从而为网页添加动态功能。

在学习 JavaScript 时,对它的使用需要有所平衡。加载太多 JavaScript 文件可能会导致网页加载时间太长。使用过多 JavaScript 也可能会影响浏览器的性能,因为 JavaScript 代码是实时执行的。

如果你曾经遇到过浏览器崩溃,那么 JavaScript 很有可能是导致问题的原因(至少是部分原因)。

`<script>` 标签

如第 10 章所述,可以使用 `<script>` 标签将 JavaScript 包含到网页中。使用 `<script>` 标签有两种方法:

❏ 在 `<script>` 和 `</script>` 标签之间以内联的方式编写代码,就像你在学习本地存储时所做的那样;

❏ 通过 src 属性引入代码，就像在 picturefill.js 的例子中那样：`<script src="picturefill.js"></script>`。

与 `<style>` 标签一样，`<script>` 标签也可以放在 `<head>` 或 `<body>` 标签内的任何位置。

尽管这里不会介绍如何编写正确的 JavaScript，但你还是可以使用一些常见的 JavaScript 库（或应用）。使用它们不需要自己编写实际的 JavaScript 代码（或只需要编写很少的 JavaScript 代码）。

25.2 常见的 JavaScript 库

现在已经有了大量 JavaScript 库，而且似乎每周都有新的 JavaScript 库诞生。一旦有了一定基础，你也会想尝试使用一些 JavaScript 库。但我想提醒你，在决定学习什么库的时候要保持谨慎。评估某个 JavaScript 库的时候，请确保以下几点。

❏ 这个库已经存在了至少一年半到两年。这表明开发人员已经对其进行了投资。

❏ 这个库已经得到了开发人员和用户的大力支持。更多人使用意味着它更有可能持续发展。

❏ 你确实需要使用该库。没有一个 JavaScript 库可以解决所有问题。但是请记住，使用的资源越多，页面就会变得越重。因此，应该只加载需要加载的内容。

25.2.1 从 jQuery 开始

jQuery（如图 25-1 所示）面世已久。即使如今 jQuery 的使用量在下降，但它仍然是你涉足 JavaScript 的绝佳方法，因为它简化了很多常见操作，不会为网站带来过多代码量。

图 25-1 jQuery 的主页。jQuery 是一个长期流行的 JavaScript 库

jQuery 的工作方式是：在网页上包含 jQuery，然后就可以用它代替原生 JavaScript（即常规的 JavaScript）来执行如显示或隐藏元素、让元素淡入或淡出这样的任务了。

提示 jQuery（乃至 JavaScript）让你可以根据用户的操作来修改网站上的内容。在使用 JavaScript 的时候要留意，如果能用 CSS 解决问题，用 CSS 就可以了。

25.2.2 其他值得考虑的流行JavaScript 技术

我推荐 jQuery 是因为跟其他 JavaScript 库比起来，它的学习门槛要低很多。但是，其他 JavaScript 库中有一些已经很流行了。它们也很值得考虑使用，因为它们已经很强大了，例如下面这些 JavaScript 库。

❑ React.js：由 Facebook 创造并开源。React（如图 25-2 所示）已经被很多大型项目使用，该项目绝对值得研究。

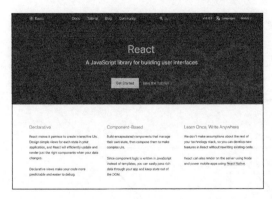

图 25-2　React.js 是一个开源的库，近年来广受欢迎

❑ Angular：由另一个重量级选手 Google 创造。Angular（如图 25-3 所示）比

React 更早诞生，它可用于构建单页应用和网站。

图 25-3　使用由 Google 提供的 Angular，能轻松创建适用于桌面端和移动端设备的交互体验

❑ Node.js：也是一个开源的库，但与其他库不太一样——它在服务器上而不是在浏览器里执行 JavaScript，它常用作构建网站的工具，而不是依附于现有网站的工具。Node（如图 25-4 所示）非常受欢迎，因此你一定会碰到它。

图 25-4　Node.js 跟其他库不一样，因为它通常不在浏览器中运行

❑ Vue.js：最后，Vue（如图 25-5 所示）是该领域中一个相对较新的库，但由于其易用性，用户很多，尤其适用于创建用户界面。

图 25-5　Vue.js 比其他库更年轻。由于学习曲线平缓，运行速度快，Vue.js 广受欢迎

25.3　版本控制

从本书一开始到现在，你可能一直在编辑文件，修改样式，添加和删除内容，然后保存修改。

虽然在学习阶段这样做没有问题，但是在更专业的环境中（尤其是与其他团队成员合作时），需要有一种方法可以在需要时撤销已做的修改。这时就需要用到**版本控制**（version control）了。

版本控制是系统化管理项目各个部分的修改的方法。对于网站来说，你可以使用版本控制来跟踪和组织网站文件的多个副本，并用这些副本进行开发。可以为线上网站创建一个副本（称为**主分支**，master），再创建一个用于开发的副本（如图 25-6 所示）。代码的每套副本都称为一个**分支**（branch）。

仅在需要的时候使用 JavaScript

学了 JavaScript 以后，你可能想过只用 JavaScript 来修改 CSS 甚至修改内容，因为这样做非常容易。但强烈建议你不要这样做。

HTML、CSS 和 JavaScript 都有各自的用处。不应使用 JavaScript 修改样式，因为此时 CSS 更合适。记住，引入 JavaScript 会在很多方面对性能产生影响。

在评估是否要用 JavaScript 时，请问问自己是否可以（应该）用 HTML 或 CSS 解决问题。如果不能的话，请找出在造成最小负担的情况下将 JavaScript 脚本添加到网页的方法。

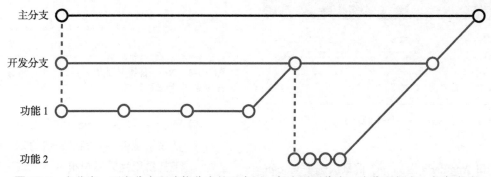

图 25-6　主分支、开发分支和功能分支的示意图。每个圆圈代表一次代码提交，每条虚线代表开一个分支，而相交的实线则代表一次合并（另见彩插）

25.3.1　使用版本控制的方法

- 将线上网站（即上传到服务器的代码）作为主分支。只有当你准备好发布网站的新版本时，才会让主分支发生变动。
- 为线上网站创建第二个副本称为开发分支。这样，你就可以在开发分支上对网站进行修改，而不会破坏线上网站。
- 对于每个新功能（设计变更或者新的区块、图像或内容），都将其放在自己的功能分支中。这样，你就可以将不同的功能修改划分开，分别进行。同时，这样做也可以让你放心地修改网站的某一部分，而不必担心破坏整个网站。
- 每次完成一次修改并保存，称为一次**提交**（commit）。
- 当准备好将新功能添加到网站时，便将它们加入开发分支。这个过程称为**合并**（merging）和**推送**（pushing）。这里的合并指的是将功能分支的代码并入开发分支，推送指的是将新近更新的分支发送至代码仓库。代码仓库是存放所有文件和所有改动的地方，它既可以是你计算机上的文件夹，也可上传到拥有 Git（稍后将介绍 Git）的服务器。

  如果你和其他人一起工作，那么上述方法可以确保你的功能分支和其他人正在操作的其他功能分支不会产生任何冲突。

- 最后，一旦开发分支准备好上线，就可以将整个开发分支并入主分支中了。

版本控制的工作流程

关于版本控制的工作流程应该是什么样的，有很多不同的意见。本书仅概述版本控制基本思想，而不同的团队可以打造适合其自身的流程。

实际上，上述过程是一种流行的基于 GitFlow 的流程[1]。不过，你还是可以根据项目和团队的需要尝试很多其他方法。

对于只有我参加的小项目，我会使用仅包含主分支和功能分支的流程。在该流程中，我会为每个功能创建一个分支（不管功能有多小），然后在完成功能开发后将功能分支与主分支合并。

当你开始尝试使用版本控制时，采用这种主分支/功能分支流程是快速熟悉版本控制的好方法。

25.3.2　使用 Git 进行版本控制

有多种版本控制工具（就像有很多 JavaScript 库一样），但 Git 无疑比其他工具更胜一筹（这与 JavaScript 库的情况不一样）。

Git 很棒的一点在于它是免费的。你可以直接在自己的计算机上安装它，无须任何额外的工具。

---

① Vincent Driessen. A successful Git branching model, 2010.

不过，最简单的入门方法是注册一个 GitHub 账户（如图 25-7 所示）。GitHub 是一个免费工具，它基于 Git，又在其上添加了漂亮的界面和社交功能。

而且，你可以下载 GitHub 桌面客户端。使用该客户端，你可以轻松地与 GitHub 进行交互。你可以创建**代码仓库**（repository，简称 repo），再尝试使用该仓库。你甚至可以复制一个现有代码库（如本书的代码库）的副本。这个过程称为**复刻**（forking）。下载要编辑的代码这一过程称为**克隆**（cloning）。

25.3.3　创建 GitHub 账户

(1) 访问 GitHub 网站。

(2) 填写注册表单（如图 25-8 所示）。

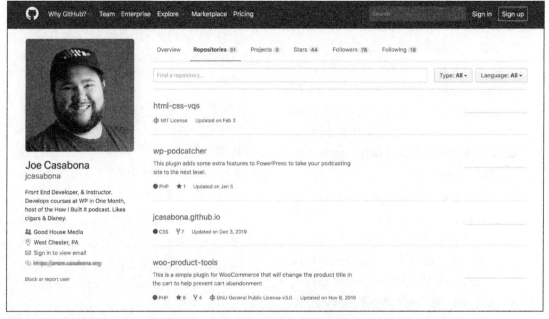

图 25-7　一个典型的 GitHub 账户主页。在这里可以看到有关开发人员及其代码仓库的信息

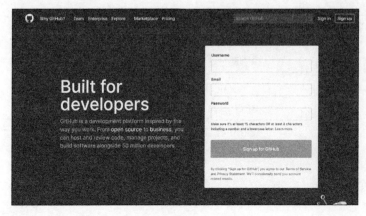

图 25-8　GitHub 的注册页

(3) 确认你是人类而非机器人。

(4) 回答一些关于如何使用 GitHub 的简短问题。

(5) 验证你的电子邮件地址。

现在，你就可以开始使用 GitHub 了。

25.3.4 把代码仓库添加到你的账户

(1) 确保你已登录 GitHub 账户。

(2) 访问你要复制的 GitHub 代码仓库的主页。

(3) 单击页面右上方的"Fork"（复刻）按钮（如图 25-9 所示）。

现在，这个代码仓库就成了你的账户的一部分。你可以对其进行修改，而无须征得原始代码仓库所有者的同意。

25.4　构建工具

本章最后一个大的概念是**构建工具**（build tool）。第 20 章介绍 CSS 预处理器时涉及了该主题，不过，构建网站的过程有一整套工具可以帮你完成。这样的工具称为构建工具，它们可以完成从建立目录结构、编译 Sass，到检查代码错误、上传到服务器的全部工作。

开发人员之所以喜欢构建工具，是因为它们可以将复杂的过程自动化，不过，它们也让整个 Web 开发过程变得更复杂了。你无法直接打开文本编辑器编写 HTML 和 CSS 代码，在此之前需要先学习使用命令行，安装一组工具，并对所有内容进行正确的配置。如果我所做的既不是大型复杂项目，也不是在大型团队里与人合作的项目（此时保持一致非常重要），那么我个人会尽量避免使用构建工具。

图 25-9　使用复刻可以将代码仓库的副本添加到你的账户中

这绝对是本章最复杂的主题，因此我们不会作深入探讨，不过这里介绍一些你可能会听到的流行的构建工具。

❑ Gulp 和 Grunt：我将二者放在一起，是因为它们极其相似，在功能上区别不大。Gulp（如图 25-10 所示）相对新一些，也更简洁，这意味着它的代码更易读。Grunt（如图 25-11 所示）更早问世，它拥有更多功能和集成。

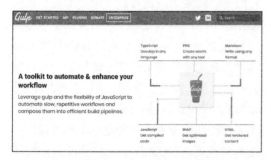

图 25-10　Gulp 是一种流行的轻量级构建工具

图 25-11　Grunt 是另一个功能丰富且广受欢迎的构建工具

❑ CodeKit：如果你是 Mac 用户，那么入门时一定要使用 CodeKit（如图 25-12 所示）。它拥有图形界面，因此你不必依赖命令行。这也意味着初学者更容易理解。这还意味着，它可能（只是可能）不像 Grunt 或 Gulp 那么灵活，而且其代码的可移植性可能也不如那些工具生成的代码。

图 25-12　CodeKit 是一个出色的 Mac 应用程序。相较于命令行构建工具，CodeKit 拥有图形界面。刚开始使用构建工具的时候，使用 CodeKit 是一个不错的选择

CSS 框架

框架（framework）是可以在自己的项目中引入并使用的代码库。框架可以为你完成很多基础工作，从而让你可以专注于构建网站上独特的地方。

框架的工作方式是为你提供一套核心 CSS 类和基本样式，从而让你构建项目时有一定基础。

一种提升技能（尤其是 CSS 技能）的方法就是学习流行的 CSS 框架。

❑ Bootstrap：这个大受欢迎的 CSS 框架源自 Twitter，它已被成千上万的 Web 开发人员所用。使用该框架可以确保你的 CSS 非常稳固，并具有较好的响应性。

- Zurb Foundation：Foundation 也是广泛流行的框架集。它不仅提供 CSS，还提供 HTML 和 JavaScript。它由 Zurb 开发，快速且定制性高。Mozilla、迪士尼和亚马逊等品牌都在使用该框架。
- Tailwind CSS：Tailwind 是该领域中相对较新的一个。与其他框架相比，Tailwind 自称没那么"武断"，因为它只提供实用工具，而没有任何如按钮、卡片之类的额外样式。

25.5　小结

当我们一起结束这段旅程的时候，我想指出，本章内容不是为了吓退你。我希望展示 HTML 和 CSS 之外还有哪些内容，以及接下来可以选择哪些内容学习。

学习 CSS 框架可以让你成为更好的 CSS 开发人员。JavaScript 是与 HTML 和 CSS 并列的。使用 jQuery 并开始熟悉 Web 编程语言的复杂世界，对接下来的学习是一个不错的选择，尤其是如果你想专业地创建网站的时候。

本书已临近尾声。接下来会对过往内容快速回顾一番，再为你提供一些有用的资源。

总　　结

下一步的学习

恭喜！至此，你已经完成了本书的学习。本书涵盖了很多内容，从基本的 HTML 格式和布局，到使用 CSS 设置文本样式的高级技术；我们甚至探讨了重要的测试过程，例如为移动设备进行的测试、性能测试和无障碍性测试。那么，下一步你该学些什么呢？

我建议你继续磨炼 HTML 和 CSS 技能。以下是一些有用的资源。

❑ 你可以在本书配套网站上找到关于 HTML 和 CSS 的练习和常见模式。

❑ CodePen 上有很多出色的 HTML、CSS 和 JavaScript 代码示例。

❑ 不妨试试 Codecademy 上的免费课程。

第 25 章还介绍了很多不同的技术。这些技术看起来有些令人生畏。下一门需要学习的语言便是 JavaScript。Peachpit 出版社也提供了一本 JavaScript 的可视化快速入门指南：*JavaScript: Visual QuickStart Guide, 9th Edition*[①]。

最后，期待你的反馈。请告诉我你对本书的看法，或者你正在进行的项目。你可以在 Twitter 上找到我（@jcasabona）。

感谢阅读。同时，期待你的杰作。

---

① 中文版《JavaScript 基础教程（第 9 版）》已由人民邮电出版社出版。——编者注